普通高等教育规划教材

分析化学实验

任列香　范冬梅　王中慧　主编

化学工业出版社
·北京·

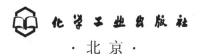

《分析化学实验》重在使学生掌握定量分析的基本知识、基本理论和基本方法，掌握分析测量中的误差来源、表征及实验数据的统计处理，掌握常用的滴定分析、分离方法、吸光光度法、原子吸收、原子发射、电化学、色谱法等应用；旨在让学生建立起严格“量”的概念。本书内容分为五部分：绪论、分析实验室的一般知识、分析实验室的基本操作技术、实验内容、附录。

本书适用于高等院校化学、应用化学、材料化学、冶金工程、生物科学等化学化工类及相关专业，也可供相关企事业技术人员阅读参考。

图书在版编目（CIP）数据

分析化学实验/任列香，范冬梅，王中慧主编．—北京：化学工业出版社，2017.8（2023.2重印）
普通高等教育规划教材
ISBN 978-7-122-30044-7

Ⅰ.①分…　Ⅱ.①任…②范…③王…　Ⅲ.①分析化学-化学实验-高等学校-教材　Ⅳ.①O652.1

中国版本图书馆CIP数据核字（2017）第149325号

责任编辑：张双进　　文字编辑：陈　雨
责任校对：王素芹　　装帧设计：王晓宇

出版发行：化学工业出版社（北京市东城区青年湖南街13号　邮政编码100011）
印　　装：北京科印技术咨询服务有限公司数码印刷分部
787mm×1092mm　1/16　印张16½　字数409千字　2023年2月北京第1版第2次印刷

购书咨询：010-64518888　　售后服务：010-64518899
网　　址：http://www.cip.com.cn
凡购买本书，如有缺损质量问题，本社销售中心负责调换。

定　　价：43.00元

前言

分析化学实验是高等院校化学学科的一门必修基础实验课。分析化学实验包括化学分析实验和仪器分析实验两大部分。本书是在范冬梅主编的《分析化学实验》（化学工业出版社出版）基础上，进行了修改，并增加了仪器分析实验内容，与王中慧等主编的《分析化学》（化学工业出版社出版）教材配套使用。

分析化学实验重在使学生掌握定量分析的基本知识、基本理论和基本方法，掌握分析测量中的误差来源、表征及实验数据的统计处理，掌握常用的滴定分析、分离方法、吸光光度法、原子吸收、原子发射、电化学、色谱法等应用；旨在让学生建立起严格的“量”的概念。加强素质教育，注重培养学生从事理论研究、实际工作的能力和严谨的科学作风，提倡创新精神。

本书编写过程中注重学生自学能力的培养和提高，在每个实验之前都有关于该实验的预习提要，引导学生做好实验前的准备工作。在基本训练实验项目中，附有基本操作达标考核内容，学生可以自行评价对实验操作的掌握程度。设计了一些开放性实验项目，以供学有余力的学生实践，提高其发现问题、分析问题和解决问题的能力，培养学生勇于探索、严谨求实、团结协作的精神，对于培养高素质、创新型人才有重要意义。

本书分为五部分。第一部分为绪论，主要介绍分析化学实验的目的和任务、分析化学实验的要求以及实验数据的记录、处理等要求。第二部分为分析实验室的一般知识，主要介绍分析化学实验用水、仪器的洗涤及干燥、化学试剂、标准物质等相关知识。第三部分为分析实验室的基本操作技术，主要介绍了分析天平的使用、称量方法、滴定分析常用的量器、重量分析基本操作、分光光度计的使用等。第四部分为实验部分，共编入 68 个实验。第五部分为附录。

本书由任列香编写第一章、第二章、第三章（第一节、第四节）、第四章（第四节、第十二节、第十三节），范冬梅编写第三章（第二节）、第四章（第一节、第二节），王中慧编写第三章（第三节）、第四章（第五节、第六节），刘金编写第四章（第三节、第七节）、附录，韩晓晶编写第三章（第五节）、第四章（第八节），周慧编写第三章（第六节、第七节）、第四章（第九节、第十节），王莹编写第三章（第八节）、第四章（第十一节）。全书由任列香统稿，任列香、范冬梅、王中慧任主编。

限于编者水平，书中可能存在不妥之处，敬请读者提出批评和建议，以促进教材质量的不断提高，谨致谢意。

编者

2017 年 5 月

目录

第四章 实验部分

附录

参考文献

第一章 绪论

一、分析化学实验的任务、目的

分析化学实验是化学专业一门重要的基础课，在工农业生产、科学研究及国民经济各部门中起着重要的作用。通过本课程的学习，学生可进一步加深对分析化学基础理论、基本知识的理解，正确和熟练地掌握分析化学实验的基本操作技能，提高观察、分析和解决实际问题的能力，培养严谨的工作作风和实事求是的科学态度，树立严格的“量”的概念，为学习后续课程和将来从事化学教学和科研等工作打下坚实的基础。

二、分析化学实验的要求

为达到上述实验目的，对教师、实验员、学生提出如下要求。

1. 对教师的要求

实验教师是实验室教学工作和实验室建设的主体，是完成实验教学任务，确保实验教学质量的骨干力量。为了充分调动广大实验教师的积极性，更好地完成实验教学工作，特对指导教师提出如下要求。

（1）认真撰写实验教案，准时参加集体备课会

指导教师必须仔细阅读实验教材及有关参考资料，认真备课和撰写实验教案。实验教案应包括：实验目的，实验原理，实验所需仪器和试剂的要求，实验方案，步骤和要点，实验结果的数据记录与图表，注意事项，特别要提醒实验的安全、废弃物的处理等事项。

在充分备课的前提下，准时出席集体备课会，若因事不能出席必须事先请假。

（2）认真准备实验讲解提纲

指导教师在撰写实验教案、参加集体备课会的基础上，应特别重视实验前的讲解与讨论。讲解应简明扼要，内容包括：实验方法原理、仪器设备工作原理及使用方法、实验内容、实验操作和注意事项等。提倡采用启发和引导式的讲解模式，包括提问或讨论等，讲解的时间控制在 60min 左右。

（3）认真地进行实验前的准备工作

指导教师要对实验内容进行验证，首次指导实验的教师必须预做两次以上实验，并写出实验报告和讲解提纲。预做实验的同时要检查实验的准备情况。

每次实验应提前 15min 进入实验室，穿白色实验服，检查实验设施，熟悉药品摆放，检查天平水平、预热情况。

（4）认真检查学生预习实验的情况

实验前，指导教师要认真检查学生的预习实验报告，记录学生预习情况。没有预习实验的同学不准进行实验。

（5）认真负责地指导实验，培养学生良好的作风

在学生进行实验过程中，指导教师必须在实验室巡回走动，及时进行有针对性的个别指导，纠正不正确的操作与习惯，督促学生合理地安排实验进度和记录实验数据，准确回答学生提出的问题，及时处理实验事故。

在指导实验的同时，指导教师还应注意帮助学生树立严谨认真、实事求是、爱护仪器设备、节约试剂等良好的实验作风；对弄虚作假、马虎、浪费现象给予批评教育。对于因责任原因引起的仪器设备损坏，要责令损坏者检讨，并按规定赔偿。

实验过程中不得擅自离开，若临时有事须请假。

（6）认真检查实验结果

实验完毕应认真检查学生的实验记录情况，签字后学生方可离开实验室。实验失败的学生，需要重新做实验。

（7）督促检查实验结束工作

认真负责实验过程中的安全、卫生工作，检查实验结束工作与值日情况。

（8）认真批改，及时发还实验报告

要求学生按时交实验报告，指导教师应及时批改，并在下一次实验时及时发还给学生。对实验报告中的问题和错误必须指出，错误较多的实验报告要重写。根据评分标准在实验报告上评定成绩，并签上姓名和日期。对实验中发现的问题，应及时向实验室或教研室提出建议和改进意见。

2. 对实验员的要求

① 实验员必须在开课的前一周配备好教学仪器、各种试剂，仪器正常待用，以便教师预做实验或检查。

② 实验前与教师一起预做实验，并做好记录，写出实验报告。

③ 上实验课，提前15min开门，检查天平水平、预热情况，保证正常开课。

④ 在实验课进行中，必须坚守岗位，及时补充试剂、药品；协助教师及时处理实验中出现的各种特殊情况；如有急事须向实验教师或实验主持人请假。

⑤ 下课时实验员应督促学生关好门、窗、水、电、气等，搞好卫生，并收拾好实验用具等。

3. 对学生的要求

（1）实验前认真预习，并写出预习实验报告

认真预习，查阅有关书籍或文献，领会实验原理，了解实验步骤和注意事项，做到心中有数。实验前先写好预习实验报告，即实验报告的部分内容。包括实验题目、目的、原理（简单地用文字、化学反应式、计算式说明）、主要试剂和仪器、步骤（简单流程）、数据及分析结果的处理（列好表格）、问题讨论等，查好有关数据，以便实验时及时、准确地记录和进行数据处理。对于没预习实验的同学不准做实验。实验课时，除预习报告外，不得携带实验书。

（2）不能迟到、早退

学生一般要提前 5min 到实验室，不得迟到或早退。迟到者，本次实验成绩扣 20 分。老师检查实验数据、结果并签字后，方可离开实验室。

(3) 要严格按照操作规范进行实验

实验时要认真操作，基本操作要规范化，熟练掌握基本实验技能。仔细观察实验现象，并及时记录实验现象和数据。要善于思考，学会运用所学理论知识解释实验现象，研究实验中的问题。

(4) 养成良好的实验习惯

实验过程中要保持实验室肃静，仪器摆放整齐，保持实验台和整个实验室的整洁，不乱扔废纸杂物，保持水池清洁。

(5) 认真写实验报告

实验报告一般在实验室完成，离开实验室前交给老师。实验报告格式要规范化，或按指导教师的要求写。若在实验室不能完成实验报告，实验后应尽快写好，及时交给实验指导教师。

(6) 搞好卫生、做好实验结束工作

实验后将实验台、试剂瓶、试剂架等擦拭干净，将垃圾倒在指定位置。值日生负责打扫地面和通风橱等，离开实验室前关好实验室的煤气、水、电源和门窗等，待教师认可后，方可离开实验室。

(7) 爱护公物，注意节约

注意节约实验试剂和用品，爱护公物。损坏仪器要按规定及时赔偿。

(8) 不能无故缺实验课

请病假的学生，必须有医院的证明。缺实验课者一般不能补做。

(9) 注意安全

不准在实验室内吃东西；实验过程中不要将有腐蚀性、有毒的试剂溅到皮肤上，出现意外应及时处理。

三、怎样做好分析化学实验

分析化学实验的学习，不仅需要每个学生有正确的学习态度，而且还需要有正确的学习方法。现将学习方法归纳如下：

1. 预习

认真阅读与本次实验有关的章节、相关教材及参考资料。做到明确实验目的，理解实验原理，熟悉实验内容、主要操作步骤，提出注意事项，合理安排实验时间，预习或复习基本操作、有关仪器的使用，列出实验所需的物理、化学数据，认真写好预习报告。

2. 讨论

实验前以提问的形式，师生共同讨论，以掌握实验原理、操作要点和注意事项；观看操作录像，或由教师操作示范，使基本操作规范化；实验后组织课堂讨论，对实验现象、结果进行分析，对实验操作和素养进行评说，以达到提高的目的。

3. 实验

① 按拟定的实验步骤独立操作，既要大胆，又要细心，仔细观察实验现象，认真测定数据，并做到边实验、边思考、边记录。

② 观察到的现象、测定的数据，要如实记录在实验记录本上。不能用铅笔记录，不记在草稿纸、小纸片上。不凭主观意愿删去自己认为不对的数据，而是画一道杠，再在旁边写上正确值。

③ 实验中要勤于思考，仔细分析，力争自己解决问题。碰到疑难问题，可查资料，也可与教师讨论，获得指导。

④ 如对实验现象有怀疑，在分析和查找原因的同时，可以做对照试验、空白试验，或自行设计实验进行核对，必要时应多次实验，从中得到合理的结论。

⑤ 如果实验失败，要检查原因，经教师同意后重做实验。

4. 实验后

做完实验只是完成了实验的一半，余下更为重要的是分析实验现象，整理实验数据，把直接的感性认识提高到理性思维阶段。要做到：

① 认真、独立完成实验报告。对实验现象进行解释，写出相关反应式，得出结论，对实验数据进行处理（包括计算、作图、误差表示）。

② 分析产生误差的原因；对实验现象以及出现的问题进行讨论，敢于提出自己的见解；对实验提出意见或改进的建议。

③ 回答思考题或习题。

5. 实验报告

要求按一定格式书写，字迹端正，叙述简明扼要，实验记录、数据处理使用表格形式，作图图形准确清楚，报告整齐清洁。

① 实验报告的书写，一般分以下三部分。

a. 预习部分　实验前完成。按实验目的、原理（扼要）、步骤（简明）几项书写。

b. 记录部分　实验时完成。包括实验现象、测定数据，这部分称原始记录。

c. 实验结果与讨论部分　实验后完成。包括对实验现象的分析、解释、结论；原始数据的处理、误差分析；讨论。

② 实验报告的格式，见本章后面相关内容。

四、实验数据的记录、处理和实验报告

1. 实验数据的记录

实验数据的记录应保证实验数据的完整、客观、真实，也是为了培养学生形成良好的习惯。为此提出如下要求。

① 学生要有专门的实验记录本，标上页码，不得撕去任何一页。绝不允许将数据记在单页纸上、小纸片上，或随意记在其他地方，否则万一遗忘或丢失都将带来麻烦。

② 要养成随时记录所有实验现象和原始数据的良好习惯。进行记录时，对文字记录，应整齐清洁，必要时用流程图；对数据记录，应采用一定的表格形式，这样更为清楚明白。

如用甲醛法测定铵盐中氮的含量，实验过程中用到两种指示剂，经历了如下颜色变化：

样品 $\xrightarrow{\text{甲基红}}$ 红色 $\xrightarrow[\text{除游离酸}]{\text{NaOH}}$ 黄色 $\xrightarrow{\text{甲醛}}$ 红色 $\xrightarrow{\text{酚酞}}$ 红色 $\xrightarrow{\text{NaOH 滴定}}$ 淡红 $\xrightarrow{\text{NaOH 滴定}}$ 黄色 $\xrightarrow{\text{NaOH 滴定}}$ 淡红

应搞清楚各种颜色是哪种指示剂在起作用。

在记录称量的质量时，应按以下表格形式记录：

项目	1	2	3
$m_{样品+称量瓶}$(倾出前)/g	19.8563		
$m_{样品+称量瓶}$(倾出后)/g	19.5212		
$m_{样品}$(倒出量)/g	0.3351		

而不能只记下：$m_{样品}=0.3351$。

③ 所记录的实验数据应准确、清晰，不得随意涂改。在实验过程中，若发现数据读错、测错或算错，而需要改动时，可将该数据用一横线划去，并在其上方写上正确的数字，并加以说明，保留原数据备查。如在读取滴定管计数时，将 23.50mL 错看成 22.50mL，这时不可将 2 涂改成 3，而应按以下方式改正：

$$V=\frac{23.50\text{mL}}{22.50\text{mL}}(\text{看错})$$

④ 实验过程中涉及的各种特殊仪器的型号和标准溶液浓度等，也应及时准确记录下来。

⑤ 记录实验数据时，应注意其有效数字的位数。用万分之一分析天平称量时，要求记录至 0.0001g；滴定管及移液管的读数，应记录至 0.01mL；用分光光度计测量溶液的吸光度时，如吸光度在 0.6 以下，应记录至 0.001 的读数，大于 0.6 时，则要求记录至 0.01 的读数。常用仪器有效数字的位数见表 1-1。

表 1-1 常用仪器的精度及数据表示

仪器名称	仪器平均偏差	记录数据示例	有效数字位数
托盘天平	±0.1g	(13.2±0.1)g	3
电光天平	±0.1mg	(14.8000±0.0001)g	6
10mL 量筒	±0.1mL	(10.0±0.1)mL	3
100mL 量筒	±1mL	(100±1)mL	3
25mL 移液管	±0.01mL	(25.00±0.01)mL	4
50mL 滴定管	±0.01mL	(50.00±0.01)mL	4
100mL 容量瓶	±0.1mL	(100.0±0.1)mL	4

⑥ 实验中的每一个数据，都是测量结果，所以，重复测量时，即使数据完全相同，也应记录下来。

2. 实验数据的处理

从实验得到的数据包含了许多信息。所以就需要对这些数据用科学的方法进行归纳与整理，提取出有用的信息，这是分析化学实验的主要目的。对实验数据进行处理，首先要剔除不可靠的数据。然后用列表或作图的方法将实验数据以一定的规律表达出来，再根据测定的目的要求进行数据处理，最后报告结果或对测定结果进行分析和评价。不同的要求要用不同的数据处理方法。如一般物质组成的测定，只需求出测定数据的集中趋势（即平均值），以及测定数据的分散程度（即精密度）；而要求较高的测定，有时需要使用回归分析的方法求出结果的可靠性范围等。

（1）可疑值的取舍

在实验采集到的数据中，若个别数据差异较大，就要将实验数据进行整理和分析。如果数据是由于过失误差造成的，比如试样溶解时有溶液溅出、滴定过量等，则这一数据必须弃去。若非这种情况，则对可疑值不能随意取舍，可利用统计学处理可疑值的方法，如 Q 检验法、格鲁布斯法等对可疑值进行检验。

（2）数据列表

对可疑数据进行检验后，应该将获得的大量数据尽可能整齐地、有规律地列表表达出来，这样简单、直观、清晰明了，便于处理运算。列表时应注意以下几点：

① 每一个表都应有简明完备的名称；

② 在表的每一行或每一列的第一栏，要详细地写出名称、单位等；

③ 实验数据一般按实验顺序填写，要有规律地递增或递减，数字排列要整齐，位数或小数点要对齐；

④ 有效数字的位数要合理；

⑤ 原始数据可与处理的结果写在一张表上，在表中或者表下面注明处理方法和选用的公式。

（3）结果的表示

结果可用平均值或者平均值的置信区间表示，学生实验一般用平均值表示；分析测定结果的好坏可用精密度评价。精密度可用平均偏差、相对平均偏差、标准偏差等表示，其中相对平均偏差是分析化学实验中最常用的。有关计算见《分析化学》教材中的相应章节。

3. 实验报告

实验完毕后，要及时而认真地写出实验报告。并在离开实验室前或指定时间交给老师。实验报告一般包括以下内容：

① 实验名称和日期；

② 实验目的；

③ 实验原理。

简要地用文字和化学反应式说明。如“盐酸标准溶液的配制和标定”实验原理可表述为：盐酸标准溶液采用间接法配制，然后以甲基橙为指示剂，用优级纯无水 Na_2CO_3 作为基准物质进行标定。反应式如下：

$$2HCl + Na_2CO_3 = 2NaCl + H_2O + CO_2 \uparrow$$

4. 主要仪器与试剂

列出实验中所使用的主要仪器与试剂。

5. 实验步骤

简明扼要地写出实验步骤、流程。例如，氢氧化钠溶液的标定：

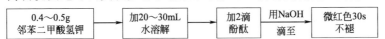

6. 数据记录及实验数据的处理

应用文字、表格、图形，将数据表示出来，根据实验要求计算出分析结果并计算出精密度或准确度。

7. 问题讨论

对实验教材上的思考题和实验中观察到的现象，以及产生误差的原因应进行讨论和分析，以提高自己分析问题和解决问题的能力。

上述各项内容的繁简取舍，应根据各个实验的具体情况而定，以清楚、简练、整齐为原则。实验报告中的有些内容，如原理、表格、计算公式等，要求在实验预习时准备好，其他内容则可在实验过程中以及实验完成后填写、计算和撰写。

第二章 分析实验室的一般知识

第一节 实验室安全知识

实验室安全包括人身安全及实验室、仪器、设备的安全。化学实验时，经常使用水、电、煤气、各种药品及仪器，如果马马虎虎，不遵守操作规则，不但实验会失败，还可能造成事故（如失火、中毒、烫伤或烧伤等）。出了事故，国家财产受到损失，还可能会损害自己或他人的健康。只要我们思想上重视，又遵守操作规则，那么事故是很可能避免的。所以特制定了如下实验室安全规则，并对分析人员进行环境意识教育。

一、实验室安全规则

① 实验前要了解电源、消防栓、灭火器、紧急洗眼器等的位置及正确的使用方法；熟悉实验室安全出口和紧急情况的逃生路线。

② 实验时要身着长袖、过膝的实验服，禁止穿拖鞋、高跟鞋、大开口鞋、凉鞋、底部带铁钉的鞋、背心、短裤（裙）进入实验室。

③ 长发（过衣领）必须束起或藏于帽内。

④ 实验室内严禁饮食、吸烟或把食具带进实验室，一切化学药品严禁入口。实验完毕，必须洗净双手。

⑤ 不要用湿手、湿物接触电源，水、电、煤气使用完毕后，应立即关闭。

⑥ 加热试管时，不要将试管口对着自己或别人，也不要俯视正在加热的液体，以防液体溅出伤害人体。

⑦ 嗅闻气体时，应用手轻拂气体，把少量气体扇向自己再闻，能产生有刺激性或有毒气体（如 H_2S、Cl_2、CO、NO_2、SO_2 等）的实验必须在通风橱内进行或注意实验室通风。

⑧ 洗液、浓酸、浓碱具有强腐蚀性，应避免溅落在皮肤、衣服、书本上，更应防止溅入眼睛内。用浓 HNO_3、HCl、$HClO_4$、H_2SO_4 等溶解样品时均应在通风橱中进行操作，不准在实验台上直接进行操作。

⑨ 稀释浓硫酸时，应将浓硫酸慢慢注入水中，并不断搅动，切勿将水倒入浓硫酸中，以免迸溅，造成灼伤。

⑩ 有毒试剂（如氰化物、汞盐、钡盐、铅盐、重铬酸钾、砷的化合物等）不得进入口

内或接触伤口。剩余的废液应倒在废液缸内。若带汞的仪器被损坏，汞液溢出仪器外时，应立即报告指导老师，按指导处理。

⑪ 反应过程中可能生成有毒或有腐蚀性气体的实验应在通风橱内进行，使用后的器皿应及时洗净。

⑫ 使用乙醚、苯、丙酮、三氯甲烷等易燃有机溶剂时，要远离火焰和热源，敞口操作，有挥发时应在通风橱中进行。使用完后将试剂瓶塞严，放在阴凉处保存。

⑬ 使用易燃、易爆气体（如氢气、乙炔等）时，要保持室内空气流通，严禁明火并应防止一切火星的产生，如由于敲击、电器的开关等产生的火花。有些机械搅拌器的电刷极易产生火花，应避免使用，禁止在此环境内使用移动电话。

⑭ 开启存有挥发性药品的瓶塞和安瓿时，必须先充分冷却然后再开启（开启安瓿时需要用布包裹）；开启时瓶口须指向无人处，以免液体喷溅而造成伤害。如遇到瓶塞不易开启时，必须注意瓶内储物的性质，切不可贸然用火加热或乱敲瓶塞。

⑮ 汞盐、钡盐、铬盐、As_2O_3、氰化物以及 H_2S 气体毒性较大，使用时要特别小心。氰化物不能接触酸，因反应放出的 HCN 气体有剧毒。因此，严禁在酸性介质中加入氰化物。氰化物废液应倒入碱性亚铁盐溶液中，使其转化为亚铁氰化盐，然后作废液处理，严禁直接倒入下水道或废液缸中。

⑯ 禁止任意混合各种试剂药品，以免发生意外事故。

⑰ 分析天平、分光光度计、酸度计等是分析化学实验室中常用的精密仪器，使用时应严格按照规定进行操作。用后应关闭电源，并将仪器各部分旋钮恢复到原来位置。

⑱ 如发生烫伤，可在烫伤处抹上黄色的苦味酸溶液或烫伤软膏。严重者应立即送医院治疗。

⑲ 如发生割伤，应立即取出伤口内的玻璃渣，用水洗净伤口，涂以碘酒或红汞药水，或用创可贴贴紧，严重者要送医院治疗。为了避免割伤应注意以下几点：玻璃管（棒）切断时不能用力过猛，以防破碎；截断后断面锋利，应进行熔光；清扫桌面上碎玻璃管（棒）及毛细管时，要仔细小心；将玻璃管（棒）或温度计插入塞子或橡皮管中时，应先检查塞孔大小是否合适，并将玻璃管（棒）或温度计上蘸点水或用甘油润滑，再用布裹住后逐渐旋转插入；拿玻璃管的手应靠近塞子，否则易使玻璃管折断，从而引起严重割伤。

⑳ 实验室如发生火灾，应根据起火的原因有针对性地灭火。

㉑ 使用煤气灯时应先将空气阀关闭，再点燃火柴。然后一边打开煤气开关，一边点火。不允许先打开煤气灯，再点燃火柴。点燃煤气灯后，调节好火焰，用后立即关闭。经常检查煤气开关和用气系统，如果有泄漏，应立即熄灭室内火源，打开门窗，用肥皂水查漏，若估计一时难以查出，应关闭煤气总阀，立即报告教师。

㉒ 使用电器设备时，切不可用湿润的手去开启电闸和电器开关。凡是漏电的仪器不要使用，以免触电。

㉓ 废纸、玻璃等物应扔入废物桶中，不得扔入水槽。保持下水道畅通，以免发生下水倒灌。

二、化学实验室意外事故处理

1. 化学灼烧处理

① 酸（或碱）灼伤皮肤立即用大量水冲洗，再用碳酸氢钠饱和溶液（或1%～2%乙酸

溶液）冲洗，最后再用水冲洗，涂敷氧化锌软膏（或硼酸软膏）。

② 酸（或碱）灼伤眼睛不要揉搓眼睛，应立即用大量水冲洗，再用3%的硫酸氢钠溶液（或用3%的硼酸溶液）淋洗，然后用蒸馏水冲洗。

③ 碱金属氰化物、氢氰酸灼伤皮肤用高锰酸钾溶液洗，再用硫化铵溶液漂洗，然后用水冲洗。

④ 溴灼伤皮肤立即用乙醇洗涤，然后用水冲净，涂上甘油或烫伤油膏。

⑤ 苯酚灼伤皮肤先用大量水冲洗，然后用4∶1（体积比）的乙醇（70%）-氯化铁（$1mol\cdot L^{-1}$）的混合液洗涤。

2. 割伤和烫伤处理

① 割伤　若伤口内有异物，先取出异物后，如轻伤可用生理盐水或硼酸溶液擦洗伤处，涂上紫药水（或红汞水），必要时撒些消炎粉，用绷带包扎，或贴创可贴。伤势较重时，则先用酒精在伤口周围擦洗消毒，再用纱布按住伤口压迫止血，立即送医院缝合。

② 烫伤　立即涂上烫伤膏，切勿用水冲洗，更不能把烫起的水泡戳破。

3. 毒物与毒气误入口、鼻内感到不舒服时的处理

① 毒物误入口立即内服5～10mL稀$CuSO_4$温水溶液，再用手指伸入咽喉促使呕吐毒物。

② 刺激性、有毒气体吸入或误吸入煤气等有毒气体时，立即在室外呼吸新鲜空气；误吸入溴蒸气、氯气等有毒气体时，立即吸入少量酒精和乙醚的混合蒸气，以便解毒。

4. 触电处理

触电后，立即拉下电闸，截断电源，尽快地利用绝缘物（干木棒、竹竿）将触电者与电源隔离，必要时进行人工呼吸。当所发生的事故较严重时，做了上述急救后应速送医院治疗。

5. 起火处理

① 小火、大火　小火用湿布、石棉布或沙子覆盖燃烧物；大火应使用灭火器，而且需根据不同的着火情况，选用不同的灭火器，必要时应报火警119。

② 汽油、乙醚等有机溶剂着火时，切勿用水灭火，小火用沙子或干粉覆盖灭火，大火用二氧化碳灭火器灭火，亦可用干粉灭火器或1211灭火器灭火。

③ 导线和电器设备着火时，应首先切断电源，小火可用石棉布或湿布覆盖灭火，大火用四氯化碳灭火器灭火，亦可用干粉灭火器或1211灭火器灭火，不能用水和二氧化碳灭火器。

④ 可溶于水的液体着火时，可用水灭火。

⑤ 活泼金属着火时，可用干燥的细沙覆盖灭火。

⑥ 纤维材质着火　小火用水降温灭火，大火用泡沫灭火器灭火。

⑦ 衣服着火时，忌奔跑，应迅速脱下衣服，或卧地打滚，或用湿衣服在身上抽打灭火。

附：实验室急救用具

消防器材：泡沫灭火器、四氯化碳灭火器、二氧化碳灭火器、干粉灭火器、1211灭火器、沙、石棉布、毛毡、淋浴用的水龙头等。

急救药箱：碘酒、双氧水、饱和硼酸溶液、1%～2%乙酸溶液、5%碳酸氢钠溶液、

70%酒精、玉树油、烫伤油膏、万花油、药用蓖麻油、硼酸膏或凡士林、磺胺药粉、洗眼杯、消毒棉花、纱布、胶布、绷带、剪刀、镊子、橡皮管等。

三、分析人员环境意识

1. 了解化学物质毒性、正确使用和储存

分析实验室里储存着种类繁多的化学试剂，在科研开发中有可能去合成新的化学物质。作为一名具有环境意识的分析人员，应当对所使用的化学试剂、新合成的化学物质所用原料及产品的毒性有所了解，以便确定实验室是否具备条件使用、合成、储存这些化学物质。尤其储存化学药品时，要注意毒物的相加、相乘作用。例如盐酸和甲醛，盐酸是实验室常用化学试剂，具有挥发性，如将这两种化学试剂储存在一个药品柜中，就会在空气中合成 10^{-9} 级致癌物质氯甲醚。

2. 了解有毒化学品新的名单及危害分级

随着环境科学、职业医学、工业毒理学的技术进步，对现存的和新合成的化学药品毒性研究日益深入，有毒化学品名单也在不断更新。因此，现代分析实验室和人员应及时掌握这一信息，了解化合物毒性的新观点、新认识，这对于在常规分析及科研开发中做好中毒预防及对环境保护至关重要。

第二节　分析化学实验用水

化学实验离不开水，从洗涤仪器到配制溶液都要用到水，为了保证分析结果的准确性，同时节约用水，现对有关水的概念及分析用水的规格、制备、检验介绍如下。

一、分析用水的规格

从水中含杂质的多少，将水分为源水、纯水、高纯水三类。

源水是指人们日常生活用水。地面水、地下水和自来水都是源水，它是制备纯水的水源。源水中的杂质有悬浮物、胶体、溶解性物质。悬浮物是指直径在 10^{-4}mm 以上的微粒，如细菌、藻类、沙子等。胶体是指直径在 10^{-6}～10^{-4}mm 的微粒，如腐植酸高分子化合物、溶胶硅酸铁等。溶解性物质是指颗粒直径≤10^{-6}mm，在水中呈真溶液状态的分子和离子，如溶解性气体 O_2、CO_2、NH_3，离子 K^+、Na^+、Ca^{2+}、Mg^{2+}、Fe^{3+}、Al^{3+}、CO_3^{2-}、NO_3^-、SO_4^{2-}、Cl^- 等。

纯水是指将源水经预处理除去悬浮物等不溶性杂质后，用蒸馏法或离子交换法进一步纯化除去胶体、溶解性物质而达到一定纯度标准的水。

高纯水是指以纯水为水源，再经离子交换、膜分离，使纯水中电解质几乎完全除去，不溶解胶体物质、有机物、细菌、SiO_2 等去除到最低程度的水。

纯水是分析化学实验中最常用的溶剂和洗涤剂。我国实验室用水规格的国家标准 GB 6682《分析实验室用水规格和试验方法》中规定了相应的规格、等级、制备方法、技术指标及检验方法。见表 2-1、表 2-2。

表 2-1 分析实验室用水规格和试验方法（GB 6682—2008）

指标名称		一级水	二级水	三级水
pH 值范围(25℃)		—	—	5.0～7.5
电导率(25℃)	$mS \cdot m^{-1}$	≤0.01	≤0.10	≤0.5
	$\mu S \cdot cm^{-1}$	≤0.1	≤1	≤5
比电阻(25℃)/MΩ·cm		>10	>1	>0.2
可氧化物(以 O 计)/$mg \cdot L^{-1}$		—	≤0.08	≤0.40
吸光度(254nm,1cm 光程)		≤0.001	≤0.01	—
可溶性硅(以 SO_2 计)/$mg \cdot L^{-1}$		≤0.01	≤0.02	—
蒸发残渣/$mg \cdot L^{-1}$		—	≤1.0	≤2.0

注：1. 由于在一级水、二级水的纯度下，难以测定其真实的 pH 值。因此，对一级水、二级水的 pH 值范围不做规定。

2. 一级水、二级水的电导率需用新制备的水“在线”测定。

3. 由于在一级水的纯度下，难以测定可氧化物质和蒸发残渣，对其限量不做规定。可用其他条件和制备方法来保证一级水的质量。

表 2-2 分析实验室用水的等级、用途、制备

等级	用途	制备
一级水	有严格要求的分析试验，包括对颗粒有要求的试验。如高压液相色谱分析用水	可用二级水经过石英设备蒸馏或离子交换混合床处理后，再经过 0.2μm 微孔滤膜过滤来制取
二级水	用于无机痕量分析等试验，如原子吸收光谱分析用水	用多次蒸馏或离子交换等方法制取
三级水	用于一般化学分析试验	用蒸馏或离子交换等方法制取

各级用水均应使用密闭的、专用聚乙烯容器储存。三级水也可使用密闭的、专用玻璃容器。各级用水在储存期间，其沾污的主要来源是容器可溶成分的溶解、空气中二氧化碳和其他杂质。因此，一级水不可储存，必须使用前制备。二级水、三级水可适量制备。分别储存在预先经同级水清洗过的相应容器中。

二、蒸馏水、去离子水、反渗透水及超纯水的制备

1. 蒸馏水的制备

将自来水在蒸馏装置中加热汽化，再将水蒸气冷凝所制备的水，称蒸馏水。一般大型制水是通过锅炉产生的蒸汽，再冷凝而得。蒸馏水比较纯净，可达到三级水的标准。目前使用的蒸馏器由玻璃、石英和铜等材料制成。蒸馏水中已去除自来水中大部分的污染物，但挥发性的杂质无法去除，如二氧化碳、氨、二氧化硅以及一些有机物。根据制备材料不同，所含杂质的种类和数量也不同，比如，用铜蒸馏器，水中会含有少量的铜离子；用玻璃蒸馏器制备，水中会含有少量的钠离子和硅酸根离子。蒸馏水中杂质含量如表 2-3 所示。新鲜的蒸馏水是无菌的，但储存后细菌易繁殖。从经济角度讲，蒸馏制水存在着耗水量大、用电成本高且速度慢等弊病，应用会逐渐减少。

表 2-3 一次蒸馏水中杂质含量

蒸馏器名称	杂质含量/mg·mL^{-1}				
	Mn^{2+}	Cu^{2+}	Zn^{2+}	Fe^{3+}	Mo(Ⅵ)
铜蒸馏器	1	10	2	2	2
石英蒸馏器	0.1	0.5	0.04	0.02	0.001

蒸馏水有一次蒸馏水、二次蒸馏水、三次蒸馏水等，制备方法如下：将自来水加热到沸腾使之汽化，再冷却汽化水，变为液体的水，即成为一次蒸馏水。要得到更纯的水，可在一次蒸馏水中加入碱性高锰酸钾溶液，除去有机物和二氧化碳；加入非挥发性的酸（硫酸或磷酸），使氨成为不挥发的铵盐。由于玻璃中含有少量能溶于水的组分，因此进行二次或多次蒸馏时，要使用石英蒸馏器皿，才能得到很纯的水，所得纯水应保存在石英或银制容器内。如有更高的要求，可能还要三蒸水、四蒸水……多次蒸馏可以提高水的电阻率，比如自来水电阻率为 1900Ω，一次蒸馏水的电阻率为 0.35MΩ，二次为 1.0MΩ，三次为 1.5MΩ，28 次为 16MΩ，根据实验用水的不同要求可以选择不同的多次蒸馏水。二次蒸馏水一般可达到二级标准。

2. 去离子水的制备

将自来水依次通过阳离子树脂交换柱，阴离子树脂交换柱，阴、阳离子树脂混合交换柱后所得的水称为去离子水。其质量可达到二级或一级水指标，其纯度比蒸馏水高，但不能除去非离子型杂质，常含有微量的有机物。这种方法的优点是：成本低，树脂可再生后反复使用，制备水量大，去离子能力强，其缺点就是设备与操作比较复杂，而且不能除去有机物等非电解质杂质，并有微量树脂溶在水中。去离子水杂质含量见表 2-4。

表 2-4 去离子水杂质含量

杂质	Cu^{2+}	Zn^{2+}	Mn^{2+}	Fe^{3+}	Mo(Ⅵ)	Mg^{2+}	Ca^{2+}	Sr^{2+}
含量/mg·mL^{-1}	<0.002	0.05	<0.02	0.02	<0.02	2	0.2	<0.06
杂质	Ba^{2+}	Pb^{2+}	Cr^{3+}	Co^{2+}	Ni^{2+}	B、Sn、Si、Ag		
含量/mg·mL^{-1}	0.006	0.02	0.02	<0.002	0.002	不可检出		

3. 反渗透水的制备

反渗透水法也叫电渗析法。它是在外电场的作用下，利用阴、阳离子交换膜对溶液中离子的选择性透过，而使杂质离子从水中分离出来。现在用得比较多的是一种反渗透技术，其生成原理是水分子在压力的作用下通过反渗透膜水中的杂质被反渗透膜截留排出，成为纯水。利用反渗透技术可以有效地去除水中的溶解盐、胶体、细菌、病毒、细菌内毒素和大部分有机物等杂质，不能除去非离子型杂质，而且去离子能力不如离子交换柱，但再生处理比离子交换柱简单，电渗析器的使用周期比离子交换柱长。好的电渗析器制备的纯水质量可达到三级水的水平。

4. 超纯水的制备

超纯水所使用的纯化技术和过程简述如下。第一步和第二步分别是渗析和去离子的过程，然后是活性炭过滤（用化学吸附去除氯，有机吸附除去可溶性有机物）、微孔过滤（或称亚微米过滤，用一个 0.2μm 孔径的膜或者中空纤维滤膜，滤除大于 0.2μm 的污染物，微孔过滤掉来自碳柱的碳微粒、离子树脂碎片和任何可能进入纯化水系统的细菌）、超滤（用来除去纯化水中所有直径大于 0.01μm 的微粒、热源和微生物）。还有一些特别手段，如紫外氧化或光氧化（采用 254nm 的紫外线除去系统中的细菌）等。

三、分析用水的检验

纯水的水质检验有物理方法和化学方法两类。检验的主要项目有：pH 值、电导率、硅酸盐、氯化物、Cu^{2+}、Pb^{2+}、Zn^{2+}、Fe^{3+}、Ca^{2+}、Mg^{2+}等。各项试验必须在洁净环境中进行，并采取适当措施，以避免对试样的沾污。试验中均使用分析纯试剂和相应级别的水。

1. pH 值的测定

量取 100mL 水样，用酸度计测定与大气相平衡的纯水的 pH 值，由于空气中的 CO_2 可溶于水中，故水的 pH 值常小于 7，一般 pH 值约为 6。

采用简易化学方法测定时，取两支试管，在其中各加 10mL 水，于甲试管中滴加 0.2%甲基红（变色范围 pH 4.4～6.2）2 滴，不得显红色，于乙试管中滴加 0.2%溴百里酚蓝（变色范围 pH 6.0～7.6）5 滴，不得显蓝色。

2. 电导率的测定

电导率越小，表明水中所含杂质离子越少，水的纯度越高。测量一、二级水时，电导池常数为 0.01～0.1，进行在线测量；测量三级水时，电导池常数为 0.1～1，取 400mL 水样于烧杯中，立即插入电导池进行测量。要求测量用的电导仪和电导池都具有温度自动补偿功能，并应定期进行检定。

3. 氯化物的测定

取 20mL 水样于试管中，用 1 滴 $4mol \cdot L^{-1}$ HNO_3 酸化，加入 1～2 滴 $0.1mol \cdot L^{-1}$ $AgNO_3$，如出现白色乳状物，则不合格。

4. Cu^{2+}、Pb^{2+}、Zn^{2+}、Fe^{3+}、Ca^{2+}、Mg^{2+} 等金属离子的检验

取 25mL 水样于小烧杯中，加 1 滴 $2g \cdot L^{-1}$铬黑 T，5mL pH=10 的氨性缓冲溶液，若呈蓝色，说明上述离子含量甚微，水合格；若呈红色，则说明水不合格。

5. 可氧化物质限量试验

量取 1000mL 二级水，注入烧杯中。加入 5.0mL 20%硫酸溶液，混匀。

量取 200mL 三级水，注入烧杯中。加入 1.0mL 20%硫酸溶液，混匀。

在上述已酸化的试液中，分别加入 1.00mL $0.01mol \cdot L^{-1}$高锰酸钾标准溶液，混匀，盖上表面皿，加热至沸并保持 5min，溶液的粉红色没有完全消失则合格，否则不合格。

6. 吸光度的测定

将水样分别注入 1cm 和 2cm 吸收池中，在紫外可见分光光度计上，于 254nm 处，以 1cm 吸收池中水样为参比，测定 2cm 吸收池中水样的吸光度。如仪器的灵敏度不够时，可适当增加测量吸收池的厚度。

7. 蒸发残渣的测定

水样预浓集：量取 1000mL 二级水（三级水取 500mL）。将水样分几次加入旋转蒸发器的蒸馏瓶中，于水浴上减压蒸发（避免蒸干）。待水样最后蒸至约 50mL 时，停止加热。

测定：将上述预浓集的水样，转移至一个已于（105±2）℃恒重的玻璃蒸发皿中。并用5～10mL水样分2～3次冲洗蒸馏瓶，将洗液与预浓集水样合并，于水浴上蒸干，并在（105±2）℃的电烘箱中干燥至恒重。残渣质量不得大于1.0mg。

8. 可溶性硅的限量试验

量取520mL一级水（二级水取270mL），注入铂皿中。在防尘条件下，微沸蒸发至约20mL时，停止加热，冷至室温。加1.0mL 50g·L^{-1}钼酸铵溶液，摇匀，放置5min后，加1.0mL 50g·L^{-1}草酸溶液，摇匀。放置1min后，加1.0mL 2g·L^{-1}对甲氨基酚硫酸盐溶液，摇匀。转移至25mL比色管中，稀释至刻度，摇匀。于60℃水浴中保温10min，目视观察，试液的蓝色不得深于标准。标准是取0.50mL 0.01mg·mL^{-1}二氧化硅标准溶液，加入20mL水样后，从加1.0mL 50g·L^{-1}钼酸铵溶液起与样品试液同时用同样的方法处理。

四、分析用水的合理使用

分析用水来之不易，应根据实验要求，选用适当级别的纯水，注意节约用水。

在本书的定量分析化学实验中，主要使用三级水，特殊情况下使用二级水。

为了使实验室使用的纯水保持纯净，纯水瓶要随时加塞，专用虹吸管内外都应保持干净。用洗瓶装取纯水时，不要取出洗瓶的塞子和吸管，纯水瓶上的虹吸管也不要插入洗瓶内。为了防止污染，在纯水瓶附近不要存放浓盐酸、氨水等易挥发的试剂。

第三节 玻璃器皿的洗涤及干燥

一、仪器的洗涤

分析化学实验室经常使用玻璃容器和瓷器，如果用不干净的器皿进行实验，则往往会因为污物和杂质的存在而得到不准确的结果，所以化学实验中使用的器皿应洗净。判断洗净的一般标志为其内壁被水均匀润湿而无条纹、不挂水珠。

洗涤容器的方法很多，应根据实验的要求、污物的性质和沾污的程度加以选择。一般来说，附着在仪器上的污物有尘土和其他不溶性物质、可溶性物质、有机物质及油污等。针对这些情况，可采用下列方法：

1. 用水刷洗

用自来水和毛刷刷洗，除去容器上附着的尘土和水溶物。

2. 用去污粉（或洗涤剂）和毛刷刷洗

实验室中常用的烧杯、锥形瓶、量筒等一般的玻璃器皿，当容器上附着油污和有机物时可用去污粉或毛刷刷洗，若仍洗不干净，可用热碱液洗。容量仪器不能用去污粉或毛刷刷洗，以免磨损器壁，使体积发生变化。

去污粉是由碳酸钠、白土、细沙等混合而成的。将要刷洗的玻璃仪器先用少量水润湿，撒入少量去污粉，然后用毛刷擦洗。利用碳酸钠的碱性去除油污，利用细沙的摩擦作用和白土的吸附作用增强对玻璃仪器的清洗效果。玻璃仪器经擦洗后，用自来水冲掉去污粉颗粒，然后用蒸馏水洗三次，去掉自来水中带来的钙、镁、铁、氯等离子。

洗干净的仪器倒置时，仪器中存留的水可以完全流尽而仪器不留水珠和油花。出现水珠或油花的仪器应当重新洗涤。仪器倒置时应放在干净的仪器架上（不能倒置于实验台上）。锥形瓶、容量瓶等仪器可倒挂在漏斗板或铁架台上。小口颈的试管等可倒插在特别的干净支架上。

3. 用铬酸洗液

进行定量分析实验时，即使少量杂质也会影响实验的准确性。这时可用洗液清洗滴定管、移液管、容量瓶等具有精确刻度的容量仪器。铬酸洗液是重铬酸钾在浓硫酸中的饱和溶液，具有很强的去污能力。

一般用洗液洗涤时，往容器内加入洗液，其用量为容器总容积的 1/3，然后将容器倾斜，慢慢转动容器，使容器的内壁全部被洗液润湿，然后将洗液倒入原来瓶内，再用水将洗液洗去。如果用洗液将容器浸泡一段时间（15min 左右），再用自来水冲净残留在器皿上的洗液，然后用蒸馏水润洗 2～3 次，则效果更好。

铬酸洗液的配制：在台秤上称取 10g 工业纯 $K_2Cr_2O_7$（或 $Na_2Cr_2O_7$）置于 500mL 烧杯中，先用少许水溶解，在不断搅动下，慢慢注入 200mL 浓硫酸（工业纯），待 $K_2Cr_2O_7$ 全部溶解并冷却后，将其保存于带磨口的试剂瓶中。所配的铬酸洗液为暗红色液体。因浓硫酸易吸水，用后应将磨口玻璃塞子塞好。

使用洗液时要注意以下几点。

① 用洗液洗涤前，最好先用自来水和毛刷洗刷一下或用去污粉将容器预洗，并尽量把容器内的水倾尽，以免将洗液稀释降低洗涤效果。

② 洗液用后应倒入原瓶内，可重复使用。当洗液变为绿色而失效时，可倒入废液桶中，绝不能倒入下水道，以免腐蚀金属管道。

③ 洗液为强氧化剂，腐蚀性强，使用时特别注意不要溅在皮肤和衣服上。如果不慎将洗液洒在皮肤、衣物或实验桌上，应立即用水冲洗。

④ 不要用洗液洗涤具有还原性的污物（如某些有机物），这些物质能把洗液中的重铬酸钾还原为硫酸铬（洗液的颜色则由原来的深棕色变为绿色）。已变为绿色的洗液不能继续使用。

⑤ 用洗液洗涤过的仪器，应先用自来水冲净，再以蒸馏水润洗内壁 2～3 次。

⑥ 因重铬酸钾严重污染环境，应尽量少用洗液。通常洗涤容器时应符合“少量多次”的原则。既节约，又提高了效率。

4. 还原性洗涤液

用还原剂洗去氧化性杂质，常用的还原剂有 Na_2SO_3 加稀硫酸的溶液、硫酸亚铁的酸性溶液、$H_2C_2O_4$ 加稀 HCl 溶液、$NH_2OH \cdot HCl$ 溶液等。如二氧化锰便可以用 $H_2C_2O_4$ 的酸性溶液洗涤。

5. 用其他溶剂洗

光度法中所用比色皿，是由光学玻璃制成的，不能用毛刷刷洗。通常视沾污的情况，选用铬酸洗液、HCl-乙醇、合成洗涤剂等浸泡后，用自来水冲洗净，再用蒸馏水润洗 2～3 次。

(1) NaOH-$KMnO_4$ 水溶液

用于洗涤油脂及有机物。配制方法为称取 10g $KMnO_4$ 放入 250mL 烧杯中，加入少量水使之溶解，再慢慢加入 100mL 10% NaOH 溶液，混匀即可使用。洗后在器皿中留下的 $MnO_2 \cdot nH_2O$ 沉淀物可用 HCl-$NaNO_2$ 混合液、酸性 Na_2SO_3 或热草酸溶液等还原性洗液洗去。

(2) KOH-乙醇溶液

适合于洗涤被油脂或某些有机物沾污的器皿。

(3) HNO_3 洗涤液

比色皿被沾污时，可用 1∶1 HNO_3 洗涤。

(4) HNO_3-乙醇溶液

适合于洗涤油脂或有机物沾污的酸式滴定管。使用时先在滴定管中加入 3mL 乙醇，沿壁加入 4mL 浓 HNO_3，盖住滴定管管口，利用反应所产生的氧化氮洗涤滴定管。

以上介绍了几种常用洗涤方法以及常用的几种洗液的配制及使用，在选用洗液时要有针对性。为此举一实例，如装过碘溶液、萘试剂的瓶子、试管，常有碘附着在瓶壁上，用上述几种洗液都难洗去，但可用 $1mol \cdot L^{-1}$ 的 KI 溶液洗涤，效果非常好。

凡是已洗净的仪器内壁，绝不能再用布或纸去擦拭。否则，布或纸的纤维会留在器壁上反而沾污仪器。

二、仪器的干燥

洗净的仪器常用的干燥方法有：晾干法、烤干法、烘干法等。

1. 晾干法

不急用的仪器，在洗净后，可利用仪器上残存水分的自然挥发而使仪器自然干燥，称晾干法。通常是将洗净后的仪器，倒置在干净的仪器柜或搪瓷盘中，对于倒置不稳的仪器应倒插在仪器柜里的格栅板中或插在实验室的干燥板上，干燥板应挂在空气流通又无灰尘的墙壁上，必要时可用薄塑料布覆盖，以防灰尘。

2. 烤干法

利用加热使水分迅速蒸发而使仪器干燥的方法称烤干法。此法常用于可加热或耐高温的仪器，如烧杯、蒸发皿、烧瓶、试管等。加热前先将仪器外壁擦干，然后用小火烤。烧杯、蒸发皿、烧瓶等可放在石棉网上，用小火烤干。试管可以用试管夹夹住后，在火焰上来回移动，使试管受热均匀，直至烤干。但必须使管口低于管底，以免水珠倒流至灼热部位，使试管炸裂，待烤到不见水珠后，将管口朝上赶尽水汽。

3. 吹干法

对没有刻度的仪器，急用时也可用吹风机的热风将仪器吹干。

4. 气流烘干法

气流烘干是电吹风机的一种改进形式。它与电吹风机的不同在于冷风和热风是由一根根粗细不等的且带有许多小孔的金属管中吹出的。先把洗净的玻璃仪器中的水倒净，按其口径或粗细套在合适的管上。气流烘干器对干燥锥形瓶、试管等非常方便。这样，有效地解决了干燥仪器的问题，使用时最好专门安放在一个台面上，每次课后擦拭干净，学期末进行检修备用。

5. 有机溶剂干燥法

带有刻度的仪器，急用时，可用此法。其操作方法是：将仪器洗净后倒置稍控干，擦干仪器外壁，注入少量能与水互溶且挥发性较大的有机溶剂（常用无水乙醇、丙酮或乙醚等），将仪器转动使溶剂在内壁流动，待内壁全部浸湿，倾出溶剂并回收，少量残留在仪器中的混合物很快挥发而干燥。如用电吹风机的冷风往仪器中吹风，则干得更快。

6. 烘箱烘干法

如需要干燥较多仪器，通常使用电热干燥箱（电烘箱）。一般将洗净的仪器倒置稍控后，放入电烘箱内的隔板上，放时应使仪器口朝下，并在烘箱的最下层放一搪瓷盘，承接从仪器上滴下的水，以免水滴到电热丝上，损坏电热丝。关好门，将箱内温度控制在105℃左右，恒温约半小时即可。注意沾有有机溶剂的玻璃仪器不能用电热干燥箱干燥，以免发生爆炸。

注意事项：

① 带有刻度的计量仪器不能使用加热的方法进行干燥，因为这会影响仪器的精度；

② 对于厚壁瓷制仪器不能烤干，但能烘干。

第四节 化学试剂

化学试剂的种类繁多，各国对化学试剂的分类和分级的标准不尽一致，各国的国家标准、行业标准、学会标准也不尽一致。国际标准化组织（ISO）和国际纯粹化学与应用化学联合会（IUPAC）对化学试剂都有很多相应的标准和规定。表2-5为IUPAC对化学标准物质的分级。

表2-5 IUPAC对化学标准物质的分级

级别	说明
A级	原子量标准
B级	和A级最接近的基准物质
C级	含量为100.00%±0.02%的标准试剂
D级	含量为100.00%±0.05%的标准试剂
E级	以C级或D级试剂为标准进行的对比测定，所得的纯度或相当于这种纯度的试剂，比D级的纯度低

C级和D级为滴定分析标准试剂，E级为一般试剂。以下介绍我国试剂的分类及用途。

一、化学试剂的分类、规格

化学试剂的纯度对实验结果准确度的影响很大，不同的实验对试剂纯度的要求也不相同，因此，必须了解试剂的分类标准。化学试剂产品有成千上万种，按组成分为无机试剂和有机试剂两大类；按用途可分为标准试剂、一般试剂、高纯试剂、特效试剂、仪器分析专用试剂、指示剂、溶剂、生化试剂、临床试剂、有机合成基础试剂、电子工业专用试剂、食品工业专用试剂、教学用实验试剂等。下面对标准试剂、一般试剂、高纯试剂和专用试剂作简要介绍。

1. 标准试剂

标准试剂是指在分析化学中使用的具有已知含量（有的是指纯度）或特性值的一类化学

试剂。其在分析过程中的加入量或反应消耗量，可作为分析测定度量的标准。这种试剂的特性值应具有很好的准确度，而且还应能与 SI 制单位进行换算，并可得到一致性的标准值，其标准值是用准确的标准化方法测定的。标准试剂的确定和使用具有国际性。

我国习惯将容量分析用的标准试剂和相当于 IUPAC 的 C 级的 pH 标准试剂称为基准试剂。在我国的标准试剂中，有一部分品种有两个级别。高一级的是由国家有关单位测定和发放的，即第一基准；低一级的是由生产厂用第一基准作标准物来测定其产品的标准。表 2-6 是主要国产标准试剂的等级及用途，表 2-7 是部分标准试剂的分级。

表 2-6 主要国产标准试剂的等级及用途

类别（级别）	相当于 IUPAC 的级别	主要用途
容量分析第一基准	C	容量分析工作基准试剂的定值
容量分析工作基准	D	容量分析标准溶液的定值
容量分析标准溶液	E	容量分析法测定物质的含量
杂质分析标准溶液		仪器及化学分析中作为微量杂质分析的标准
一级 pH 基准试剂	C	pH 基准试剂的定值和高精密度 pH 计的校准
pH 基准试剂	D	pH 计的校准（定位）
气相色谱分析标准		气相色谱法进行定性和定量分析的标准
农药分析标准		农药分析
临床分析标准溶液		临床化验
热值分析标准		热值分析仪的标定
有机元素分析标准	E	有机物的元素分析

表 2-7 部分标准试剂的分级

类别	级别	测定单位	相当于 IUPAC
容量分析标准	第一基准	中国计量科学研究院测含量	C 级
	工作基准	生产厂以第一基准为标准测含量	D 级
pH 标准	pH 基准	中国计量科学研究院测 pH	C 级
	pH 标准	生产厂以 pH 基准为标准测 pH	D 级

标准试剂本身分为许多类别，最常用的是分为 18 类（见表 2-8)，每类又各自包含许多试剂品种。例如，滴定分析基准试剂包括氯化钠、草酸钠、无水碳酸钠、重铬酸钾等，见表 2-9；pH 基准试剂包括四草酸钾、酒石酸氢钾、邻苯二甲酸氢钾、磷酸二氢钾等，见表 2-10。

表 2-8 标准试剂的分类

类别	状态	类别	状态
容量分析第一基准	固体	色层分析用标准	固体
容量分析工作基准	固体	杂质标准溶液	溶液
容量分析标准溶液	溶液	光谱分析标准溶液	溶液
有机元素分析基准	固体	油溶分析标准溶液	溶液

续表

类别	状态	类别	状态
pH 基准试剂	固体	热值分析标准	固体
pH 标准试剂	固体	临床分析标准溶液	溶液
离子选择电极标准	溶液	农药分析标准	固体
pH 标准缓冲溶液	溶液	核磁分析标准	固体
气相色谱标准	液、固体	高纯金属标准	固体

表 2-9 滴定分析中常用的工作基准试剂

试剂名称	化学式	主要用途	使用前的干燥方法
氯化钠	$NaCl$	标定 $AgNO_3$ 溶液	500～550℃灼烧至恒重
草酸钠	$Na_2C_2O_4$	标定 $KMnO_4$ 溶液	105℃±5℃干燥至恒重
无水碳酸钠	Na_2CO_3	标定 HCl、H_2SO_4 溶液	270～300℃干燥至恒重
三氧化二砷	As_2O_3	标定 I_2 溶液	H_2SO_4 干燥器中干燥至恒重
邻苯二甲酸氢钾	$KHC_8H_4O_4$	标定 NaOH 溶液	105～110℃干燥至恒重
碘酸钾	KIO_3	标定 $Na_2S_2O_3$ 溶液	180℃±2℃干燥至恒重
重铬酸钾	$K_2Cr_2O_7$	标定 $Na_2S_2O_3$、$FeSO_4$ 溶液	120℃±2℃干燥至恒重
氧化锌	ZnO	标定 EDTA 溶液	800℃灼烧至恒重
乙二胺四乙酸二钠	$Na_2H_2Y \cdot 2H_2O$	标定金属离子溶液	硝酸镁饱和溶液恒湿器中放置 7 天
溴酸钾	$KBrO_3$	标定 $Na_2S_2O_3$ 溶液	180℃±2℃干燥至恒重
硝酸银	$AgNO_3$	标定卤化物及硫氰酸盐溶液	H_2SO_4 干燥器中干燥至恒重
碳酸钙	$CaCO_3$	标定 EDTA 溶液	110℃±2℃干燥至恒重
硼砂	$Na_2B_4O_7 \cdot 10H_2O$	标定酸	放在装有 NaCl 和蔗糖饱和溶液的干燥器中干燥至恒重
锌	Zn	标定 EDTA	室温干燥器中保存至恒重
铜	Cu	标定还原剂	室温干燥器中保存至恒重
草酸	$H_2C_2O_4 . 2H_2O$	标定碱或 $KMnO_4$	室温空气干燥至恒重

表 2-10 pH 基准试剂

试剂	规定浓度 /mol・kg^{-1}	标准值(25℃)	
		一级 pH 基准试剂	pH 基准试剂
		$pH(S)_{I}$	$pH(S)_{II}$
四草酸钾	0.05	1.680±0.005	1.68±0.01
酒石酸氢钾	饱和	3.559±0.005	3.56±0.01
邻苯二甲酸氢钾	0.05	4.003±0.005	4.00±0.01
磷酸氢二钠 磷酸二氢钾	0.025	6.864±0.005	6.86±0.01
四硼酸钠	0.01	9.182±0.005	9.18±0.01
氢氧化钙	饱和	12.460±0.005	12.46±0.01

2. 一般试剂

一般试剂是实验室中最普遍使用的试剂，其规格是以试剂中杂质含量的多少来划分的，一般可分为四个等级，从一级到四级杂质含量依次增大，四级试剂已很少见。优级纯又称一级品，这种试剂纯度最高，杂质含量最低，适用于重要精密的分析工作和科学研究工作，使用绿色瓶签；分析纯又称二级品，纯度很高，略次于优级纯，适用于重要分析及一般研究工作，使用红色瓶签；化学纯又称三级品，纯度与分析纯相差较大，适用于工矿、学校一般分析工作，使用蓝色瓶签。表 2-11 是我国一般试剂的规格、用途及与某些国家化学试剂等级标志的对照表。

表 2-11 我国一般化学试剂规格、适用范围等级对照表

质量次序		1	2	3	4	5
我国一般化学试剂等级标志	级别	一级	二级	三级	四级	
	中文标志	优级纯（保证试剂）	分析纯（分析试剂）	化学纯	化学用试剂	生物试剂
	符号	G. R.	A. R.	C. P. ,P.	L. R.	B. R.
	瓶签颜色	绿色	红色	蓝色	棕色等	黄色等
德、美、英等国通用等级和符号		G. R.	A. R.	C. P.		
俄罗斯等级和符号		化学纯 XЧ	分析纯 AЧ	纯 Ч		
主要用途		纯度很高，适用于精密分析和科学研究工作	纯度仅次于一级品，适用于重要分析及一般研究工作	纯度较二级品差，适用于一般分析工作	纯度较低，宜用作实验辅助试剂	生物化学实验用

指示剂也属于一般试剂。在一般分析工作中，通常要求使用 A. R. 级（分析纯）试剂。

3. 高纯试剂

纯度远高于优级纯的试剂叫做高纯试剂。高纯试剂是在通用试剂基础上发展起来的，是为了专门的使用目的而用特殊方法生产的纯度最高的试剂。高纯试剂控制的是杂质项含量，基准试剂控制的是主含量，基准试剂可用于标准溶液的配制，但高纯试剂不能用于标准溶液的配制（单质氧化物除外）。高纯试剂的杂质含量要比优级试剂低 2～4 个或更多个数量级，主体含量一般与优级纯试剂相当，规定检测的杂质项目比同种优级纯或基准试剂多 1～2 倍，在标签上标有“特优”或“超优”字样。高纯试剂主要用于微量分析中试样的制备，特别适用于一些痕量分析，而通常的优级纯试剂就达不到这种精密分析的要求。

4. 专用试剂

专用试剂是指有特殊用途的试剂，如仪器分析中色谱分析标准试剂、气相色谱担体及固定液、液相色谱填料、薄层色谱试剂、核磁共振分析用试剂等。与高纯试剂相似之处是专用试剂不仅主体含量高，而且杂质含量很低。它与高纯试剂的区别是，在使用特定的分析方法时（如发射光谱分析），有干扰的杂质成分只需控制在不致产生明显干扰的限度以下即可。

二、化学试剂的包装和选用

1. 试剂包装的规格

国产化学试剂的包装规格规定为五类。第一类为贵重试剂，包装单位分为 0.1g、

0.25g、0.5g、1g，及 0.5mL、1mL 等数种。第二类为较贵重试剂，包装单位分为 5g（或 mL）、10g（或 mL）、25g（或 mL）三种。第三种为基准试剂等用途较窄的试剂，包装单位为 50g（或 mL）、100g（或 mL）两种，以安瓿包装的液体化学试剂则增加 20mL 包装单位。第四类为用途较广的试剂，包装单位为 250g（或 mL）、500g（或 mL）两种。第五种为酸类及纯度较差的实验试剂，包装单位为 1kg（或 L）、2kg（或 L）、5kg（或 L）。

2. 化学试剂的选用

化学试剂的选用，应该根据节约的原则，按实验要求选用不同规格的试剂。同一化学试剂往往由于规格不同，价格差别很大。如痕量分析选用高纯试剂或一级品，以降低空白值和避免杂质干扰；做仲裁分析或试剂检验选用一、二级品；一般生产车间控制分析选用二、三级品；某些制备实验、冷却浴或加热浴用的试剂可选用工业品；化学分析实验通常使用分析纯试剂；仪器分析实验一般使用优级纯、分析纯或专用试剂。不要认为试剂越纯越好，超越具体实验条件去选用高纯试剂，会造成浪费。本书除指明的试剂外，一般用分析纯。

另外，在分析工作中，选择试剂的纯度除了要与所用方法相当外，其他如实验用水、使用器皿也须与之相适应。若试剂选用 G. R. 级，就不宜使用普通的去离子水或普通蒸馏水，而应使用多重蒸馏水。对所用器皿的质地也有较高的要求，在使用过程中不应有物质溶解到溶液中，以免影响测定的准确度。分析工作者必须对化学试剂规格有明确的认识，做到合理地使用试剂，不可盲目追求高纯度而造成浪费，又不随意降低规格而影响分析结果的准确度。

第五节 标准物质

在许多行业如环境监测、商品检验、体育比赛兴奋剂的检验等，以及科学研究工作中，都需要进行相应的分析测试工作。为了保证测试结果准确可靠，并具有公认的可比性，必须使用标准物质校正仪器、标定溶液浓度和评价分析方法。因此，标准物质是一种不可缺少的标准量。以下介绍标准物质的定义、作用、分类等。

一、标准物质的定义

1986 年国家计量局接受了国际标准化组织（ISO）的标准物质委员会提出的并为国际计量局（BIPM）等国际组织所确认的标准物质的定义。标准物质（reference material，RM）是已确定其一种或几种特性，用以校准测量器具、评价测量方法或确定材料特性量值的物质。

按照“国际通用计量学基本术语”和“国际标准化组织指南 30”，标准物质除上述定义外，还有如下定义：

有证标准物质（certified reference material，CRM）是附有证书的标准物质，其一种或多种特性值建立了溯源性的程序确定，使之可溯源到准确复现的用于表示该特性值的计量单位，而且每个标准值都附有给定置信水平的不确定度。

基准标准物质（primary reference material，PRM）是一个比较新的概念，国际计量委员会（CIPM）于 1993 年建立了物质量咨询委员会（CCQM），在 1995 年的物质量咨询委员会会议上提出了如下定义。基准方法（primary methed of measurement，PMM）是具有最高计量品质的测量方法，它的操作可以完全地被描述和理解，其不确定度可以用SI单位表述，测量结果不依赖被测量的测量标准。基准标准物质是一种具有最高计量品质，用基准方法确定量值的标准物质。

二、标准物质的作用

标准物质作为具有准确量值的计量标准，是化学计量的重要组成部分和量值传递与溯源的一种重要手段，广泛应用于国民经济和社会发展的各个方面。其主要作用如下。

1. 保存和传递特性量值，建立测量溯源性

标准物质是特性量值准确、均匀性和稳定性良好的计量标准，具有在时间上保持特性量值，在空间上传递量值的功能。通过使用标准物质，可以使实际测量结果获得量值溯源性。

2. 保证测量结果的一致性、可比性

通过校准测量仪器，评价测量过程，由标准物质将测量结果溯源到国际单位（SI）制，保证测量结果的一致性、可比性，从而达到量值统一。

3. 研究与评价测量方法

标准物质可作为特性量值已知的物质，用于研究和评价测量这些成分或特性的方法，从而判断该方法的准确度和重复性，并通过验证和改进测量方法的准确度，评价检测方法在特定场合的适应性，促进校准方法和测试技术的发展。

4. 保证产品质量监督检验的顺利进行

在生产过程中，从工业原料的检验、工艺流程的控制、产品质量的评价、新产品的试制到三废的处理和利用等都需要各种相应的标准物质保证其结果的可靠性，使生产过程处于良好的质量控制状态，有效地提高产品质量。

另外，标准物质在产品保证制定验证与实施方面，在产品检验和认证机构的质量控制和评价方面，在实验室认可工作方面都发挥着重要作用。

三、标准物质的分级

我国标准物质分为一级和二级，它们都符合“有证标准物质”的定义，其编号由国家质量监督检验检疫总局统一指定、颁发，按国家颁布的计量法进行管理。

一级标准物质的代号以国家标准物质的汉语拼音“Guo Jia Biao Zhun Wu Zhi”中“Guo”“Biao”“Wu”三个字的字头“GBW”表示。

二级标准物质的代号以国家标准物质的汉语拼音中“Guo”“Biao”“Wu”三个字的字头“GBW”，加上二级汉语拼音中“Er”字的字头“E”并以小括号括起来，即用GBW（E）表示。

1. 一级标准物质符合如下条件

① 用绝对测量法或两种以上不同原理的准确可靠的方法定值。在只有一种定值方法的情况下，用多个实验室以同种准确可靠的方法定值。

② 准确度具有国内最高水平，均匀性在准确度范围之内。

③ 稳定性在一年以上，或达到国际上同类标准物质的先进水平。

④ 包装形式符合标准物质技术规范的要求。

一级标准物质是统一全国量值的一种重要依据，由国家计量行政部门审批并授权生产，由中国计量科学研究院组织技术审定。它主要用于研究和评价标准方法、二级标准物质的定值和高精确度测量仪器的校准。

2. 二级标准物质符合如下条件

① 用与一级标准物质进行比较测量的方法或一级标准物质的定值方法定值。

② 准确度和均匀性未达到一级标准物质的水平，但能满足一般测量的需要。

③ 稳定性在半年以上，或能满足实际测定的需要。

④ 包装形式符合标准物质技术规范的要求。

二级标准物质由国务院有关业务主管部门即各部委审批并授权生产。它主要用于研究和评价现场分析方法、现场实验室的质量保证及不同实验室间的质量保证。二级标准物质又称工作标准物质，它的产品批量较大，通常分析实验室所用的标准试样都是二级标准物质。

四、化学试剂中的标准物质

目前我国化学试剂中标准物质的品种不多，只有滴定分析基准试剂和 pH 基准试剂属于标准物质，其产品仅有几十种。我国规定第一基准试剂（一级标准物质）的主体含量为 99.98%～100.02%，其值采用准确度最高的精确库仑滴定法测定。工作基准试剂（二级标准物质）的主体含量为 99.95%～100.05%，以第一基准试剂为标准，用称量滴定法定值。工作基准试剂是滴定分析实验中常用的计量标准，可使被标定溶液的不确定度在±0.2%以内。滴定分析中常用的工作基准试剂见表 2-9，通用的 pH 基准试剂见表 2-10。

一级 pH 基准试剂（一级标准物质）的 pH(s) 的总不确定度在±0.005，用这种试剂按规定方法配制的溶液称为一级 pH 标准缓冲溶液，它通常只用于 pH 基准试剂的定值和高精度酸度计的校准。

pH 基准试剂（二级标准物质）的 pH(s) 的总不确定度为±0.01，用该试剂按规定方法配制的溶液称为 pH 标准缓冲溶液，它主要用于酸度计的校准（定位）。

基准试剂仅是种类繁多的标准物质中很小的一部分。分析化学实验室中还经常使用非试剂类的标准物质，例如合金、矿物、纯气体或混合气体、标准溶液等。需要到国家标准物质网 http：//www.bzwz.com/或中国标准物质标准样品电子商务网 http：//www.gbw-gsbs.cn/查阅有关的标准物质商品目录。

第六节　滤纸、滤器及其应用

一、滤纸

根据用途不同，化学实验中常用的滤纸分为定量滤纸和定性滤纸。定量滤纸主要用于定量分析实验，定性滤纸主要用于定性分析实验。两者的差别在于灼烧后的灰分质量不同。定量滤纸的灰分很低，如一张直径 125mm 的定量滤纸，质量约为 1g，灼烧后的灰分量低于 0.1mg，已小于分析天平的感量，在重量分析中，可忽略不计，故又称无灰滤纸；而定性滤纸灼烧后有相当多的灰分，不适于重量分析。

滤纸按过滤速度和分离性能的不同可分为快速、中速和慢速三类。我国国家标准对定量滤纸和定性滤纸产品规定的主要技术指标有：面质量、分离性能、过滤速度、湿耐破度、灰分、标志、圆形纸直径等，国家标准 GB 1514 和 GB 1515 所规定的技术指标及用途列于表 2-12 和表 2-13。定性滤纸的质量不及定量滤纸，杂质含量比定量滤纸高，但价格比定量滤纸低，在实验中应根据沉淀的性质和沉淀的量合理地选用滤纸。

表 2-12 定量滤纸

项目	规定		
	快速	中速	慢速
	201 型	202 型	203 型
面质量/g·m^{-2}	80.0±4.0	80.0±4.0	80.0±4.0
分离性能(沉淀物)	氢氧化铁	碳酸锌	硫酸钡
过滤速度/s	≤30	≤60	≤120
湿耐破度/mm 水柱	≥120	≥140	≥160
灰分/%	≤0.01	≤0.01	≤0.01
标志(盒外纸条)	白色	蓝色	红色
滤速/s·100mL^{-1}	60～100	100～160	160～200
用途	粗结晶及无定形沉淀，如氢氧化铁、氢氧化铝	中等粒度沉淀，如大部分硫化物、磷酸铵镁	细粒状沉淀，如硫酸钡
圆形纸直径/mm	55,70,90,110,125,180,230,270		

表 2-13 定性滤纸

项目	规定		
	快速	中速	慢速
	101 型	102 型	103 型
面质量/g·m^{-2}	80.0±4.0	80.0±4.0	80.0±4.0
分离性能(沉淀物)	氢氧化铁	碳酸锌	硫酸钡(热)
过滤速度/s	≤30	≤60	≤120
灰分/%	≤0.15	≤0.15	≤0.15
水溶性氯化物/%	≤0.02	≤0.02	≤0.02
含铁量(质量分数)/%	≤0.003	≤0.003	≤0.003
标志(盒外纸条)	白色	蓝色	红色
圆形纸直径/mm	55,70,90,110,125,150,180,230,270		
方形纸尺寸/mm	600×600,300×300		

除滤纸外，还可使用一定孔径的金属网或高分子材料制成的网或膜进行过滤。这些材料和滤纸一样，用于过滤时都要和适当的滤器（布氏漏斗或玻璃漏斗等）配合使用。

二、烧结过滤器

1. 烧结过滤器的分类

这是一类由颗粒状的玻璃、石英、陶瓷、金属或塑料等经高温烧结，使之粘在一起制成

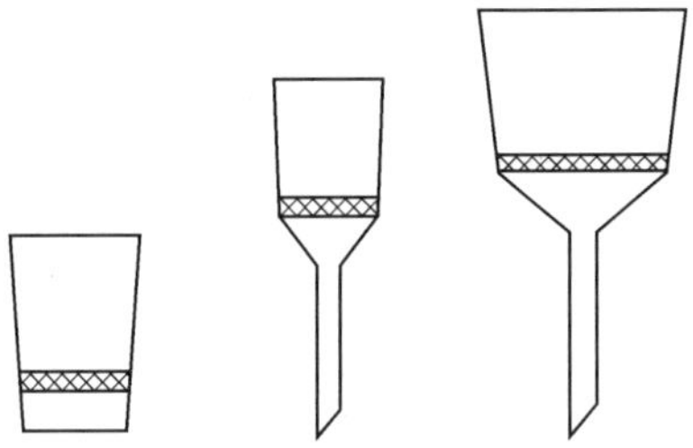

图 2-1 两种常用的玻璃滤器

的，并具有微孔的过滤器。其中最常用的是玻璃滤器，它的底部是用玻璃砂在 600℃左右烧结成的多孔片，故又称玻璃砂芯滤器，有坩埚式和漏斗式两种（图 2-1）。根据烧结玻璃的孔径大小分成 6 种规格（表 2-14）。

表 2-14 玻璃滤器的规格和用途

滤片号	孔径/μm	一般用途
1	80～120	过滤粗颗粒沉淀
2	40～80	过滤较粗颗粒沉淀
3	15～40	过滤化学分析中一般结晶沉淀和含杂质的水银
4	6～15	过滤细颗粒沉淀
5	2	过滤极细颗粒沉淀
6	＜2	过滤细菌

从 1990 年开始实施新的标准，规定在每级孔径的上限值前置以字母“P”表示牌号。我国国家标准《实验室烧结（多孔）过滤器孔径、分级和牌号》见表 2-15。

表 2-15 玻璃滤器的分级、牌号及一般用途

牌号	孔径分级/μm		一般用途
P1.6	—	≤1.6	滤除大肠杆菌及葡萄球菌
P4	＞1.6	≤4	滤除极细沉淀及较大杆菌
P10	＞4	≤10	滤除细颗粒沉淀
P16	＞10	≤16	滤除细沉淀及收集小分子气体
P40	＞16	≤40	滤除较细沉淀及过滤水银
P100	＞40	≤100	滤除较粗沉淀及处理水
P160	＞100	≤160	滤除粗粒沉淀及收集气体
P250	＞160	≤250	滤除大颗粒沉淀

各种滤器都有不同的规格，例如容量、高度、直径和滤片牌号等，应根据需要合理地选用。在化学分析实验中常用 P40 和 P16 号滤器，如过滤 $KMnO_4$ 溶液时用 P16 号漏斗式玻璃滤器，过滤丁二酮肟合镍（Ⅱ）沉淀可用 P40 号坩埚式玻璃滤器。

2. 玻璃滤器的洗涤和使用注意事项

新的滤器使用前要经酸洗（浸泡）、抽滤、水洗、晾干或烘干等处理。

玻璃滤器配合吸滤瓶使用，如坩埚式滤器可通过特制的橡皮座接在吸滤瓶上，操作同减压过滤。

滤器用过后，应及时清洗。洗涤的方法是：先尽量倒出沉淀，再用适当的洗涤剂浸泡，然后抽滤，再用水洗净。选择洗涤剂的原则是：选用既能溶解或分解残留物质，又不腐蚀滤板的洗涤液进行浸泡。不能用去污粉洗涤，也不能用硬物擦划滤片。常见的洗涤剂见表 2-16。

表 2-16 某些沉淀物常用的洗涤剂

沉淀物	洗涤剂
油脂等	CCl_4 等适当的有机溶剂洗涤
各种有机物	铬酸洗液
氯化亚铜、铁斑	含 $KClO_4$ 的热浓 HCl
汞渣	热浓 HNO_3
氯化银	$NH_3 \cdot H_2O$ 或 $Na_2S_2O_3$
铝质、硅质残渣	先用 2% HF 洗，再用浓 H_2SO_4 洗涤，随即用水反复清洗
二氧化锰	盐酸或草酸
硫酸钡	100℃的浓硫酸
丁二肟镍	温热的盐酸

使用玻璃滤器时应注意以下事项：

① 不宜过滤较浓的碱性溶液、热浓磷酸或氢氟酸溶液（会腐蚀玻璃）。

② 不宜过滤浆状沉淀（会堵塞砂芯细孔）。

③ 不宜过滤不易溶解的沉淀（因沉淀无法清洗，如二氧化硅）。

④ 为防止裂损和滤片脱落，加热和冷却都要缓缓进行。干燥后，要在烘箱中降至温热后再取出。

⑤ 若用作重量分析，则洗涤干净后不能用手直接接触，而要用洁净的软纸衬垫着拿。将其放在烧杯中，在烧杯口搁三只玻璃钩，再盖上表面皿，置于烘箱中烘干（烘干温度与烘沉淀的温度相同），直至恒重。

第三章 分析实验室的基本操作技术

第一节 分析天平和称量方法

一、天平的分类

依据不同的分类标准，天平可分为不同的类别。

① 根据天平的平衡原理，天平可分为：杠杆式天平、弹性力式天平、电磁力式天平、液体静力平衡式天平。

② 根据天平的使用目的，天平可分为：通用天平、专用天平。

③ 根据量值传递范畴，天平可分为：标准天平（用于检定传递砝码质量量值的天平）、工作天平（除标准天平外的天平均称工作天平）。

④ 根据分度值的大小，天平可分为：

天平
- 常量分析天平：0.1mg/分度，又称“万分之一天平”
- 半微量分析天平：0.01mg/分度，又称“十万分之一天平”
- 微量分析天平：0.001mg/分度，又称“百万分之一天平”

⑤ 根据准确度等级，我国将天平分为四级：

天平
- Ⅰ——特等准确度（精细天平）
- Ⅱ——高等准确度（精密天平）
- Ⅲ——中等准确度（商用天平）
- Ⅳ——普通准确度（粗糙天平）

对机械杠杆式的Ⅰ级和Ⅱ级天平，按其最大称量与分度值之比（m_{max}/D）即分度数 n 值的大小，在Ⅰ级中又细分为七个小级，在Ⅱ级中又细分为三个小级，共十级（见表 3-1）。一级天平精度最好，十级最差。在常量分析中，使用最多的是最大载荷为 100～200g 的分析天平，属于三至四级。在半微量和微量分析中，常用最大载荷为 20～30g 的一至三级分析天平。

对于电子天平，目前我国暂不细分天平的级别，只要求指明分度值 D 和最大载荷 m_{max}。

⑥ 根据分析天平的结构特点，天平可分为：等臂（双盘）分析天平、不等臂（单盘）分析天平、电子天平。

表 3-1　Ⅰ级和Ⅱ级机械杠杆式天平级别表

准确度级别代号	最大称量与分度值之比 n
$Ⅰ_1$	$1\times10^7\leqslant n<2\times10^7$
$Ⅰ_2$	$4\times10^6\leqslant n<1\times10^7$
$Ⅰ_3$	$2\times10^6\leqslant n<4\times10^6$
$Ⅰ_4$	$1\times10^6\leqslant n<2\times10^6$
$Ⅰ_5$	$4\times10^5\leqslant n<1\times10^6$
$Ⅰ_6$	$2\times10^5\leqslant n<4\times10^5$
$Ⅰ_7$	$1\times10^5\leqslant n<2\times10^5$
$Ⅱ_8$	$4\times10^4\leqslant n<1\times10^5$
$Ⅱ_9$	$2\times10^4\leqslant n<4\times10^4$
$Ⅱ_{10}$	$1\times10^4\leqslant n<2\times10^4$

注：数据引自国家标准 GB/T 4168—92。

常用分析天平的规格、型号见表 3-2。电子天平是运用电磁学原理制造的，具有数字显示、自动调零、自动校正等功能，称量速度快，操作简便。一般学生实验主要是用等臂半机械或全机械加码电光天平和不等臂单盘天平。

表 3-2　常用分析天平的规格、型号

种类	型号	名称	最大载荷	分度值	级别
双盘天平	TG328A	全机械加码电光天平	200g	0.1mg	$Ⅰ_3$
	TG328B	半机械加码电光天平	200g	0.1mg	$Ⅰ_3$
	TG332A	半微量天平	20g	0.01mg	$Ⅰ_3$
单盘天平	DT-100	单盘精密天平	100g	0.1mg	$Ⅰ_4$
	DTG-160	单盘精密天平	160g	0.1mg	$Ⅰ_4$
	BWT-1	单盘半微量天平	20g	0.01mg	$Ⅰ_3$
电子天平	GA2003	上皿式电子天平	200g	0.1mg	$Ⅰ_3$
	MD200-3	上皿式电子天平	160g	0.1mg	$Ⅰ_4$
	FA1604	上皿式电子天平	110g	0.1mg	$Ⅰ_4$
	MD110-2	上皿式电子天平	200g	1mg	$Ⅰ_6$

二、分析天平的主要技术规格

1. 最大称量

最大称量又称最大载荷，表示天平可称量的最大值。天平的最大称量必须大于被称物体可能的质量。

2. 分度值

天平的分度值是天平标尺一个分度对应的质量。

3. 秤盘直径和秤盘上方的空间

根据天平的技术规格给出天平秤盘直径及秤盘上方空间，即高度和宽度，可以根据称量物件的大小选择天平。

三、分析天平的质量和计量性能的检定

分析天平的质量指标主要有：灵敏度、不等臂性和示值变动性。

天平安装后或使用一定时间后，都要对其质量或计量性能进行检查和调整。天平的正规检定应按国家计量部门的标准进行，主要检定项目有分度值、示值变动性和不等臂性。

（一）分析天平的灵敏度

1. 天平灵敏度的表示方法

灵敏度（E）是指天平的一个盘上增加 1mg 质量时，所引起天平指针偏转的程度。灵敏度的单位为分度/mg。指针偏转角度愈大，天平的灵敏度愈高。常用分度值或感量（S）来表示天平的灵敏度。天平指针移动一个分度相当的质量数，称分度值或感量，单位为 mg/分度。关系为：

$$分度值=感量=\frac{1}{灵敏度}$$

2. 影响灵敏度的因素

（1）天平三个玛瑙刀口的锋利程度

若刀口锋利，天平摆动时刀口摩擦小，灵敏度高；若刀口缺损，不论如何调节重心螺丝，也无法显著提高其灵敏度。因此，在使用天平时，应从以下几方面保护天平的玛瑙刀口：

① 只要触动天平，必须先关闭天平。触动天平包括加减砝码（包括圈码）、取放称量物、调零时旋转平衡螺丝等。

② 试重（即称量物和砝码重相差较大）时，不要全开天平，仅半开天平。若此时全开天平，则横梁倾斜程度很大，很容易损坏玛瑙刀口。

（2）天平横梁的重量

天平横梁的重量 W 越大，天平的灵敏度越低。

（3）天平的臂长

天平的臂长 L 越长，灵敏度应该越高。但天平的臂长太长时，横梁的重量增加，并使载重时的变形增大，灵敏度反而降低。

（4）支点与重心的距离越短，灵敏度越高

同一台天平的臂长和梁重都是固定的，通常只能改变支点到重心的距离来调整天平的灵敏度。如果天平的灵敏度太低，可将重心螺丝与支点的距离缩短；如果天平的灵敏度太高，可将重心螺丝与支点的距离增大。

（5）载重后其灵敏度会减小

天平的臂在载重时稍向下垂，以致臂的实际长度减小，同时梁的重心也微向下移，故载重后其灵敏度会减小。

3. 天平灵敏度的测定

（1）零点的调节

电光天平的零点是指天平空载时，微分标牌上的“0”刻度与投影屏上的标线相重合的平衡位置。

零点的调节方法如下：

①“0”刻度与投影屏上的标线相差较小时，在天平不载重的情况下，接通电源，旋动

旋钮，慢慢开动天平后，拨动旋钮附近的调零杆，挪动一下投影屏的位置，使其重合。

②“0”刻度与投影屏上的标线相差较大时，第一步先用平衡螺丝粗调零位。关闭天平，旋动平衡螺丝。若左盘重，则平衡螺丝向右移动；若右盘重，则平衡螺丝向左移动。一直调整到“0”刻度与投影屏上的标线相差较小时为止。注意旋动平衡螺丝时，一定要关闭天平。否则，会损坏玛瑙刀口。为此，旋动平衡螺丝这一操作由教师进行。第二步再用调零杆微调投影屏，使微分标牌上的“0”刻度与投影屏上的标线相重合。

(2) 灵敏度的测定与调整

调节好零点后，关闭天平，在天平盘上加一个校准过的10mg砝码，再开启天平，标牌移至99～101分度范围为合格。如不合要求，则应细心调节重心螺丝，使灵敏度达到要求。如果标牌移至小于99分度，说明灵敏度低，可将重心螺丝向上移动；灵敏度高则反之。调节重心螺丝时，会引起天平零点的改变，故应重新调节零点再测灵敏度，反复调节直至符合允差范围（在移动重心螺丝时，必须将横梁托起，以免刀刃损坏）。

当载重时，天平臂略有变形，因此灵敏度也有微小的变化。必要时可制作灵敏度校正曲线，即分别测定载重为0g、10g、20g、30g、40g、50g时相应的灵敏度，并绘制灵敏度曲线。

（二）分析天平的示值变动性

天平在空载时所停的点，叫零点；而天平载重时所停的点，叫平衡点。

示值变动性是指在不改变天平的状态下多次开关天平，测定天平平衡位置的重复性，或者说，在同一载荷下比较多次平衡点的差异。用各次测量值的极差表示天平的示值变动性。天平的示值变动性一般要求允差在1个分度以内。

检查天平示值变动性的步骤如下：

① 调好天平的零点，在天平两盘中各加最大载荷的砝码，开启天平，读取平衡点；

② 关闭天平，取下砝码，再测其零点；

③ 关闭天平，然后再把最大载荷的砝码按原位加上，再测平衡点。如此反复测定5次。

空载天平的示值变动性（分度）＝最大值－最小值

全载天平的示值变动性（分度）＝最大值－最小值

若零点及平衡点的极差不超过1个分度，即为合格，否则需找原因，进行调整。

影响示值变动性的因素有：

① 与天平的稳定性有关，稳定性越高，示值变动性越小；

② 与天平的结构有关，如天平横梁上零件（平衡螺丝、重心螺丝）发生松动或偏离正确位置，横梁、阻尼器有灰尘等可能使示值变动性增大；

③ 与称量时的环境等因素有关，如天平附近有空气对流、温度波动较大、有震动等可能使示值变动性增大；

④ 与操作是否恰当有关，如称量物偏离室温较大或不够干燥、天平水平位置发生改变等。所以应严格按照天平的使用规则操作。

（三）双盘天平的不等臂性误差

由于双盘天平的支点刀与两个承重刀之间的距离不可能调到绝对相等，往往有微小的差异，由此产生的称量误差叫做不等臂性误差，也称偏差。其检查步骤如下：首先调好零点；

然后在天平两盘上分别放上质量面值相等的砝码，打开升降旋钮，读数为 P_1；最后将左、右盘的砝码对换，再读数为 P_2，则偏差$=\left|\frac{P_1+P_2}{2}\right|$。

因两个面值相等的砝码并不完全相等，故采用以上置换法测定偏差。分析天平的偏差一般要求小于 4 个分度。在实际工作中，由于使用同一台天平进行称量，故此种偏差可以相互抵消。

另外，分析天平的质量还包括天平的稳定性。天平的稳定性是指天平在其平衡状态被扰动后，经过若干次摆动，仍能自动恢复原位的性能。天平的稳定性主要与天平梁重心到支点的距离以及天平梁上支点刀和两个承重刀刃在平面上的距离有关。在一般情况下，天平的稳定性可通过改变天平的重心（调节重心螺丝）来调节，重心离支点越远，天平越稳定。可是天平的稳定性和灵敏性是互相矛盾的两种性质，必须兼顾两者，才能使天平处于最佳状态。对天平稳定性没有具体的数值要求，它可以包括在示值变动性中。

四、双盘分析天平

（一）双盘天平的称量原理

双盘电光天平是以杠杆原理设计的一种等臂分析天平，其特点是天平的两臂长度相等，称量原理如图 3-1 所示。设杠杆为 ABC（分析天平的横梁），B 为支点，力点分别在两端 A 和 C 上。两端所受的力分别为 P 和 Q，当达到平衡状态时，支点两边的力矩相等，即：

$$Q\times AB=P\times BC$$

如果 B 正好是杠杆 ABC 的中点，则 $AB=BC$，也就是天平两臂的长度相等，此时若 P 代表砝码的质量，Q 代表物体的质量，即 $P=Q$（等臂天平横梁见图 3-2）。

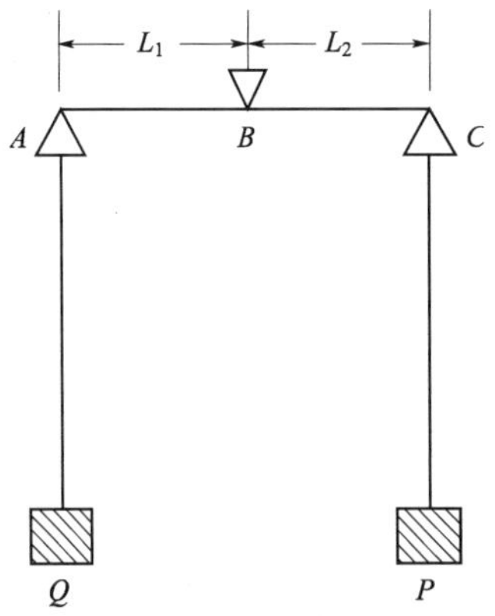

图 3-1 等臂双盘天平称量原理

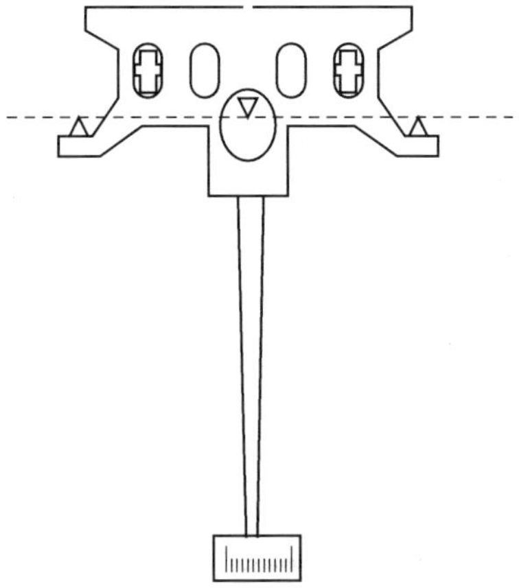

图 3-2 等臂天平横梁

（二）双盘半机械加码电光天平的结构

双盘电光天平是由横梁部分、悬挂系统、升降枢和水平仪、光学读数系统、机械加码装置、砝码和天平箱等组成。以目前国内广泛使用的 TG-328B 型电光天平（图 3-3）为例，简要地介绍这种天平的结构。

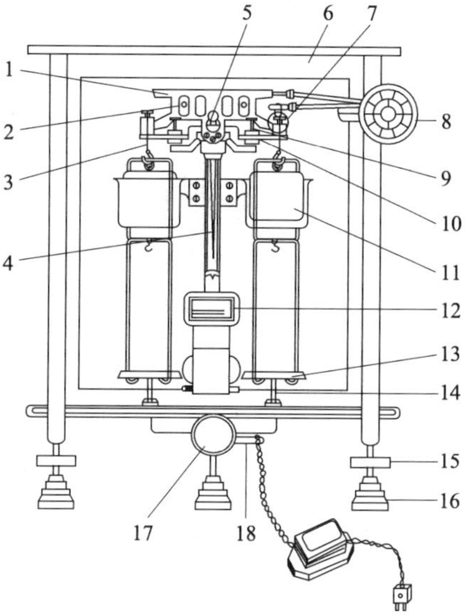

图 3-3　半自动电光分析天平

1—天平梁；2—平衡螺丝；3—吊耳；4—指针；5—玛瑙刀口；6—框罩；7—圈码；8—圈码指数盘；9—支力销；10—托梁架；11—空气阻尼器；12—投影屏；13—天平盘；14—盘托；15—螺旋脚；16—垫脚；17—开关旋钮；18—调零杆

(1) 横梁部分

横梁部分由横梁、平衡螺丝、感量螺丝、指针组成。

① 横梁　它是天平的主要部件，多用质轻、坚固、膨胀系数小的铝铜合金制成。横梁是天平最重要的部件，素有“天平心脏”之称，天平便是通过它起杠杆作用实现称量的。横梁上还装有起支承作用的玛瑙刀和调整计量性能的一些零件和螺丝。

② 支点刀和承重刀　横梁上装有三把三棱形的玛瑙刀。通过刀盒固定在横梁上，起承受和传递载荷的作用。其中一个装在正中间，称为支点刀，刀刃向下，又称中承刀（中刀）；另外两个与支点刀等距离地安装在横梁的两端，称为承重刀（边刀），刀刃向上，承重刀可以调整。三把刀的刀刃应平行，并处于同一平面上。刀口越锋利，与刀口接触的玛瑙平面越光滑，它们之间的摩擦力越小，天平的灵敏度越高。玛瑙耐磨性好，但质地较脆，使用时要十分小心，注意保护，开关天平要慢，以减轻震动。

③ 平衡螺丝（又称平衡砣）　横梁两侧圆孔中间或横梁两端装有对称的、可以移动的平衡螺丝。当用投影屏调节杆不能调节天平的零点时，用它来先粗调零点。

④ 感量螺丝（又称重心螺丝、重心砝）　位于支点刀的后上方，上下移动可调节分析天平的灵敏度。但不准学生随便调节，需要专人调节。

⑤ 指针及微分标牌　它装在横梁中间垂直向下，用以指示天平的平衡位置。指针末端附有缩微刻度照相底板制成的微分标牌，从－10 至＋110 共 120 个分度，每分度代表 0.1mg。经光学系统放大后成像于投影屏上，指示平衡位置，10mg 以下的质量在此读数。

(2) 天平立柱

立柱是一个空心柱体，垂直地固定在底板上作为支撑横梁的基架。天平制动器的升降杆通过立柱空心孔，带动托梁架和托盘翼板上下运动（见制动系统）。立柱上装有：

① 中刀承　是一块玛瑙平板，安装在立柱顶端一个“土”字形的金属中，与支点刀口相接触。

② 阻尼架　立柱中上部设有阻尼架，用以固定外阻尼筒。

③ 水准器　也称水准仪或气泡水平仪，它固定在立柱后面的支架上，用来指示天平的水平位置。调节天平两个前螺旋脚，使气泡位于水准仪圆圈的中央时，即达到水平位置。

(3) 制动系统

制动系统是控制天平工作和制止横梁及秤盘摆动的装置，包括开关旋钮（天平前）、开关轴（底板下）、升降杆（立柱内）、梁托架（立柱上）、盘托翼板（底板下）、盘托（底板上）等部件。

制动系统由天平开关旋钮控制。打开天平时，旋钮顺时针转动，支撑天平横梁和吊耳的支力销随之下降，最后与横梁和吊耳脱离，使中刀口与中刀垫接触，承重刀口与承重板接触，三把刀口承受着横梁和悬挂系统全部的重力。与此同时，盘托也随之下降，光源灯变亮，此时天平处于工作状态。关闭天平时，旋钮逆时针转动，支力销动作与上述情况相反，天平处于休止状态。

为了保护玛瑙刀口和确保称量的准确性，开关天平时必须缓缓地转动开关旋钮，否则不仅会损坏玛瑙刀口，而且还会使吊耳发生偏斜，造成较大的称量误差。另外，当天平不用时，应将横梁托起，使刀刃与刀承分开，以保护刀刃。

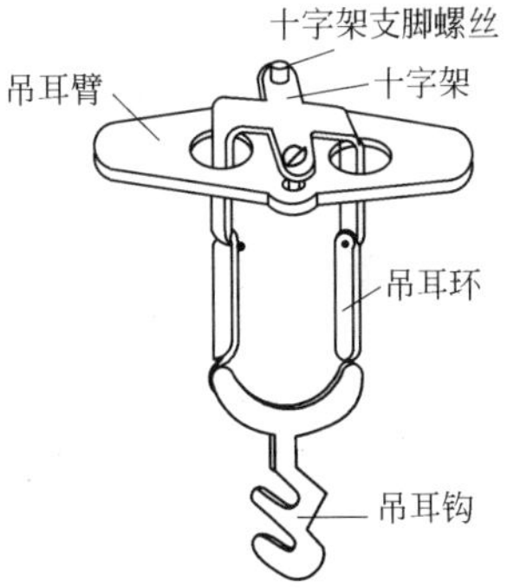

图 3-4　吊耳

(4) 悬挂系统

悬挂系统包括吊耳、阻尼器、秤盘等部件，是天平载重传递载荷的部件。

① 吊耳　包括承重板和吊耳钩，承重板下面镶有一块长条形玛瑙平板，两把边刀通过吊耳（图 3-4）承受秤盘、砝码和被称物体。吊耳钩用来挂阻尼内筒及秤盘。

② 阻尼器　由内筒和外筒组成，利用空气阻力使天平横梁停止摆动而达到平衡。要求阻尼器内筒与外筒之间的缝隙要均匀，不能有丝毫碰擦；否则会造成很大称量误差，严重时使称量无法进行。

③ 秤盘　分左、右两个，分别挂在吊耳钩的上挂钩内，上面刻有标记，不能相互调换使用。称量时，左盘放称物，右盘放砝码。

每台天平都具有两个吊耳、秤盘、空气阻尼器，分别挂在横梁的两端，安装时要分左右配套使用，所以都刻有“1”“2”标记。

(5) 天平箱

它的作用是保护天平，防尘、防潮，称量时减小外界因素的影响。箱的前门供安装、检修天平用，侧门供称量时取、放砝码和称量物用，但调零点或读数时必须关闭。

天平箱上还有下列部件。

① 底板　天平罩和立柱固定在底板上，一般由大理石或厚玻璃制作。

② 底脚　底板下有三只底脚，前面两只为供调水平用的调水平底脚，后边一只是固定的。每只底脚下有一只脚垫，起保护桌面的作用。

③ 指数盘　设在天平罩前右边的门框上，用以控制加码杆加减圈码。分内、外两圈，上面刻有所加圈码的质量值。转动外圈可加 100～900mg，转动内圈可加 10～90mg。天平

达到平衡时，可由标线处直接读出圈码的量值。如图 3-5 中的质量为 320mg。

④ 加码杆 通过一系列齿轮的组合与指数盘连接。杆端有小钩，用以挂圈码。TG-328B 型天平圈码的顺序从前到后依次为 100mg、100mg、200mg、500mg、10mg、10mg、20mg、50mg（图 3-6）。

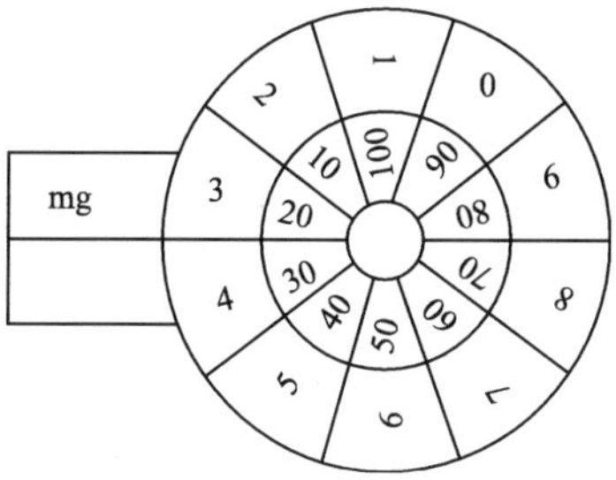

图 3-5 指数盘

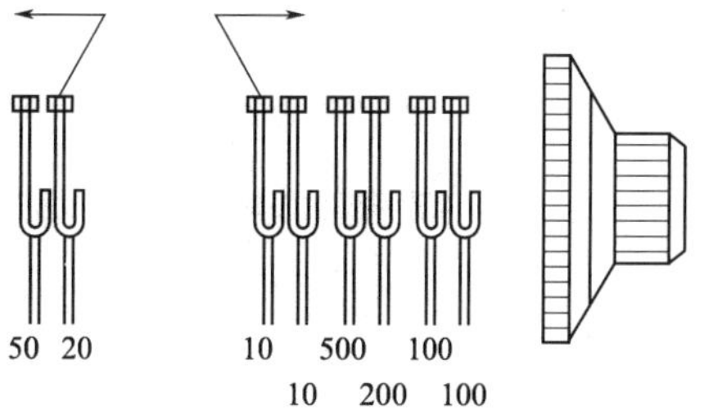

图 3-6 TG-328B 型分析天平指数盘和加码装置

操作指数盘要慢慢转动，一挡一挡地加减，否则会造成环码离钩、互挂或互碰现象，损害天平挡，严重影响称量。

（6）光学读数系统

它的作用是通过放大镜将微分标牌的读数放大，再反射到投影屏上，从屏上可看到标牌的投影。投影屏中央有一垂直的刻线，它与标牌的重合处就是天平的平衡位置。从投影屏上可直接读出 10mg 以下的数值。左右拨动底板下的调杆移动投影屏，可作天平零点的微调。

光学读数系统包括变压器、灯泡、灯罩、聚光筒、微分标牌、物镜筒、一次反射镜、二次反射镜和投影屏等，如图 3-7 所示。

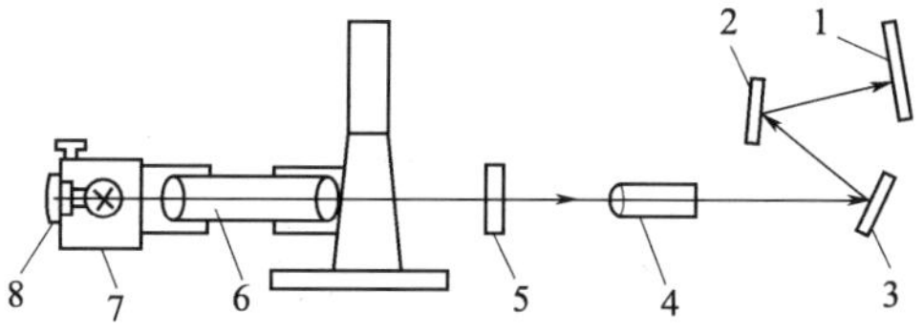

图 3-7 电光天平光学读数系统示意图

1—投影屏；2—二次反射镜；3—一次反射镜；4—物镜筒；
5—微分标牌；6—聚光筒；7—照明筒；8—灯座

（7）砝码的组合

根据砝码的量值，砝码组合常分为克组（1～100g）和毫克组（1～500mg）。与 TG-328B 型天平配套的砝码采用 5、2、2、1 制组合形式的克组，以及 100mg、100mg、200mg、500mg、10mg、10mg、20mg、50mg 组合形式的机械挂码。

每台天平都有一盒配套使用的砝码，盒内装有 1g、2g、2g、5g、10g、20g、20g、50g、100g 的三等砝码共 9 个。标称值相同的砝码，其实际质量可能有微小的差异，所以分别用单点“·”或单星“*”、双点“··”或双星“**”作标记以示区别，称量时使用同一标记的砝码。

为了保证称量的准确性，要保护好砝码，使其不被沾污、氧化或腐蚀；若因不慎掉在地上或实验台上，应检查是否受到损坏，必要时需要重新校正；砝码使用一年后也需重新校正、检验。

（三）双盘全机械加码电光天平的结构

TG-328A型分析天平是全机械加码电光天平（图3-8）。它的结构和TG-328B型天平基本相同，不同在于：

① 所有的砝码均通过自动加码装置添加。

② 加码装置一般都在天平的左侧，分成三组：10g以上、1～9g、10～990mg。10mg以下，微分标牌经放大后在投影屏上直接读数。

③ 悬挂系统的秤盘不同，在左盘的盘环上有三根挂砝码承受架，供承受相应的三组挂砝码。

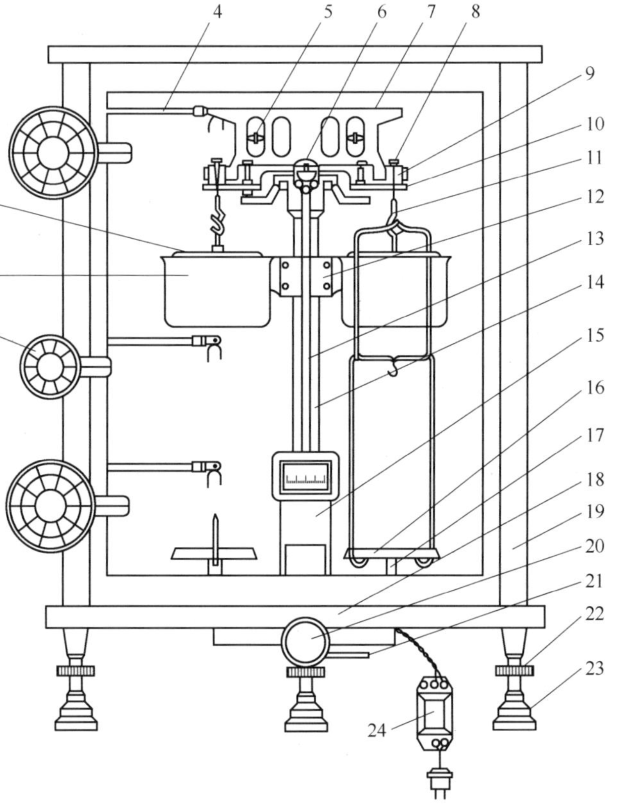

图3-8 TG-328A型全机械加码电光天平

1—指数盘；2—阻尼器外筒；3—阻尼器内筒；4—加码杆；5—平衡螺丝；6—中刀；7—横梁；8—吊耳；9—边刀盒；10—翼托；11—挂钩；12—阻尼架；13—指针；14—立柱；15—投影屏座；16—秤盘；17—盘托；18—底座；19—框罩；20—开关旋钮；21—调零杆；22—调水平底脚；23—脚垫；24—变压器

（四）天平的安装和调整

1. 天平的安装

（1）安放选择

天平必须放在牢固的台上，不准有震动，室内要求干燥而明亮，温度最好保持在20℃±2℃，避免阳光晒射，反之会影响天平的灵敏度和准确性。

（2）清洁工作

首先将整个天平做一次清洁工作（用软毛刷或麂皮等），刷去灰尘，擦拭各部零件，玛瑙刀刃及玛瑙平面必须用棉花浸以无水酒精轻抹（不可碰撞刀刃，以免损坏），反射镜面只能用软毛刷轻刷，不可擦拭。

（3）调水平

清扫完毕后，旋动底板下螺旋脚，使水准器的气泡对准圆圈中心位置。

（4）横梁安装

插上旋钮，检查机件升降是否灵活。沿着顺时针方向转动开关旋钮，使天平的托梁架落下，然后用手轻稳拿着横梁指针上端（切勿碰伤玛瑙刀口及指针下端、微分刻度玻璃标牌），将横梁以倾斜方向放入（图 3-9）。横梁装上后，应随即逆时针方向转动开关旋钮，使停动装置上的支柱托住横梁，将天平横梁套在各支柱上。

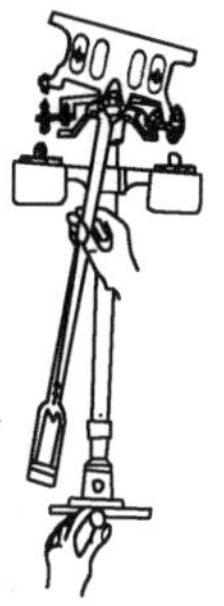

图 3-9　天平横梁安装示意图

（5）承重挂钩、阻尼筒及秤盘的安装

在安装时必须要注意将注有“1”的挂在左边，注有“2”的挂在右边，将挂钩装上，再将阻尼筒挂在挂钩下部钩槽中（挂装秤盘前应先将托盘轴梗插入天平底板的两个圆孔中），最后把两个秤盘分别挂在吊耳上部的挂钩中（左秤盘注意前后方向，并不得碰撞砝码钩）。

（6）电器照明部件的安装

见图 3-10，将聚光筒 2 装进天平底座后面的孔中，并将电源线 7 接好。注意变压器 5 的输入端的电压应与所用电源电压相符。插头 6 插入变压器输入端适当插孔中。另外，根据照明小电珠的电压数值，将导线 4 上的插头插入变压器输出端适当的插孔中。

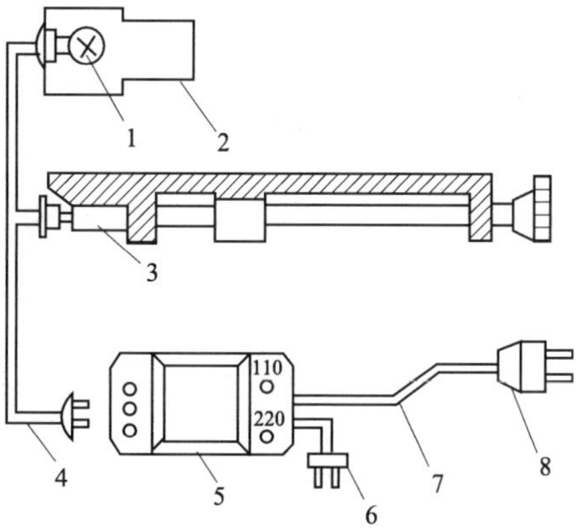

图 3-10　照明系统的安装

1—小电珠；2—聚光筒；3—开关轴；4—导线；
5—变压器；6—插头；7—电源线；8—电源插头

（7）砝码的安装和核对

安装圈码时，应用镊子夹取，或者戴薄质手套直接拿取。将圈码逐个挂到相应的位置上，并进行核对，如检查 10mg 的圈码是否挂错，可从其他砝码盒中取一个 10mg 砝码（或片码）放在载物的秤盘上，指数盘转动至 10mg 处，然后开动天平，此时，投影屏中的标线应对准标尺上的 10mg 处。对于其他圈码也应逐一检查。

(8) 电光天平光学读数系统的检查

图 3-7 是电光天平的光学读数系统示意图。若投影屏上的标牌不够明亮或不清楚，可松开图 3-7 照明筒 7 上的定位螺丝，将灯座 8 推前或移后，调节焦距，使标牌在投影屏上明亮清晰，然后将灯座位置固定。

2. 天平的调整

天平安装后，要进行下列调整。

① 零点的调整。

② 灵敏度的调整。

③ 托盘对秤盘的调整：正常的天平在停止使用时，秤盘在空载时应由托盘极轻微地托住，这样可保证秤盘在加上负载时托盘将秤盘托牢，以免秤盘晃动，但托盘又不宜将秤盘托得过高，因为这样会引起天平计量的误差。如果托盘过高或过低，取出盘托，调节盘托下面杆上螺丝的位置至秤盘与托盘在微托状态为止。

④ 光学的调整。当天平装好使用时，投影屏 1 上显示刻度应明亮而清晰（图 3-7），相反则可能天平受剧烈震动或零件松动而产生刻度不清，光度不强的现象。可按下列几方面来调整：

a. 光源不强　将照明筒 7 上的定位螺丝松开，把灯座 8 向顺或逆时针方向转动，如还不够亮，可将照明筒 7 向前后移动或转动，使光源与聚光筒 6 集中成直线，使投影屏 1 上充满强光为止，最后将定位螺丝紧固。

b. 刻度不清　将微分标牌 5 前的物镜筒 4 旁边螺丝松开，把物镜筒 4 向前后移动或转动，直至使刻度清晰为止，然后紧固螺丝。

c. 投影屏有黑影缺陷　可将一次反射镜 3 和二次反射镜 2 相互调节角度，如左右光度不满，可将照明筒 7 旋转，直至充满光度无黑影为止。调节前把固定螺丝松开，调整后紧固。

（五）天平常见故障的排除

全自动或半自动电光分析天平，由于使用时间较长，投影屏指示会发生一些故障，常见有以下几种情况。

1. 吊耳脱落或偏侧

吊耳脱落，大多是由于开、关天平太快引起，将吊耳轻轻地重新放上，就可使用。如吊耳安放不稳，左右偏侧，也会引起脱落。可用尖嘴钳将横托架末端的小支柱下部的螺丝放松，将小支柱向左或向右移动，再拧紧螺丝后，进行实验，直至不再偏侧为止。如吊耳前后跳动，可用拨棍插入小支柱上部孔中转动，调节至小支柱的高度相同为止。

2. 盘托高低不适当

盘托过高，关闭天平后，秤盘向上抬起并倾斜，甚至吊耳脱落；盘托过低，关闭天平后，秤盘仍自由摆动。可取下秤盘，取出盘托，调节盘托下面杆上螺丝的位置至合适的高度。

3. 指针跳动

当横梁被托起时，支持梁的立柱不水平，导致支点刀的刀口与刀承之间的刀缝前后距离不等，则开启天平时，会产生指针前后跳动。调整的方法是把横托架左臂前的螺丝放松，然后用手捻调节小支柱的高度至水平为止。检查是否跳针，可以观察投影屏上光亮在开关过程中是否明暗一致，若忽明忽暗，表示跳针。

4. 天平摆动受阻

天平摆动受阻一般有下列几种原因。

① 盘托卡住不能下降。取下秤盘，取出盘托，用干布或干纸擦净后，涂上机油，再进行安装使用。

② 盘托太高。取下秤盘，取出盘托，调节盘托下面杆上螺丝至合适的高度。

③ 加砝码的圈码钩失灵或钩头位置不正，引起圈码与吊耳上的圈码横杆相碰或相摩擦。只要将钩头拨正，固紧钩头螺丝，使圈码正常落位于横杆槽中即可。

④ 内外阻尼器相碰或有轻微摩擦。

a. 检查天平是否处于水平状态。

b. 根据“左一右二”的原则，看内阻尼器是否错放。

c. 从天平顶部观察内外阻尼器四周的空隙，如大小不匀，应取下秤盘及吊耳，将内阻尼器转 180°再试用。

d. 如上述调节无效，可小心地旋松固定外阻尼器的螺丝，从天平顶部观察，以内阻尼器为标准，移动外阻尼器的位置，直至内外阻尼器不再摩擦，拧紧螺丝。

⑤ 秤盘与天平箱内盛干燥器的器皿相碰，也能引起天平摆动受阻。

5. 指数盘失灵

先对好指数盘的读数位置，拧紧螺丝。如挂砝码的挂钩起落失灵，则取下指数盘后面的外罩，滴上机油；若有螺丝松脱，则把螺丝拧紧；若指数盘读数与加上的砝码不相符，可松开指数固定的螺丝，对好后，再将螺丝拧紧。

6. 光学系统的调节

① 投影屏上显示标牌位置不对。若标牌在投影屏的位置偏上、偏下或超出投影屏，则可旋动投影屏旁的螺丝，调节反射镜的位置，使标牌恰好落在投影屏上。

② 灯珠不亮。首先检查灯珠是否烧坏，电源是否停电，保险丝是否烧断，再检查天平上所有的焊接点，是否有线头脱落现象。若线头无脱落，则检查天平底座下连接光源和投影屏的金属片的接触点。正常情况，当天平关闭时，两接触点分开，电路不通；当天平开启时，两接触点相碰，电路接通。如果接触点在天平打开后合在一起而投影屏不亮，说明金属片的触点由于使用时间较长，表面形成氧化膜，造成接触不良而不能导电，此情况下用细砂布轻擦其表面，除去氧化膜即可。如果天平打开后触点不能合在一起，应校正一下两个金属片，使触点吻合。如以上情况均正常，可检查变压器是否损坏。

7. 天平投影屏指示常见故障

① 接好电源，打开天平开关后，虽然天平指针摆动，但投影屏不亮，无指示。此时，应检查天平的光学读数系统。首先看接通电源后，灯泡亮不亮。灯泡如果不亮，说明光源出现故障，检查方法同上。灯泡如果亮，但投影屏不亮。可调节光学读数系统中反光镜的角度、物镜筒和灯座的位置。

② 在称量时，无论增加砝码还是减少砝码。投影屏指示都不变，这种现象通常是在称量物体的某个称量范围内出现，不但投影屏指示不变，而且天平指针也不摆动。这时应检查

天平的砝码，特别是出现故障的称量范围内的砝码。由于长时间使用，机械加码装置磨损，加码杆的移动，造成砝码之间的蹭、刮而无法加减。检查出是哪组加码杆上的砝码后，调整至正常状态即可。

③ 投影屏指示漂移，读数不稳。造成这种情况的原因有以下几个方面：天平所处室内环境潮湿，相对湿度大于65％～75％的范围；天平所处室内温度不稳定，有气流扰动；称量的物质具有挥发性；称量的物体不清洁，带有挥发性，或被称物体的温度与天平室内温度相差较大。

对于第一种情况，只要更换干燥剂，改变湿度就能消除。第二种情况，应设法保持天平室内温度稳定，排除气流扰动，故障也可排除。第三种和第四种情况，要使用与被称物质量相同或相近的砝码代替被称物质量，如果砝码称量时，指针不漂移，则说明被称物质是挥发性的，或被称物质不清洁，含有挥发性物质，或者被称物质与天平室内温度差异较大；如果砝码称量时，指针仍漂移，则说明造成漂移的原因是前两种情况。

（六）双盘电光天平的称量操作

1. 称量前的检查

① 取下天平罩，叠好，用毛刷轻轻刷去秤盘和底座上的灰尘。

② 检查天平是否水平。

③ 细心检查天平各部件是否处于正确位置，特别要注意吊耳和圈码。

④ 测定或调节天平零点。缓缓打开天平，拨动底座下面的调零拨杆，使标尺的零线与投影屏上的标线重合。关闭天平，此时天平状态良好，可进行称量操作。

2. 称量规则

① 称量者必须面对天平正中端坐。只能用指定的天平和砝码完成一次实验的全部称量，中途不能更换天平。

② 称量物和砝码只能由边门取放，称量时，不能打开前门。

③ 不准在天平开启时取放称量物和砝码。开启或关闭天平要轻缓，切勿用力过猛，以免刀口受撞击而损伤。

④ 粉末状、潮湿、有腐蚀性的物质绝对不能直接放在秤盘上，必须用干燥、洁净的容器（称量瓶、坩埚等）盛好，才能称量。

⑤ 称量物和砝码应放在秤盘中央。称量物不得超过天平最大载荷，外形尺寸也不宜过大。

⑥ 使用机械加码装置时，转动读数指数盘的动作应轻缓。估计称量物的质量，按“由大到小，折半加入，逐级试验”的原则选用砝码。先微微开启天平（即半开天平）进行观察，当指针的偏转在标牌范围内时，方可全开启天平。

⑦ 读数时，应关闭天平的门，以免指针摆动受空气流动的影响。

⑧ 称量结束时关闭天平，取出称量物、砝码，指数盘恢复到“0.00”位，关好天平门，罩好天平罩，填写使用登记卡，经教师同意后，方可离开天平室。

3. 砝码使用规则

① 砝码盒放在天平右边桌面上，不能拿在手中。

② 必须用砝码专用镊子按量值大小依次取换砝码，用镊子夹住砝码颈部，严禁用手直接拿取砝码。

③ 砝码除放在砝码盒内及天平秤盘上外，不得放在其他地方。不用时应“对号入座”地放回砝码盒空穴内（包括镊子），并随时关好盒盖，以防止灰尘落入。

④ 砝码和天平是配套检定的，同时，同一砝码盒中的各个砝码的质量，彼此间都保持一定的比例关系，因此，不能将不同砝码盒内的砝码相互调换。

⑤ 称量中应遵循“最少砝码个数”的原则。

⑥ 砝码应轻放在秤盘中央，大砝码在中心，小砝码在大砝码四周，不要侧放或堆叠在一起。

⑦ 应先根据砝码盒内的砝码空穴，记录称量结果（对于具有相同示值的两个砝码应以 * 号区别），然后从秤盘中按由大到小的次序将砝码取下，并直接放回盒中原位，同时与原记录进行核对，以免发生错误。同时应检查盒内砝码是否完整无缺。

⑧ 使用机械加码装置时，不要将箭头对着两个读数之间，指数盘可以按顺或逆时针方向旋转，但绝不可用力快速转动，以免造成圈码变形、互相重叠、圈码脱钩等。

4. 称量步骤和方法

分析天平是精密仪器，称量时要仔细、认真。

① 检查 按天平使用规则进行称量前的检查。

② 称量 把要称量的物体放在天平左盘的中央（全自动天平则放在右盘中央），关好侧门，估计大致质量（初学者可在台秤上粗称其质量），在右盘上放入稍大于称量物质量的砝码（克码）（全自动天平则在左边用指数盘加砝码）。按“由大到小，折半加入，逐级试验”的原则选用砝码。试加砝码时，应缓慢地微开开关旋钮，观察指针的偏移或投影屏上标牌移动的情况，根据“指针总是偏向轻盘，投影屏上标尺总是向重盘移动”的原则，以判断出砝码比称量物轻还是重及如何调整。调整砝码时要先将十克组砝码调定后，再依次调定个克组砝码、百毫克圈码组、十毫克圈码组。每次从折半量开始调整。十毫克圈码组调定后，完全开启天平，进行读数。

③ 读数 当投影屏上标牌投影稳定后，就可以从标牌上读出 10mg 以下的质量。有的天平的标牌上既有正值的刻度，又有负值的刻度，称量时，一般都使刻线落在正值的范围里，读数时只要加上这部分毫克数即为本次称量的质量。读数后立即关上开关旋钮。

标牌上一大格为 1mg，一小格为 0.1mg。当刻线落在两小格间时，按四舍五入的原则取舍（图 3-11）。

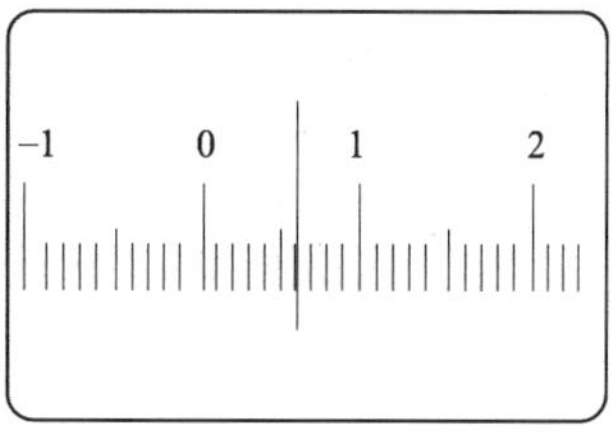

图 3-11 标牌读数

当天平的零点是 0.0mg 时，称量物质量＝砝码质量＋圈码质量＋毫克数。

称量结果要直接、如实地记录在实验报告本上。

④ 复位 称量完后，应关闭天平，取出被称物，用镊子将砝码放回砝码盒内，圈码指数盘退回“000”位，关闭两侧门，盖上防尘罩。

双盘天平的缺点是天平的两臂理论上长度应相等，实际上存在不等臂性误差，空载和载重天平的灵敏度不同，单盘电光天平可克服此缺点。

五、单盘电光天平

单盘电光天平也是根据杠杆原理设计的，属于不等臂天平，其构造如图 3-12 所示。它与上面所介绍的分析天平稍有不同。单盘天平中只有一个天平盘，它挂在天平梁的一臂上，同时所有的砝码也都挂在盘的上部。另一臂上装有固定的重锤和阻尼器，使天平保持平衡状态。称量时采取减码式，将称量物放在盘内，必须减去与称量物重量相同的砝码，才能使天平恢复平衡。显而易见，减去的砝码的质量就是称量物的质量。这种方法称为替代称量法。

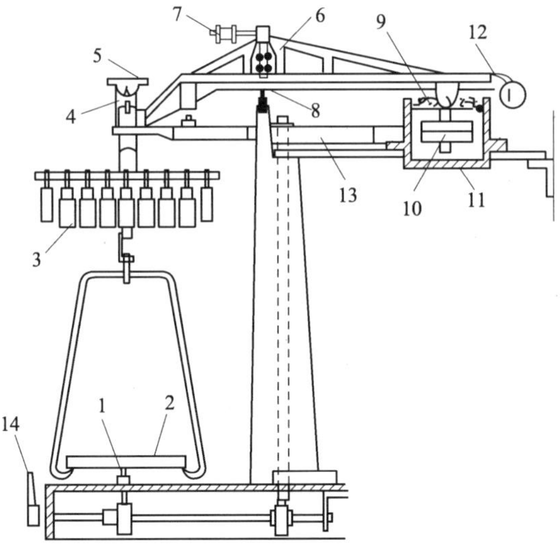

图 3-12 单盘天平

1—盘托；2—秤盘；3—砝码；4—承重刀和刀承；5—挂钩；6—感量螺丝；7—平衡螺丝；8—支点刀和刀承；9—空气阻尼片；10—平衡锤；11—空气阻尼筒；12—微分刻度板；13—横梁支架；14—制动装置

单盘天平有机械加码和光学读数装置，加减砝码全部用旋钮控制，所以称量物体时，简便快速。而且灵敏度不受负载变化的影响，尽管盘上的载重不同，但臂上的载重不变，因此，天平的灵敏度不变。此外，单盘天平增减砝码在同一臂上，可以消除一般分析天平由于两臂的不等长而引起的不等臂误差。

六、电子天平

1. 电子天平的称量原理

应用现代电子控制技术进行称量的天平称为电子天平。各种电子天平的控制方式和电路结构不相同，但其称量的依据都是电磁力平衡原理。把通电导线放在磁场中时，导线将产生电磁力，力的方向可以用左手定则来判定。当磁场强度不变时，力的大小与流过线圈的电流强度成正比。如果使重物的重力方向向下，电磁力的方向向上，与之相平衡，则通过导线的电流与被称物体的质量成正比。

电子天平是最新一代的天平，有顶部承载式（吊挂单盘）和底部承载式（上皿式）两种结构。一般的电子天平都装有小电脑，具有数字显示、自动调零、自动校正、扣除皮重、输出打印等功能，有些产品还具备数据储存与处理功能。电子天平操作简便，称量速度很快。近年来，我国已生产了多种型号的电子天平。

2. 电子天平的使用方法

电子天平的一般称量方法是：通电预热一定时间（按说明书规定）；调整水平；待零点显示稳定后，用自带的标准砝码进行校准；取下标准砝码，零点显示稳定后即可进行称量。

例如用小烧杯称取样品时，可先将洁净干燥的小烧杯放在秤盘中央，显示数字稳定后按“去皮”键，显示即恢复为零，再缓缓加样品至显示出所需样品的质量时，停止加样，直接记录称取样品的质量。短时间（例如 2h）内暂不使用天平，可不关闭天平电源开关，以免再使用时需重新通电预热。使用电子天平一定要注意保持天平内的清洁。

七、称量方法

常用的称量方法有直接称量法、固定质量称量法和递减称量法，现分别介绍如下：

1. 直接称量法

此法是将称量物直接放在天平盘上，天平的读数便是称量物体的质量。该法只限于称量在空气中稳定且不吸湿、无腐蚀性的物品，如坩埚、小烧杯、金属等。

其操作步骤如下：

① 做好称量前的准备工作，即清理天平、调好水平和零点等；

② 将称量物直接放在天平盘上，并加合适的砝码；

③ 平衡后读数，便是称量物体的质量。

2. 固定质量称量法

此法又称指定质量称量法、增量法，此法用于称量某一固定质量的试剂或试样。在分析化学实验中，当需要用直接配制法配制指定浓度的标准溶液时，常常用该法来称取基准物。这种称量操作的速度很慢，适于称量不易吸湿的、不与空气中各种组分发生作用的、性质稳定的粉末状或小颗粒（最大颗粒应小于 0.1mg，以便容易调节其质量）物质。

其操作步骤如下。

① 做好称量前的准备工作，天平的零点只要在“0”位附近即可。

② 在天平上准确称出容器的质量。

③ 然后在天平上增加欲称取质量数的砝码。

④ 然后用小牛角勺逐渐加入试样，半开天平进行试重。直到所加试样只差很小质量时，便可以全开启天平，极其小心地以左手持盛有试样的牛角勺，伸向容器中心部位上方 2～3cm 处，用左手拇指、中指及掌心拿稳牛角勺柄，让勺里的试样以非常缓慢的速度抖入容器中，如图 3-13 所示。这时，眼睛既要注意牛角勺，同时也要注视着微分标牌投影屏，待微分标牌正好移至所需要的刻度时，立即停止抖入试样。注意此时右手不要离开升降枢。

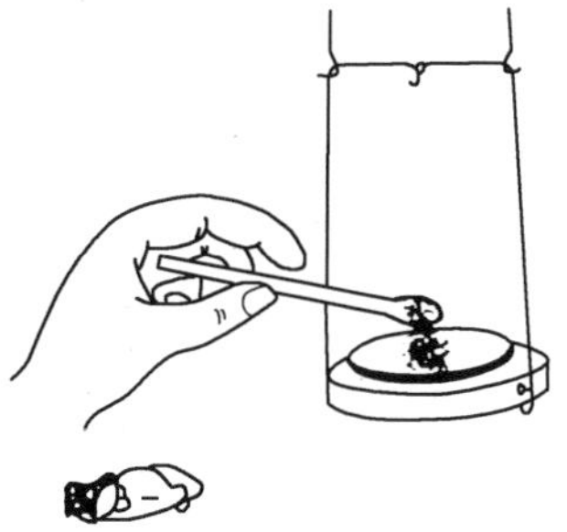

图 3-13 固定质量称量法

此步操作必须十分仔细，若不慎多加了试样，只能关闭升降枢用牛角勺取出多余的试样，再重复上述操作直到合乎要求为止。

操作时应注意：

① 加样或取出牛角勺时，试样绝不能失落在秤盘上。开启天平加样时，切忌加入过多的试样，否则会使天平突然失去平衡。

② 称好的样品必须定量地转入处理样品的接收器中。

此法也可用于称取不是指定质量的试样。

3. 递减称量法

又称减量法、差减法，是指把需称量试样装在称量瓶内，先直接称出称量瓶和试样总量，然后取出称量瓶，根据要求倾倒出某质量范围内的试样，再进行称量，那么两次称量之差，就是倾出试样的准确质量。此法用于称量一定质量范围的样品或试剂，也适用于称取易吸水、易氧化或易与 CO_2 反应的物质。此称量法比较简便、快速、准确，在分析化学实验中常用来称取待测样品和基准物，是最常用的一种称量法。

现以要求称量出四份质量范围在 0.1～0.2g 的固体试剂为例，说明递减称量法操作步骤。

① 做好称量前的准备工作，天平的零点只要在“0”位附近即可。

② 将适量试样装入称量瓶中（一般为称一份试样量的整数倍），盖上瓶盖。称出称量瓶与固体试剂的总质量 m_1，记录到实验记录本上。

操作时要戴好细纱手套，放取称量瓶，若没有细纱手套也可用一纸条或塑料条套在称量瓶上，如图 3-14(a) 所示，严禁用手直接抓取。

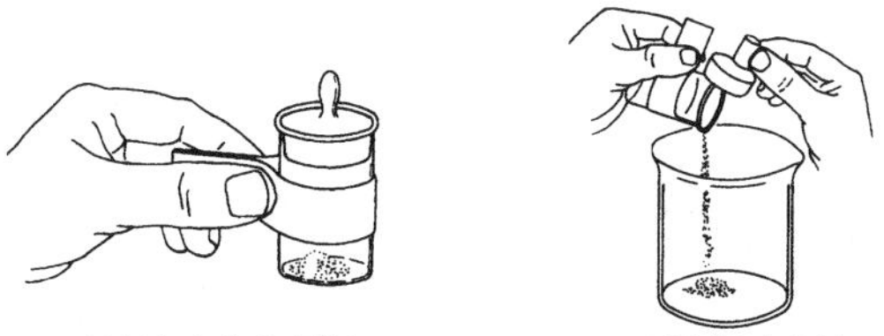

(a) 用纸条套住称量瓶　　(b) 试剂敲出方法

图 3-14　递减称量法

③ 取出称量瓶，在接收试剂容器的上方（尽量靠近又不能接触）打开瓶塞；将称量瓶慢慢倾斜，用瓶塞轻轻敲打瓶口的上部，如图 3-14(b) 所示，使试剂慢慢落入容器中。估计倾出试剂量已接近所需要的量时（可从体积上估计或试重得知），在接收容器上方，边用瓶塞轻轻敲打称量瓶口的外壁边慢慢将称量瓶竖起，使瓶口的试剂回到瓶内或落入接收容器内，然后将称量瓶加盖后，重新放回天平盘上。

④ 转动指数盘，减去 100mg 环码，半开天平，对于半机械电光天平，若指针迅速向右偏转，则倒出试剂不足 100mg，可按上述方法继续倾出部分试剂，直到天平指针向左偏转为止。这时可由指数盘再减去 100mg 环码，半开天平，若指针迅速向右偏转，则表示倒出的试剂量没有超过 200mg，符合要求的称量范围。然后适当加减砝码准确读取称量瓶和试剂的总质量，设其为 m_2，则第一份试剂的质量为 m_1-m_2。递减称量法每份试剂倒出的次数不宜过多，以免试剂吸湿，造成称量误差，最好一次成功，最多不得超过 3 次。

⑤ 按照上述方法重复进行操作，即可称得第二、第三和第四份试剂的质量。按表 3-3 进行记录和计算。

表 3-3　递减称量法记录表

项目	1	2	3	4
倒出前称量瓶＋试剂量/g	m_1	m_2	m_3	m_4
倒出后称量瓶＋试剂量/g	m_2	m_3	m_4	m_5
倒出试剂的量/g	m_1-m_2	m_2-m_3	m_3-m_4	m_4-m_5

4. 称量结束工作

按直接称量法取出称量物和砝码，指数盘恢复到零，检查零点，最后将天平恢复到使用前的状态。

操作时应注意：

① 若倒入试样量不够时，可重复上述操作；如倒入试样大大超过所需要数量，则只能弃去重做。

② 盛有试样的称量瓶除放在秤盘上或用纸带拿在手中外，不得放在其他地方，以免沾污。

③ 套上或取出纸带时，不要碰称量瓶口，纸带应放在清洁的地方。

④ 瓶口上的试样尽量处理干净，以免粘到瓶盖上或丢失。

⑤ 要在接收容器的上方打开瓶盖或盖上瓶盖，以免使可能附在瓶盖上的试样失落它处。

八、分析天平的使用规则

① 称量前先取下天平护罩、叠好，然后检查天平是否处于水平状态；刷去秤盘上的污垢和灰尘；检查并调整天平的零点。

② 旋转天平开关旋钮或停动旋钮时必须缓慢，要轻开、轻关，绝对禁止在天平开启状态取放称量物和加减砝码及环码。单盘电光天平允许“半开”时加减砝码，但不允许取放称量物；双盘电光天平“半开”是为了判断指针倾斜方向及程度，不允许加减砝码及环码。

③ 读数和检查零点时必须全开天平，关好侧门，不得随意打开前门。

④ 试样和化学试剂均不得直接放在天平盘上称量，而应放在清洁干燥的表面皿、称量瓶或坩埚内，具有腐蚀性的气体或吸湿性物质必须放在称量瓶或其他适当的密闭容器中称量。

⑤ 双盘电光天平 1g 以上的砝码必须用镊子夹取，转动指数盘、减码手钮必须一挡一挡地慢慢进行，防止砝码跳落或互撞。大砝码及被称物应尽量放在秤盘的中央，这样可减少秤盘的晃动，也可使称量结果更加准确。

⑥ 绝对禁止载重超过天平的最大载荷；为了减小称量误差，在同一实验中应使用同一台天平和与其配套的砝码，并注意相同面值砝码的区别，应优先使用不带标记的砝码。

⑦ 称量时，如砝码与被称物的质量相差甚大时，不允许全开天平；应学会用“半开”天平的操作来决定砝码的加或减；双盘电光天平两盘相差在 10mg 范围内才允许全开天平；而单盘电光天平砝码与被称物相差在 100mg 以内才允许全开天平。

⑧ 称量数据必须记录在实验记录本上，不得记在零碎纸上或其他地方；记录必须用钢笔或圆珠笔书写。

⑨ 称量完毕关好天平，及时取出砝码及被称物；指数盘和读数窗复零位后检查称量后的零点；若称量后零点变化超过 0.2mg，应检查出原因后重新称量；若有落在天平盘上的试样应及时用毛刷清理掉，然后检查天平是否关好，侧门是否关上，最后罩上天平护罩。

⑩ 为了保证天平横梁的等臂性，称量的物体必须与天平箱内的温度一致，不得将过热或过冷的物体放进天平称量。

第二节 滴定分析常用的量器及其基本操作

量器是指准确测量溶液体积的仪器。在滴定分析实验中常用的量器有滴定管、容量瓶、移液管、吸量管、量筒、量杯等。通常体积测量的相对误差比分析天平称量要大，体积测量不够准确（如相对误差＞0.2%），其他操作步骤即使做得很正确，也是徒劳的，因为在一般情况下分析结果的准确度是由误差最大的那项因素决定的。因此，必须准确测量溶液的体积以得到正确的分析结果。溶液体积测量的准确度不仅取决于所用量器是否准确，更重要的是取决于量器的准备和使用是否正确。

一、量器使用中的常用名称及量器的分类

1. 量器使用中的常用名称

（1）标准温度

由于玻璃具有热胀冷缩的特性，因此在不同的温度下，量器的体积并不相同。例如，由钠钙玻璃制成的 1000mL 量器，当温度改变 1K 时，引起 0.026mL 的体积变化。为了消除温度的影响，必须规定一个共用的温度，称为标准温度。国际上规定玻璃量器的标准温度为 293K（即 20℃），我国也采用这一标准。

（2）标称容量

量器上标出的标线和数字（通过标准量器给出）称为量器在标准温度 293K 时的标称容量。

（3）玻璃容器的分级

玻璃容器按其标称容量准确度的高低分为 A 级和 B 级两种。此外还有一种 A_2 级，实际上是 A 级的副品。A 级的准确度比 B 级一般高一倍。A_2 级的准确度界于 A、B 之间，但流出时间与 A 级相同。量器上均有相应的等级标志，量器上标有“A”“A_2”和“B”字。量器的级别标志，过去曾用“一等”“二等”“Ⅰ”“Ⅱ”或“＜1＞”“＜2＞”等表示，如无上述字样符号，则表示此类量器不分级别，如量筒等。

（4）量器的容量允差

由于制造工艺的限制，量器的实际容量与标称容量之间必然存在或多或少的差值。但是，为保证量器的准确度，这种差值必须符合一定的要求。允许存在的最大差值叫容量允差（293K）。

容量允差主要是根据量器的结构、用途和生产的工艺水平确定的。对于有分度的量器，容量允差应包括从零分度至任意分度的最大误差和任意两分度之间的最大误差，最大误差不得超过允差，但由于目前工艺上的限制，对后者的要求尚未特别强调。

容量允差是量器的重要技术指标。使用时了解并熟悉这一指标，无疑对正确选用量器和合理要求测定结果都是十分重要的。滴定管、容量瓶、移液管的容量允差见表 3-4～表 3-6。

（5）流出时间和等待时间

当水自量器中流出时，流出速度不同，残存于量器内壁的水量就不同，因而直接影响量器示值的准确度，所以必须对流出时间和等待时间作出规定。

表 3-4　不同滴定管的容量允差

标称总容量/mL		2	5	10	25	50	100
分度值/mL		0.02	0.02	0.05	0.1	0.1	0.2
容量允差（±）/mL	A	0.010	0.010	0.025	0.05	0.05	0.10
	B	0.020	0.020	0.050	0.10	0.10	0.20

表 3-5　不同容量瓶的容量允差

标称容量/mL		5	10	25	50	100	200	250	500	1000	2000
容量允差（±）/mL	A	0.02	0.02	0.03	0.05	0.10	0.15	0.15	0.25	0.40	0.60
	B	0.04	0.04	0.06	0.10	0.20	0.30	0.30	0.50	0.80	1.20

表 3-6　不同移液管的容量允差

标称容量/mL		2	5	10	20	25	50	100
容量允差（±）/mL	A	0.010	0.015	0.020	0.030	0.030	0.050	0.080
	B	0.020	0.030	0.040	0.060	0.060	0.100	0.160

流出时间是量器内将水充到全量标线（即最高标线），然后通过排液嘴自然流出至最低标线所需的时间（s）。

等待时间是指在被检量器中，当水流至所需标线以上约 5mm 处时，需要等待的一定时间。目的是让残留在量器内壁上的水全部流下，然后再调整液面至所需读数的位置。

量器的流出时间和等待时间见表 3-7、表 3-8。

表 3-7　滴定管的流出时间和等待时间

标称容量/mL	A,A_2 级流出时间/s	B 级流出时间/s
1～2	20～35	15～35
5	30～45	20～45
10	30～45	20～45
25	45～70	35～70
50	60～90	50～90
100	70～100	60～100
等待时间/s	自然流出至标线以上约 5mm 处，等 30s 后，在 10s 内调至标线	

表 3-8　吸管的流出时间和等待时间

标称容量/mL	无分度吸管流出时间/s		分度吸管流出时间/s	
	A 级	B 级	A,A_2 级	B 级
1～2	7～12	5～12	15～25	10～25
5	15～25	10～25	15～25	10～25
10	20～30	15～30	20～30	15～30
25	25～35	20～35	25～40	20～40
50	30～40	25～40	30～45	25～45
100	35～45	30～45		
等待时间/s	15	3	15	3

2. 量器的分类

根据量器的用途分为量出式量器和量入式量器。量出式量器（量器上标有 Ex）用于测量从量器中放出液体的体积，其体积称为标称容量，如滴定管、移液管和吸量管。例如，移液管上标有 Ex 20℃ 25mL，表示用该支移液管移取溶液时，在 20℃ 时放出溶液的体积为 25.00mL。量入式量器（量器上标有 In）用于测量量器中所容纳液体的体积，其体积称为标称体积，如容量瓶。另外，快流式量器，标“快”字；吹式量器，标“吹”字。

二、滴定管及其使用

1. 概述

滴定管是在滴定过程中，用于准确测量流出溶液体积的量器。它的主要部分——管身是用长而且内径均匀的玻璃管制成，上面刻有均匀的分度线（线宽不超过 0.3mm），下端的流液口为一尖嘴，中间通过玻璃旋塞或乳胶管连接以控制滴定速度。常量分析用的滴定管标称容量为 50mL 和 25mL，最小刻度为 0.1mL，读数可估计到 0.01mL。还有标称容量为 10mL、5mL、2mL、1mL 的半微量和微量滴定管。

2. 分类

滴定管一般分为两种：一种为酸式滴定管，另一种为碱式滴定管（图 3-15）。

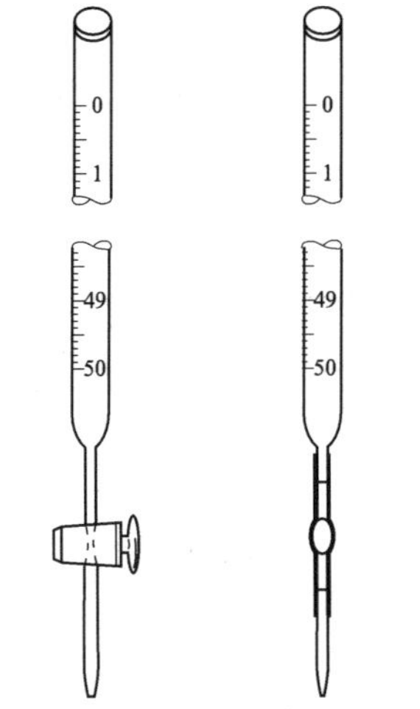

(a) 酸式滴定管　(b) 碱式滴定管

图 3-15　滴定管

酸式滴定管的刻度和下端的尖嘴玻璃管通过玻璃旋塞相连，用来装酸性溶液和氧化性溶液，不宜盛碱性溶液（避免腐蚀磨口和旋塞）。

碱式滴定管的刻度和下端的尖嘴玻璃管之间通过乳胶管相连，乳胶管内装有一颗玻璃珠，以控制溶液的流出速度。碱式滴定管用于装碱性溶液，凡是能与乳胶管反应的氧化性溶液，如 $KMnO_4$、I_2、$AgNO_3$ 等，不得装在碱式滴定管中。

滴定管有无色、棕色两种，一般需避光的滴定液（如硝酸银滴定液、碘滴定液、高锰酸钾滴定液、亚硝酸钠滴定液、溴滴定液等），需用棕色滴定管。

3. 酸式滴定管的使用

（1）酸式滴定管使用前的检查

使用前应检查：

① 旋塞与旋塞套是否配套；

② 旋塞转动是否灵活；

③ 是否漏水，若不配套，则不能使用，若配套，但旋塞转动不灵活或者漏水，则需涂凡士林。

（2）检验漏水的方法

检验漏水的方法是先将旋塞关闭，在滴定管内充满水，将滴定管夹在滴定管夹上，放置 2min，观察管口及旋塞两端是否有水渗出；将旋塞转动 180°，再放置 2min，观察是否有水渗出。若前后两次均无水渗出，旋塞转动也灵活，即可使用。否则，将旋塞取出，重新涂凡士林后再使用。涂凡士林的目的是密封和润滑。在每次使用滴定管前都应检查滴定管是否漏水。

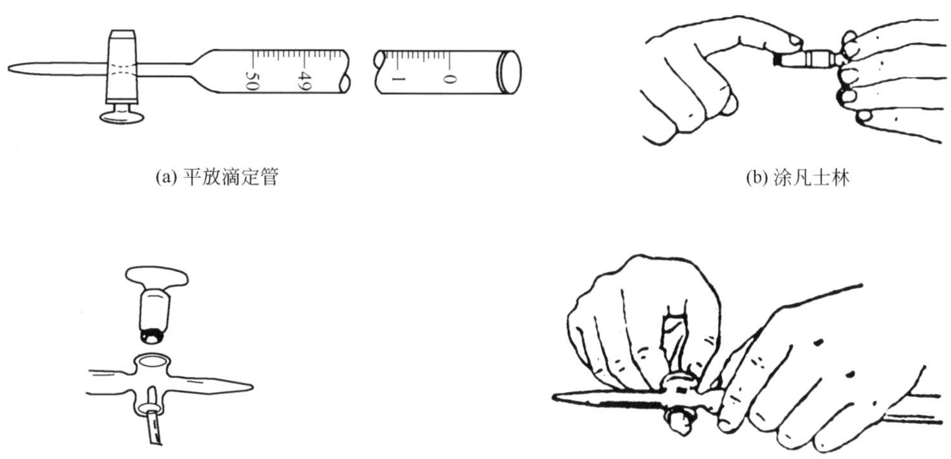

(a) 平放滴定管　(b) 涂凡士林

(c) 安装旋塞　(d) 转动旋塞

图 3-16　酸式滴定管涂凡士林的步骤

(3) 涂凡士林的步骤

① 将滴定管中的水倒掉，平放在实验台上［图 3-16(a)］；

② 抽出旋塞，用滤纸将旋塞及旋塞槽内的水擦干；

③ 用手指蘸少许凡士林在掌心摩擦，然后在旋塞的两头均匀地涂上薄薄的一层［图 3-16(b)］（注意：不要把凡士林涂到旋塞孔所在的那一圈面上，以免旋转时堵住塞孔），或者分别在旋塞粗的一端和滴定管塞槽细的一端内壁均匀地涂一薄层凡士林；

④ 涂凡士林后，将旋塞径直插入旋塞套中（注意滴定管应水平拿在手中，不能直立）［图 3-16(c)］，按紧，插入时旋塞孔应与滴定管平行，此时旋塞不要转动，这样可以避免将凡士林挤到旋塞孔中，然后向同一方向转动旋塞［图 3-16(d)］，直至旋塞中油膜均匀透明。如发现转动不灵活，或出现纹路，表示凡士林涂得不够；若有凡士林从旋塞内挤出，或旋塞孔被堵，表示凡士林涂得太多。遇到这些情况，都必须把塞槽和旋塞擦干净后，重新涂凡士林。涂好凡士林后，应用橡皮筋固定旋塞，以防脱落打碎。

经上述处理后，活塞应转动灵活，油脂层没有纹络，最后还应检查旋塞是否漏水。

(4) 洗涤

根据沾污的程度，可采用下列方法洗涤。

① 用自来水冲洗。

② 用滴定管刷（特制的软毛刷）蘸合成洗涤剂刷洗，但铁丝部分不得碰到管壁（如用泡沫塑料刷代替毛刷更好）。

③ 用前法不能洗净时，可用铬酸洗液洗。铬酸洗液洗涤时，可将滴定管内的水沥干，倒入 5～10mL 洗液，将滴定管逐渐倾斜，用两手转动滴定管，边转动边将滴定管放平，使洗液涂满全管，并将滴定管口对着洗液瓶口，以防洗液流出。洗净后，将一部分洗液从管口放回原瓶，最后打开旋塞将剩余的洗液从出口管放回原瓶。如果内壁沾污严重时，则需用洗液充满滴定管（包括旋塞下部尖嘴出口），浸泡 10min 至数小时或用温热洗液浸泡 20～30min。

④ 可根据具体情况采用针对性洗液进行洗涤，如管内壁有残存的二氧化锰时，可用草酸、亚铁盐溶液或过氧化氢加酸溶液进行洗涤。

用各种洗涤剂清洗后，都必须用水充分洗净，并将管外壁擦干，以便观察内壁是否挂水珠。

(5) 操作溶液的装入

装入操作溶液前，应将试剂瓶中的溶液摇匀，使凝结在瓶内壁上的水珠混入溶液，在天气比较热或室温变化较大时，此项操作更为重要。混匀后将操作溶液直接倒入滴定管中，不得用其他容器（如烧杯、漏斗等）来转移。此时，左手前三指持滴定管上部无刻度处，并可稍微倾斜，右手拿住细口瓶往滴定管中倒溶液。小瓶可以手握瓶身（瓶签向手心），大瓶则仍放在桌上，手拿瓶颈使瓶慢慢倾斜，让溶液慢慢沿滴定管内壁流下。为了避免装入后的操作溶液被稀释，应用此种操作溶液润洗滴定管 2～3 次，第一次 10mL，第二、第三次各 5mL。操作时，两手平端滴定管，慢慢转动，使操作溶液流遍全管，并使溶液从滴定管下端流尽，以除去管内残留水分。

(6) 排气泡

装好操作溶液后，应注意检查滴定管尖嘴内有无气泡，否则在滴定过程中，气泡将逸出，影响溶液体积的准确测量。排气泡的操作规程是：用右手拿住酸式滴定管上部无刻度处，将滴定管倾斜 30°，左手迅速打开活塞使溶液冲出（下接一个烧杯），将气泡带走，从而使溶液充满滴定管下端。排除气泡后，装入溶液，使之在“0”刻度以上，再调节液面在 0.00mL 处或稍下一点位置，0.5～1min 后，记录初读数。

(7) 滴定管的读数

滴定管的读数不准确，通常是滴定分析误差的主要来源之一。读数时，要使视线与液面保持水平，滴定管每一大格为 1mL，一小格为 0.1mL，要读到小数点后第二位数，而且要求准确到 0.01mL。读数时应遵循下列规则：

① 装满溶液或放出溶液后，需等 1～2min，使附着在内壁的溶液流下来，再进行读数。如果放出溶液的速度较慢（如临近终点时），可只等 0.5～1min 后，即可读数。每次读数前要检查一下管壁是否挂水珠，管尖是否有气泡，管出口尖嘴处是否悬有液滴。

② 读数时应将滴定管从滴定管架上取下，用拇指和食指捏住管上端无刻度处，使滴定管保持垂直状态。在滴定管架上直接读数的方法不宜采用，因为该方法难以确保滴定管处于垂直状态。

③ 液体由于表面张力的作用，滴定管内液面呈弯月形。对于无色或浅色溶液，弯月面清晰，读数时应读取视线与弯月面下缘实线最低点相切处的刻度（图 3-17）；对于有色溶液（如 $KMnO_4$、I_2 等）弯月面清晰度较差，读数时应读取视线与液面两侧的最高点呈水平处的刻度。注意初读数与终读数采用同一标准。

④ 为了便于读数，可在滴定管后衬一黑白两色的读数卡。读数时，将读数卡衬在滴定管背后，使黑色部分在弯月面下 1mm 左右，弯月面的反射层即全部成为黑色（图 3-18）。读此黑色弯月面下缘的最低点。对深色溶液而需读两侧最高点时，可以用白色卡为背景。

⑤ 若为乳白板蓝线衬背滴定管，读数方法与上述不同。在这种滴定管中，液面呈现三角交叉点，此时应读取交叉点处的刻度（图 3-19）。

⑥ 每次滴定前应将液面调节在 0.00mL 处或稍下一点的位置，这样可固定在某一段体积范围内滴定，以减小体积测量的误差。

⑦ 读取初读数时，应将管尖嘴处悬挂的液滴除去，滴至终点时，应立即关闭旋塞，注意不要使滴定管中溶液流至管尖嘴处悬挂，否则终读数便包括悬挂的半滴液滴。因此，在读取终读数前，应注意检查出口管尖是否悬挂溶液，如有，则此次读数不能取用。

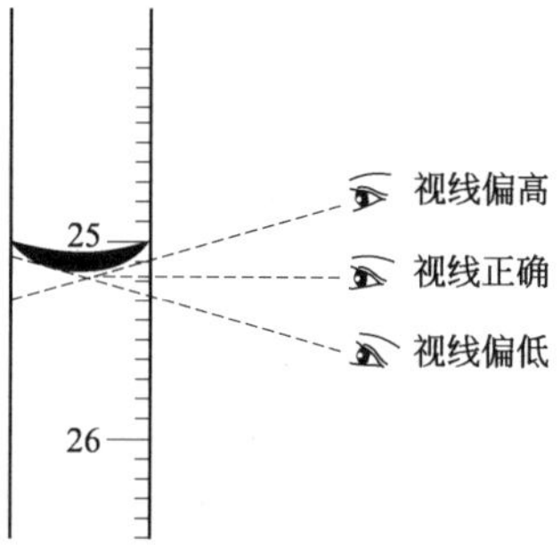

图 3-17 读数时视线位置

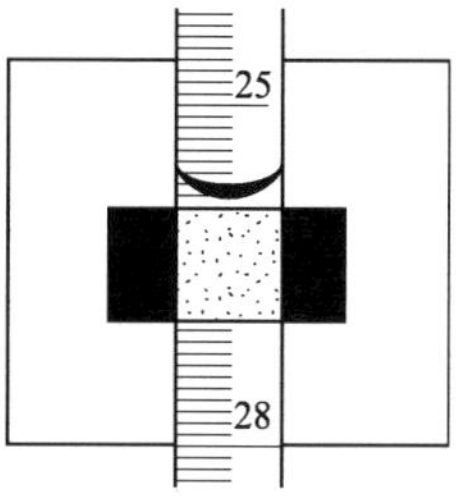

图 3-18 放读数卡读数

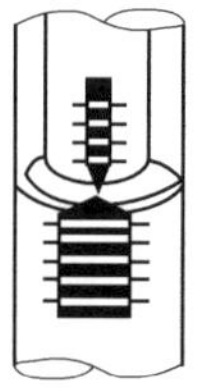

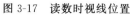

图 3-19 乳白板蓝线衬背滴定管三角交叉点

(8) 滴定操作

滴定时，应将滴定管垂直地夹在滴定管架上，滴定台应呈白色，否则应放一块白瓷板作背景，以便观察滴定过程溶液颜色的变化。滴定管夹的位置，以锥形瓶刚好碰不到滴定嘴为宜。滴定最好在锥形瓶中进行，必要时也可以在烧杯中进行。

使用酸式滴定管时，用左手控制滴定管的旋塞，拇指在前，食指和中指在后，左手无名指和小手指向手心弯曲，手指略微弯曲，轻轻向内扣住旋塞（图 3-20），转动旋塞时要注意勿使手心顶着旋塞，以防旋塞转动，造成溶液渗漏。

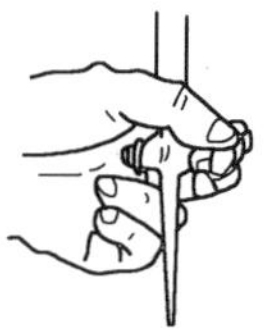

图 3-20 酸式滴定管旋塞操作

图 3-21 锥形瓶中的滴定操作

图 3-22 烧杯中的滴定操作

在锥形瓶中滴定时，用右手前三指拿住锥形瓶瓶颈，使滴定管尖伸进瓶口约 1cm 为宜。左手按上述方法滴加溶液，右手运用腕力摇动锥形瓶，边滴加溶液边摇动（图 3-21）。

在烧杯中进行滴定时，将烧杯放在白瓷板上，调节滴定管的高度，使滴定管下端伸入烧杯内 1cm 左右。滴定管下端应位于烧杯中心的左后方，但不要靠壁过近。右手持搅拌棒在右前方搅拌溶液。在左手滴加溶液的同时（图 3-22），搅拌棒应作圆周搅动，但不得接触烧杯内壁和杯底。

滴定操作中应注意以下几点。

① 摇瓶时，应使溶液向同一方向作圆周运动，但勿使锥形瓶口接触滴定管，溶液也不得溅出。

② 滴定时，左手不能离开活塞任其自流。

③ 开始时，应边摇（或搅拌）边滴，滴定速度可稍快，但不能流成“水线”。接近终点时，应改为加一滴，摇几下。最后，每加半滴溶液就摇动锥形瓶（或搅拌溶液），直至溶液

出现明显的颜色变化，迅速关闭旋塞，停止滴定，即为滴定终点。加半滴溶液的方法如下：微微转动活塞，使溶液悬挂在出口管嘴上，形成半滴，用锥形瓶内壁将其沾落，再用洗瓶以少量蒸馏水冲洗瓶壁，使附着的溶液全部流下。使用烧杯滴定时，用搅拌棒下端承接悬挂的半滴溶液，放入烧杯溶液中搅拌。注意，搅拌棒只能接触液滴，不能接触滴定管管尖。

④ 通过观察滴定剂落点周围溶液颜色的变化，来判断离终点远近。一般在滴定开始时，由于离终点很远，滴下时无明显变化，但滴到后来，滴落点周围会出现暂时性的颜色变化。在离终点还比较远时，颜色变化一般立即消逝；随着终点越来越近，颜色消失渐慢，快到终点时，颜色甚至可以暂时扩散到全部溶液，但搅拌或转动 1～2 次后完全消失，此时应改为滴一滴，搅拌或摇几下。接近终点时，用洗瓶冲洗烧杯或锥形瓶内壁，把壁上的溶液洗下。最后仅滴加半滴，直到出现达到终点时应有的颜色不再消逝为止。

必须熟练掌握三种加液方法：逐滴滴加；加一滴；加半滴。

（9）滴定结束后滴定管的处理

滴定结束后，滴定管内剩余的溶液应弃去，不得将其倒回原瓶，以免沾污整瓶操作溶液。随即用自来水洗涤 2～3 次，最后注满纯水，并用滴定帽或小玻璃杯将管口盖住，或者将滴定管倒夹在滴定管架上，以避免落入灰尘。

4. 碱式滴定管的使用

许多操作同酸式滴定管一样，如标准溶液的装入、读数等，不同操作有：

（1）碱式滴定管使用前的检查

使用前应检查以下内容。

① 乳胶管和玻璃珠是否完好。若乳胶管已老化，玻璃珠破损，应予以更换。

② 玻璃珠和乳胶管是否匹配。碱式滴定管应选择大小合适的玻璃珠和乳胶管。玻璃珠过小会漏水或使用时上下滑动；过大则在放出液体时手指过于吃力，且操作不方便。若不合要求，应及时更换。

（2）检验漏水

在碱式滴定管内充满水，将滴定管夹在滴定管夹上，放置 2min，观察管口是否有水渗出；然后将乳胶管中的玻璃珠向不同的方向转动，再放置 2min，看是否有水渗出，若无，并且玻璃珠与乳胶管匹配，即可使用，否则需要更换玻璃珠或橡皮管。

（3）洗涤

卸下乳胶管，将玻璃珠、尖嘴玻璃管放入洗涤液中，套上旧橡皮乳头，再倒入洗液，其他洗涤步骤同酸式滴定管。

（4）滴定操作

使用碱式滴定管时，左手无名指及小手指夹住出口管，拇指在前、食指在后捏挤玻璃珠周围右侧上部的乳胶管，使胶管与玻璃珠之间形成一小缝隙，溶液即可流出（图 3-23）。应当注意：

① 不要用力捏玻璃珠，也不能使玻璃珠上下移动；

② 不要捏到玻璃珠下部的乳胶管，以免空气进入而形成气泡；

③ 停止滴定时，应先松开拇指和食指，最后再松开无名指和小指。

（5）排气泡

对于碱式滴定管，右手拿住滴定管上端，并使管身倾斜，左手捏挤乳胶管玻璃珠周围，并使尖端上翘，使溶液从尖嘴处喷出，即可排出气泡（图 3-24）。

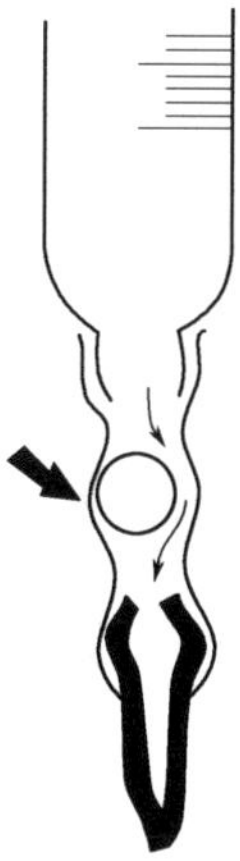

图 3-23　碱式滴定管操作

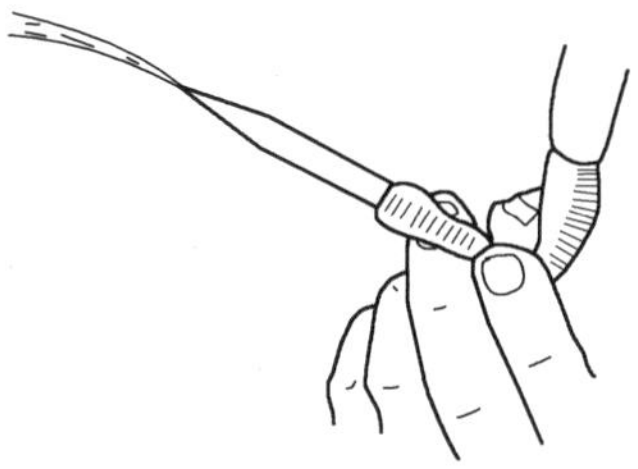

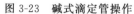

图 3-24　碱式滴定管排气泡的方法

三、容量瓶及其使用

容量瓶是常用的测量容纳液体体积的量入式量器。它是一种细颈梨形的平底玻璃瓶，带有磨口玻璃塞或塑料塞。在其颈上有一标线，在指定温度下，当溶液充满至弯月液面下缘与标线相切时，所容纳的溶液体积等于瓶上标示的体积。常用的容量瓶有 10mL、25mL、50mL、100mL、250mL、500mL、1000mL 等各种规格。

容量瓶的主要用途是配制准确浓度的溶液或定量地稀释溶液。它常和移液管配合使用，可把配成溶液的物质分成若干等份。

1. 容量瓶的准备

(1) 使用前的检查

使用容量瓶前应先检查是否漏水，标线位置离瓶口是否太近。若漏水或标线位置离瓶口太近，则不宜使用。

(2) 检查漏水

检查漏水时，加自来水至标线附近，盖好瓶塞，一手拿瓶颈标线以上部位，食指按住瓶塞，其余手指拿住瓶颈标线以上部分，另一手指尖托住瓶底边缘，倒立 2min，若不漏水，将瓶直立，转动瓶塞 180°，再倒立 2min，若不漏水，即可使用。

(3) 将瓶塞系在瓶颈

用橡皮筋或细绳将瓶塞系在瓶颈上，因磨口塞与瓶是配套的，搞错后会引起漏水。

2. 洗涤

容量瓶尽可能只用水冲洗，必要时才用洗液浸洗，洗涤时倒入 10～20mL 洗液，边转动边将瓶口倾斜，至洗液布满全部内壁，放置几分钟，将洗液由上口慢慢倒出，边倒边转，使洗液流经瓶颈时布满全颈。将塞子放进管口转动洗涤（或用洗涤剂刷洗），尽量倒出瓶内洗液。用自来水冲洗干净，纯水荡洗 3 次后备用。

3. 容量瓶的使用

(1) 配制溶液

用固体物质（基准试剂或被测试样）配制溶液时，其操作步骤如下。

第一步：称量 从干燥器中取出称量瓶，先在台秤上粗称，然后在分析天平上准确称量，用递减称量法称量所需质量的固体物质。

第二步：溶解 将准确称取的固体物质于小烧杯中加水溶解，必要时加热，加热的溶液冷却后才能转移到容量瓶中。

第三步：定量转移 将溶液定量转移到预先洗净的容量瓶中，转移溶液的方法是：一手拿着玻璃棒，并将它伸入容量瓶中，注意玻璃棒上部不要碰容量瓶口，下端靠着瓶颈内壁；另一手拿烧杯，让烧杯嘴贴紧玻璃棒，慢慢倾斜烧杯，使溶液沿着玻璃棒流下（图 3-25），溶液全部转移后，将烧杯沿玻璃棒轻轻上提，同时将烧杯直立，使附在玻璃棒和烧杯嘴之间的液滴回到烧杯中，再将玻璃棒放回烧杯。注意勿使溶液流至烧杯外壁而受损失。用洗瓶吹洗玻璃棒和烧杯内壁 3～4 次，洗出液全部转入容量瓶中，完成定量转移。

第四步：预混匀 当加纯水至容量瓶的 2/3 左右时，用右手将容量瓶拿起，按水平方向旋转几周，使溶液大体混匀。注意不能将容量瓶盖住上下摇动。

第五步：定容 继续加水于标线以下约 1cm，等待 1～2min，使附在瓶颈内壁的溶液流下后，最后用滴管或洗瓶沿壁缓缓加水直至弯月面下缘与标线相切。无论溶液有无颜色，一律按照这个标准。即使溶液颜色比较深，但最后所加的水位于溶液最上层，而尚未与有色溶液混匀，所以弯月下缘仍然非常清楚，不会有碍观察。

第六步：混匀 盖上干的瓶塞，用一只手捏住瓶颈标线以上部分，食指按住瓶塞，另一只手指尖托住瓶底边缘，如图 3-26 所示，将容量瓶倒转，使气泡上升到顶，此时将瓶振荡数次，正立后，再次倒转过来进行振荡，如此反复多次，使溶液充分混合均匀。

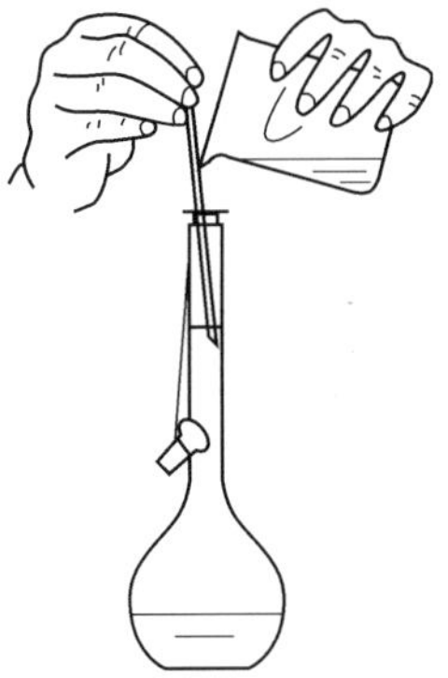

图 3-25 溶液的转移

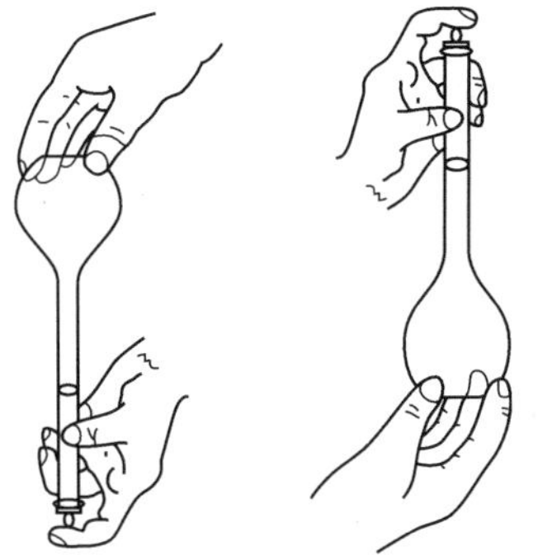

图 3-26 容量瓶的翻动

（2）稀释溶液

用移液管吸取一定体积的浓溶液移于容量瓶中，然后按上述操作加水稀至刻度线，摇匀。

4. 注意事项

① 热溶液应冷至室温后，才能稀释至标线，否则会造成体积误差。

② 需避光的溶液应以棕色容量瓶配制。

③ 不要用容量瓶长期存放溶液，应转移到干净干燥的试剂瓶中保存，试剂瓶要先用配好的溶液荡洗 2～3 次。

④ 容量瓶使用完毕应立即用水冲洗干净。

⑤ 如长期不用，磨口处应洗净擦干，并用纸片将磨口隔开。

⑥ 容量瓶不得在烘箱中烘烤，也不能用其他任何方法进行加热。

⑦ 在一般情况下，当稀释时不慎超过了标线，就应弃去重做。如果仅有的独份试样在稀释时超过标线，可这样处理：在瓶颈上标出液面所在的位置，然后将溶液混匀。当容量瓶用完后，先加水至标线，再用滴定管加水到容量瓶中使液面上升到标出的位置。根据从滴定管中流出水的体积和容量瓶原刻度标出的体积即可得到溶液的实际体积。

四、移液管和吸量管

移液管是用于准确移取一定量体积的量出式量器，正规名称是“单标线吸量管”，又简称为吸管。它是一根细长而中间膨大的玻璃管，管颈上部有一环形标线，膨大部分标有它的容积和标定时的温度（图 3-27）。在标明的温度下，吸取溶液至弯月面与管颈的标线相切，再让溶液按一定的方式自由流出，则流出溶液的体积就等于管上所标示的容积。常用的移液管有 5mL、10mL、20mL、25mL、50mL 等各种规格。

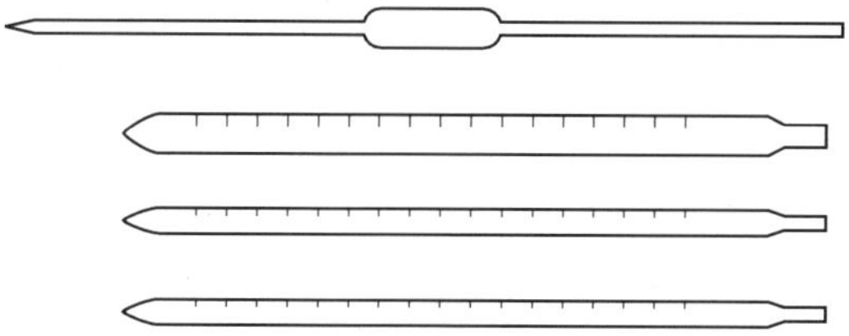

图 3-27　移液管和吸量管

吸量管是用于移取所需不同体积的量器，全称是“分度吸量管”，是带有分度线的玻璃管（图 3-27）。分度线有的刻到管尖（完全流出式吸量管），有的只刻到离管尖 1～2cm 处（不完全流出式吸量管）。常用的吸量管有 1mL、2mL、5mL、10mL 等各种规格。吸量管吸取溶液的准确度不如移液管。

1. 移液管和吸量管的洗涤

一般先用自来水洗涤，若洗不干净，则用洗耳球吸取铬酸洗液洗涤，也可放在量筒内用洗液浸泡，取出沥尽洗液后，用自来水冲洗，再用纯水润洗干净，润洗的水应从管尖放出。

2. 移液管和吸量管的使用

（1）润洗

移取溶液前要用少量移取液润洗三次。润洗移液管和吸量管时，为避免溶液稀释或沾污，可将溶液转移至小烧杯中吸取。首先吸入少量溶液至移液管或吸量管中，将移液管或吸量管慢慢放平并旋转，使管内壁全部洗过。然后将管直立，将管中液体沿烧杯内壁放出，最后再将小烧杯的液体沿管的外壁下部倒出（弃去）。这样一次即可将移液管内壁、小烧杯内壁和移液管下端的外壁同时润洗一遍。如此操作三次后，可将移液管直接插入容量瓶中或将溶液倒入小烧杯中吸取。

移液管和吸量管润洗的工作也可按下法进行：用纯水洗净后用吸水纸将移液管或吸量管尖端内外的水吸尽，否则因水滴引入会改变溶液的浓度。然后用要移取的溶液将移液管或吸量管润洗 2～3 次。润洗的方法是：用吸水纸处理过的移液管或吸量管直接插入待吸溶液中，将待吸溶液吸至球部或中部，立即用右手食指按住管口（尽量勿使溶液回流，以免稀释溶液），将管横过来，用两手的拇指和食指分别拿住移液管或吸量管并使溶液布满全管内壁，将管直立，使溶液由管尖放出，弃去。

（2）吸取溶液

移取溶液时，一般用右手的拇指和中指拿住管颈标线的上方，其余二指辅助拿住移液管或吸量管（图 3-28），将管子插入液面下 1～2cm 处。若插入太深会使管外黏附过多的溶液，影响量取溶液的准确性，若插入太浅会产生吸空。左手拿洗耳球，先把球内空气压出，然后将球的尖端接在移液管口，慢慢松开左手指使溶液吸入管内。移液管或吸量管应随容器内液面的下降而下降。当管中液面上升到标线以上时，迅速移去洗耳球，立即用右手食指按住管口，将移液管或吸量管提离液面，并将管的下部原伸入溶液的部分，贴容器内壁转两圈，尽量除去管尖外壁沾附的溶液。然后将容器倾斜 45°左右，竖直移液管或吸量管，管尖紧贴容器内壁，略微放松食指并用拇指和中指轻轻转动移液管，让溶液慢慢顺壁流出，使液面平稳下降，直到溶液的弯月面下缘与标线相切时，立刻用食指压紧管口，使溶液不再流出。

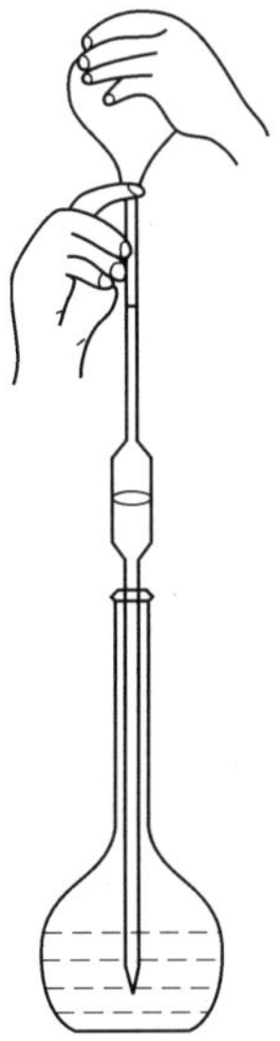

图 3-28 吸取溶液

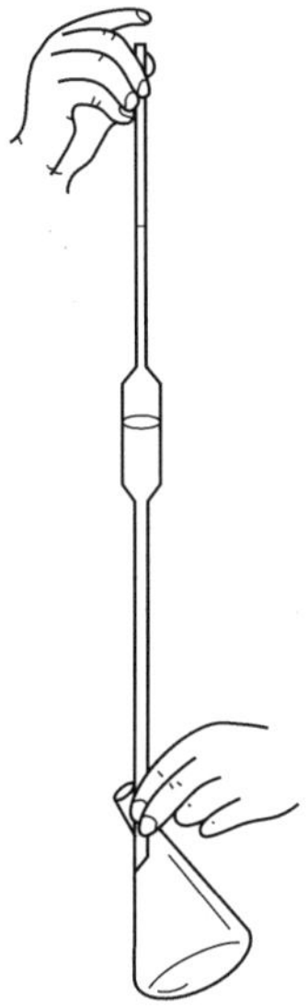

图 3-29 放出溶液

（3）转移溶液

将移液管或吸量管移至承接溶液的容器中，使管尖紧贴容器的内壁，移液管或吸量管呈竖直状态，承接容器（如锥形瓶）约成 45°倾斜（图 3-29）。松开食指使溶液自由地沿壁流下，待溶液全部放完后，再等 15s，取出移液管或吸量管。管上未标有“吹”字的，切勿把残留在管尖内的溶液吹入承接的容器中，因为校正移液管时，已经考虑了末端所保留溶液的体积。

3. 注意事项

① 管上标有“吹”字样，应将管尖残留的液滴立即吹入承接容器中。

② 几次平行试验中，应尽量用同一支吸量管或同一支移液管。

③ 移液管和吸量管都是有刻度的精确的玻璃量器，不得放在烘箱中烘烤。

④ 用吸量管量取溶液时，一般不用尖端的刻度，最好选用略大于量取量的刻度吸量管，这样溶液可以不放至尖端，而是放到一定的刻度，减小误差。

⑤ 移液管和吸量管用完后应放在移液管架上。如短时间内不再用它吸取同一溶液时，应立即用自来水冲洗，再用蒸馏水清洗，然后放在移液管架上。

⑥ 实际上流出溶液的体积与标明的体积会稍有差别。使用时的温度与标定移液管或吸量管移液体积时的温度不一定相同，必要时可作校正。

五、容量仪器的校正

1. 校正方法

吸量管、移液管、容量瓶和滴定管是滴定分析用的主要量器。量器的实际容量与标称容量并不完全一致，总是存在或多或少的差值，其准确度可以满足一般分析工作的要求，但在准确度要求比较高的工作中，必须对量器进行校正，容量仪器的校正有绝对校正和相对校正两种方法，现分别介绍如下。

(1) 绝对校正

绝对校正法也称称量法、衡量法，其原理是在分析天平上称量被校量器中所容纳或放出纯水的质量，再根据该温度下纯水的密度计算出被校量器在该温度时的实际容积。

$$V_{20}=\frac{m_t}{d_t'} \tag{3-1}$$

式中　V_{20}——校正量器在20℃时的实际容积，mL；

m_t——量器中容纳或放出的纯水，在 t(℃)，于空气中，以黄铜砝码称量的质量，g；

d_t'——考虑了进行校准时的温度、空气浮力影响后，水在 t(℃) 时的密度，$g \cdot mL^{-1}$。

但实际计算时要复杂得多。因为纯水的质量是在空气中与砝码平衡求得，由于两者的密度不同，所受空气的浮力也不同；纯水的密度和量器的容量都与温度有关。所以在校正时，必须考虑以下因素：

① 空气浮力对称量水重的影响；

② 水的密度随温度的变化；

③ 温度对玻璃量器的体膨胀系数的影响。

综合上述因素，得出总的校正公式为：

$$d_t'=\frac{d_t}{1+\frac{0.0012}{d_t}-\frac{0.0012}{8.4}}+0.000025\times(t-20)d_t \tag{3-2}$$

式中　d_t'——考虑了进行校准时的温度、空气浮力影响后，水在 t(℃) 时的密度，$g \cdot mL^{-1}$；

d_t——水的密度（在真空中的质量），$g \cdot mL^{-1}$；可以查表而得 $g \cdot mL^{-1}$；

t——校正时的温度，℃；

0.0012——空气的密度，$g \cdot mL^{-1}$；

8.4——黄铜砝码的密度，$g \cdot mL^{-1}$；

0.000025——钠钙玻璃的体膨胀系数。

为了使用方便，现将不同温度时的 d_t 和计算获得的 d_t' 值列于表3-9。

表 3-9 不同温度时的 d_t 和 d_t' 值

温度/℃	1L 水在真空中的质量($1000d_t$)/g	1L 水在空气中的质量 $1000d_t'$/g	温度/℃	1L 水在真空中的质量($1000d_t$)/g	1L 水在空气中的质量($1000d_t'$)/g
10	999.70	998.39	23	997.56	996.60
11	999.60	998.31	24	997.32	996.38
12	999.49	998.23	25	997.07	996.17
13	999.38	998.14	26	996.81	995.93
14	999.26	998.04	27	996.54	995.69
15	999.13	997.93	28	996.26	995.44
16	998.97	997.80	29	995.97	995.18
17	998.80	997.65	30	995.67	994.91
18	998.62	997.51	31	995.37	994.64
19	998.43	997.34	32	995.05	994.34
20	998.23	997.18	33	994.73	994.06
21	998.02	997.00	34	994.40	993.75
22	997.80	996.80	35	994.06	993.45

根据表 3-9，可以计算任一 t 温度下一定质量（m_t）的纯水在 20℃时的实际容积（V_{20}）与量器所测量容积（V）的差值即为校正值。

$$\Delta V = V_{20} - V \tag{3-3}$$

例：有一支标称容量为 25mL 的移液管，当水温为 18℃时，称得移液管排出的纯水质量 $m_{称}$ 为 24.948g。该吸管由钠钙玻璃制成，试计算该移液管在 20℃时的实际容积及校正值 ΔV。

解：查表 3-10 可得，在 18℃时，$d_t'=0.99751\text{g}\cdot\text{mL}^{-1}$

$$V_{20}=\frac{m_t}{d_t'}=\frac{24.948}{0.99751}\approx 25.01(\text{mL})$$

$$\Delta V = 25.01-25.00=0.01(\text{mL})$$

滴定管的校正步骤如下。

第一步：在洗净的滴定管中，装入纯水调节至 0.00 刻度。按正确操作，以每一分钟不超过 10mL 的流速，将水放入一干净的称过质量的 50mL 磨口锥形瓶中，盖紧磨口塞，称量至 mg 位。重复称量一次，两次称量相差应小于 0.02g，求平均值。记录放出纯水的体积（V）。

第二步：按一定体积间隔放出纯水，称量。

第三步：根据称量的水质量，除以表 3-10 中所示的 d_t'，就得实际体积 V_{20}，最后求校正值 ΔV。具体实例见表 3-10。

以滴定管读数 V 为横坐标，校正值 ΔV 为纵坐标，绘制滴定管校准曲线，供以后实验查用（图 3-30）。

如果校正的准确度要求较高，而且温度又超出（273±5)℃，大气压力及湿度变化又较大时，则应根据实测时的温度、空气压力和相对湿度计算空气密度。

表 3-10　50mL 滴定管校正实例（$t=25℃$查表　$d_t'=0.99617g \cdot mL^{-1}$）

滴定体积读数 V/mL	放出纯水的体积 V/mL	瓶和水质量 /g	水的质量 /g	实际体积 V_{20} /mL	校正值 ($\Delta V=V_{20}-V$) /mL
0.00	—	29.20	—	—	—
10.10	10.10	39.28	10.08	10.12	+0.02
20.07	20.07	49.19	19.99	20.06	−0.01
30.14	30.14	59.27	30.00	30.12	−0.02
40.17	40.17	69.24	40.03	40.18	+0.01
49.96	49.96	79.07	49.80	49.99	+0.03

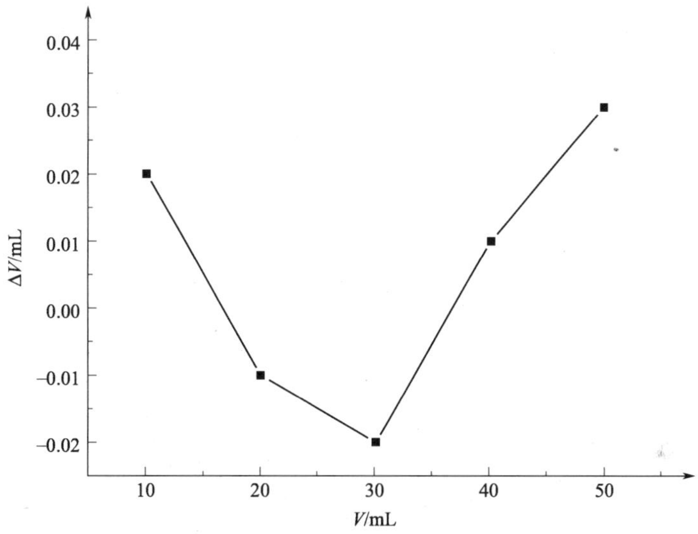

图 3-30　滴定管校准曲线

(2) 相对校正

在实际工作中，常利用两件量器配套使用，如用容量瓶配制溶液后，用移液管取出其中一部分进行测定。此时，重要的不是要知道这二者的准确容量，而是二者的容量是否为准确的整倍数关系，这就需要对这两件量器进行相对校正。此法简单，在实际工作中使用较多，但只有在这两件量器配套使用时才有意义。

由于移液管和容量瓶经常配合使用，因此它们容积之间的相对校准很重要。例如，25mL 移液管，其容积应等于 100mL 容量瓶的 1/4。容量瓶和移液管的相对校准步骤如下：

将容量瓶洗净，倒置在漏斗架上，使其自然干燥（不得烘烤），可上一次实验完后准备。若是 100mL 容量瓶，用 25mL 移液管吸取蒸馏水 4 次放入干燥的容量瓶中；如为 250mL 容量瓶，则吸取蒸馏水 10 次。若液面与瓶上刻度不相吻合，则用黑纸条或透明胶布（约 0.5cm 宽，5cm 长，长短可根据容量瓶颈的粗细定）作一与弯月面相切的记号，纸的上沿与液面的最低点相切。留开口处，可看清弯月面的最低点。在以后的实验中，经相对校准的容量瓶与移液管相匹配使用时，则以新的记号作为容量瓶的标线。

必须注意，在放入水时不要沾湿瓶颈。

2. 校正时对实验室的要求及注意事项

（1）对实验室的要求

校准工作是一项技术性较强的工作，操作要正确，故对实验室有下列要求：

① 天平的称量误差应小于量器允差的 1/10；

② 有分度值为 0.1℃的温度计；

③ 室内温度变化不超过 $1℃\cdot h^{-1}$，室温最好控制在 20℃±5℃；

④ 有新制备的纯水；

⑤ 光线要均匀、明亮，近处的台架或墙壁最好是单一的浅色调。

（2）注意事项

① 量器必须洗净。被检量器必须用热的铬酸洗液、发烟硫酸或盐酸等充分清洗，当水面下降（或上升）时与器壁接触处形成正常弯月面，水面上部器壁不应有挂水滴等沾污现象。

② 严格按照容量器皿使用方法读取体积读数。

③ 水和被校正量器的温度尽可能接近室温，温度测量精确至 0.1℃。

④ 校准滴定管时，充水至最高标线以上约 5mm 处，然后慢慢将液面准确地调至零位，全开旋塞，按规定的流出时间让水流出，当液面流至距被检分度线上约 5mm 处时，等待 30s，然后在 10s 内将液面准确地调至被检分度线上。

⑤ 校准移液管时，水自标线流至口端不流时再等待 15s，此时管口还保留一定的残留液。

⑥ 校准完全流出式吸量管时同上。

⑦ 校准不完全流出式吸量管时，水自最高标线流至最低标线上约 5mm 处，等待 15s，然后调至最低标线。

需要特别指出的是校准不当和使用不当都是产生容量误差的主要原因，其误差甚至可能超过允差或量器本身的误差。因而在校准时务必正确、仔细地进行操作，尽量减小校准误差。凡要使用校准值的，其校准次数不应少于两次，且两次校准数据的偏差应不超过该量器容量允差的 1/4，并取其平均值作为校准值。

第三节　重量分析基本操作

重量分析法一般是先将待测组分从试样中分离出来，转化成一定量的称量形式，然后用称量的方法测定该组分的质量，从而计算出待测组分含量的方法。由于试样中待测组分性质不同，采用的分离方法也不同。按其分离的方法不同，重量分析可分为沉淀法、挥发法、萃取法和电解法，其中以沉淀法的应用最为广泛。在此仅介绍沉淀法的基本操作。

用沉淀法进行重量分析的主要操作有：试样的干燥，样品的溶解，沉淀的进行，沉淀的过滤和沉淀的初步洗涤，沉淀的转移和洗涤，沉淀和滤纸的烘干，滤纸炭化、灰化，沉淀的灼烧，沉淀的称量等。为使沉淀完全、纯净，应根据沉淀的类型选择适宜的操作条件，对于每步操作都要规范、正确、细心地进行，以便得到准确的分析结果。

一、试样的干燥

研磨得很细的试样具有极大的表面积，会从空气中吸附相当多的水分，因此在称样前应作干燥处理，以除去吸附的水，这样才能得到准确的结果。由于试样的吸湿性和其性质不尽相同，干燥所需要的温度和时间也不一样。所用的温度应既能赶去水分，又不致引起试样中组成水和挥发性组分的损失。一般用的温度为 105～110℃。干燥时，将试样放在称量瓶内，瓶盖斜搁在瓶口上。将称量瓶置于一只干燥烧杯中，烧杯沿口搁三只玻璃钩或一只玻璃三脚架，上面盖一只表面皿，凸面向下（图 3-31）。干燥试样需一定的温度，而且最好不时地搅动，以利干燥。若处理的试样较多，可平铺于蒸发皿或培养皿中，上面同样盖一表面皿进行干燥。经干燥的试样应在干燥器中保存。有的试样也可用空气干燥，即风干。风干的试样应保存在无干燥剂的干燥器中，或用纸将称量瓶包好放在干净的烧杯内保存。含结晶水的试样不能放在干燥器中。

图 3-31 试样的干燥

计算各组分的含量时，应该注明试样的干燥情况，必要时应换算成干基试样表示。

二、试样的溶解

试样的溶解是一个很复杂的问题。许多固体试样，特别是许多矿物和岩石试样，需用各种溶剂或熔剂溶解，需要时可查有关手册。本书只介绍易溶于水或酸的样品的实验操作、注意事项及选取溶剂或熔剂的原则。

(1) 选取溶解或熔解试剂的原则

根据被测试样的性质，选用不同的溶（熔）解试剂，以确保待测组分全部溶（熔）解，且不使待测组分发生氧化还原反应造成损失，加入的试剂应不影响测定。

(2) 对器皿的要求

准备好洁净的烧杯、玻璃棒和表面皿。玻璃棒的长度应高出烧杯 5～7cm，表面皿的大小应大于烧杯口；烧杯内壁和底不应有划痕，玻璃棒两头应烧圆，以防黏附沉淀物。平行做两份以上样品时，烧杯、玻璃棒和表面皿三者一套，在整个操作过程中，套之间不得互换使用。

(3) 称量

在分析天平上准确称量样品于烧杯后，用表面皿盖好烧杯。

(4) 溶解试样的操作

① 试样溶解时不产生气体的溶解方法：溶解时，取下表面皿，凸面向上放置于实验台面，将溶剂沿杯壁或沿着下端紧靠杯壁的玻璃棒加入烧杯，边加边搅拌，直至样品全溶解，然后盖上表面皿。

② 试样溶解时产生气体的溶解方法：如白云石加盐酸溶解。先用少量水将白云石样品润湿，表面皿凹面向上盖在烧杯上，用滴管逐滴加入盐酸，以防猛烈产生气体，样品溶解后，用洗瓶吹洗表面皿的凸面，流下来的水应沿杯壁流入烧杯（图 3-32），并吹洗烧杯壁。

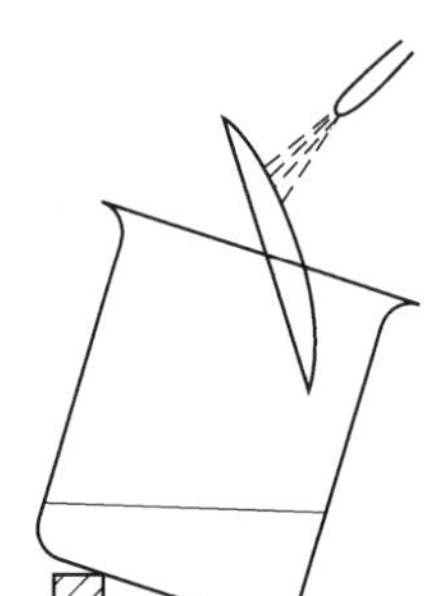
图 3-32 吹洗表面皿

(5) 溶样时注意事项

① 试样溶解需加热或蒸发时，应在水浴锅内进行，烧杯上必须盖上表面皿，以防溶液剧烈暴沸或迸溅，加热、蒸发停止时，用洗瓶洗表面皿或烧杯内壁。

② 溶解时所用的玻璃棒，不能作为它用，在将沉淀转移到漏斗中之前应一直在烧杯中。

三、沉淀的形成

对处理好的试样溶液，需加入沉淀剂进行沉淀。沉淀时应根据沉淀类型选择不同的沉淀条件。

1. 晶形沉淀

对于晶形沉淀需按照“稀、热、慢、搅、陈”的操作方法进行沉淀。

稀：沉淀的样品溶液及沉淀剂配制要适当稀。

热：沉淀时应将样品溶液及沉淀剂加热。

慢：沉淀剂的加入速度要缓慢。

搅：加沉淀剂的同时要用玻璃棒不断搅拌。

陈：沉淀完全后，要静置一段时间陈化。

为此，晶形沉淀的操作步骤如下。

① 将样品溶液及沉淀剂加热。加热时应在水浴或电热板上进行，不得使溶液沸腾，否则会引起水溅或产生泡沫飞散造成被测物的损失。

② 沉淀时，左手拿滴管，逐滴加入沉淀剂，右手持玻璃棒不断搅拌。滴加沉淀剂时，滴管口应接近液面，避免溶液溅出。搅拌时需注意不要将玻璃棒碰到烧杯壁和杯底。

③ 沉淀后应检查沉淀是否完全。方法是：静置，待沉淀下沉后，滴加少量沉淀剂于上层清液中观察是否出现浑浊。若有浑浊，说明没有沉淀完全，应再加入适量的沉淀剂继续沉淀；若无浑浊，说明沉淀完全，可结束沉淀操作。

④ 沉淀完全后，盖上表面皿，放置过夜或在水浴上加热 1h 左右，使沉淀陈化。

2. 非晶形沉淀

对于非晶形沉淀，宜用较浓的沉淀剂溶液，加入沉淀剂和搅拌的速度均快些，沉淀完全后要用纯水立即稀释，不必放置陈化，有时还需加入电解质等。

四、过滤和洗涤

过滤和洗涤的目的在于将沉淀从母液中分离出来，使其与过量的沉淀剂及其他杂质组分分开，并通过洗涤将沉淀转化成一纯净的单组分。

对于需要灼烧的沉淀，常在玻璃漏斗中用定量（无灰）滤纸过滤和洗涤，而对于过滤后只要烘干即可进行称量的沉淀，则可在微孔玻璃坩埚中过滤、洗涤。

（一）用滤纸过滤

1. 滤纸的选择

① 定量滤纸一般为圆形，按直径大小分为 11cm、9cm、7cm、4cm 等规格。按滤速可分为快、中、慢速三种，定量滤纸的选择应根据沉淀物的性质来定。滤纸的致密程度要与沉淀的性质相适应。胶状沉淀应选用质松孔大的滤纸，晶形沉淀应选用致密孔小的滤纸。沉淀越细，所选用的滤纸就越致密。如 $Fe_2O_3 \cdot xH_2O$ 等疏松的无定形沉淀，沉淀体积庞大，难于洗涤，需选用直径较大的（9～11cm）、疏松的快速滤纸。$BaSO_4$、CaC_2O_4 等细晶形沉淀应选直径较小（7～9cm）、致密的慢速滤纸。

② 滤纸的大小要与沉淀的多少相适应，过滤后，漏斗中的沉淀一般不要超过滤纸圆锥

高度的 1/3，最多不得超过 1/2。

2. 漏斗的选择

① 漏斗的大小与滤纸的大小相适应，滤纸的上缘应低于漏斗上沿 0.5～1cm。

② 应选用锥体角度为 60°、颈口倾斜角度为 45°的长颈漏斗。颈长一般为 15～20cm，颈的内径不要太粗，以 3～5mm 为宜（图 3-33）。

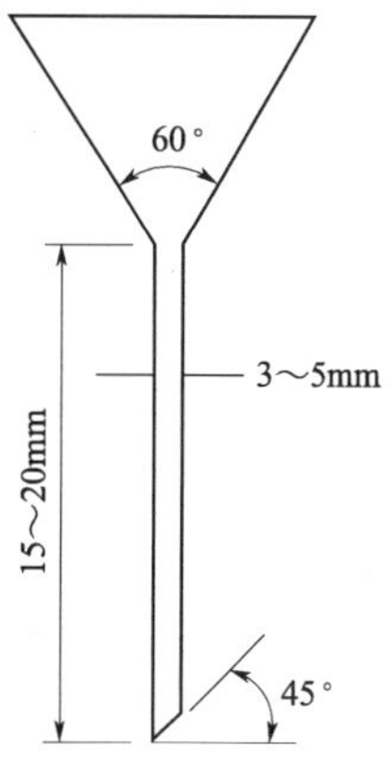

图 3-33 合格漏斗的规格

3. 滤纸的折叠和漏斗的准备

（1）滤纸的折叠和安放

选好所需要的滤纸后，先将手洗净擦干，把滤纸对折后再对折。为保证滤纸与漏斗密合，第二次对折时，不要把两角对齐，将一角向外错开一点，并且不要折死，这时将圆锥体滤纸打开放入洁净干燥的漏斗中，如果滤纸和漏斗的上边缘不十分密合，可以稍稍改变滤纸的折叠程度，直到与漏斗密合后再用手轻按滤纸，把第二次的折边折死。所得的圆锥体滤纸半边为三层，另半边为一层，为使滤纸贴紧漏斗壁，将三层这半边的外层撕掉一个角（图 3-34），最外层撕得多一点，第二层少撕一点，这样撕成梯形，将折好的滤纸放入漏斗，三层的一边放在漏斗出口短的一边。用食指按住三层的一边，用洗瓶吹水将滤纸湿润，然后轻轻按压滤纸，使滤纸的锥体上部与漏斗之间没有空隙，而下部与漏斗内壁却留有缝隙。安装好后，在漏斗中加水至滤纸边缘，这时漏斗下部空隙和颈内应全部充满水，当漏斗中的水流尽后，颈内仍能保留水柱且无气泡。若不能形成完整的水柱，可以用手堵住漏斗下口，稍稍掀起滤纸三层的一边，用洗瓶向滤纸和漏斗之间的空隙里加水，直到漏斗颈与锥体的大部分充满水，最后按紧滤纸边，放开堵出口的手指，此时即可形成“水柱”。由于“水柱”的重力产生的抽滤作用，加快了过滤的速度。如此操作后水柱仍无法形成，可能是由于漏斗内径太大（内径大于 3～5mm），或者内径不干净有油污而造成的，根据具体情况处理好后，再重新叠滤纸。

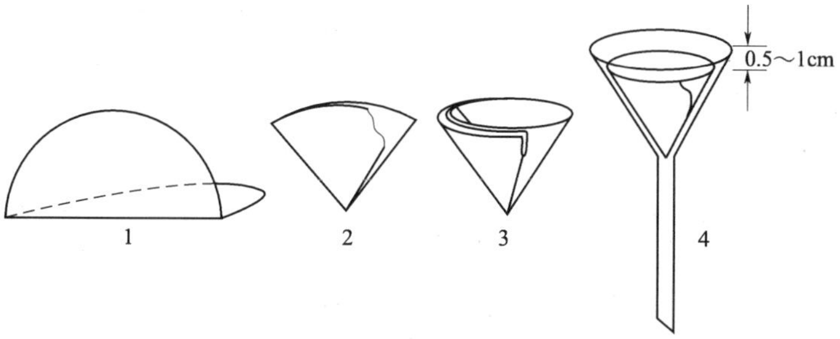

图 3-34 滤纸的折叠和安放

（2）漏斗的安放

滤纸贴好后，再用蒸馏水冲洗一次滤纸，然后将准备好的漏斗放在漏斗架上，下面放一干净的烧杯承接滤液，漏斗出口长的一边紧靠杯壁，漏斗和烧杯都要盖好表面皿，备用。

4. 过滤和洗涤沉淀

沉淀的过滤一般分为三步进行。第一步用“倾泻法”过滤上层清液，并在烧杯中初步洗涤沉淀数次；第二步转移沉淀和洗涤烧杯；第三步在滤纸上洗涤沉淀。过滤和洗涤沉淀的操作，必须不间断地一次完成。若时间间隔过久，沉淀会干涸，黏成一团，就几乎无法洗涤干净了。无论是盛着沉淀还是盛着滤液的烧杯，都应该经常用表面皿盖好。每次过滤完液体后，即应将漏斗盖好，以防落入尘埃。

(1)“倾泻法”过滤及初步洗涤沉淀

①“倾泻法”过滤 “倾泻法”适用于相对密度较大或结晶颗粒较大的沉淀。过滤前，把有沉淀的烧杯倾斜静置［图 3-35(a)］，但玻璃棒不要靠在烧杯嘴处，因为烧杯嘴处可能粘有少量沉淀。待沉淀下降后，首先过滤上层清液，将沉淀留在烧杯中，加入洗涤液初步洗涤沉淀，澄清后再滤去上层清液，经几次洗涤后，最后转移沉淀。倾泻法的主要优点是过滤开始时，不致因沉淀堵塞滤纸而减缓过滤速度。而且在烧杯中初步洗涤沉淀可提高洗涤效果。

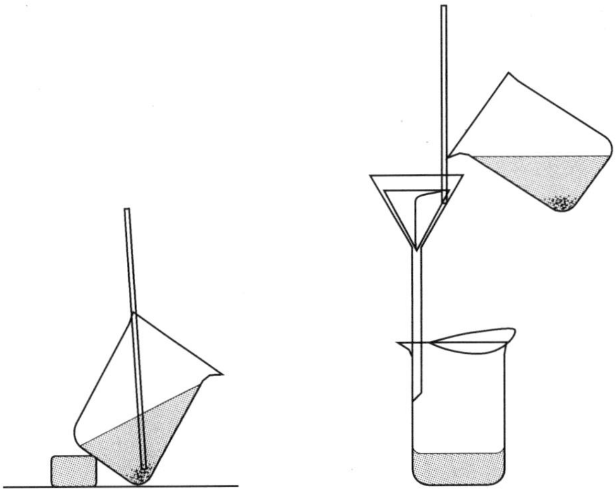

(a) 倾斜静置 (b) 过滤操作

图 3-35 倾泻法过滤

过滤操作步骤：左手拿起烧杯置于漏斗上方，右手轻轻地从烧杯中取出搅拌棒（玻璃棒）并紧贴烧杯嘴，垂直竖立于滤纸三层部分的上方，尽可能地接近滤纸，但绝不能接触滤纸（不要将玻璃棒对着滤纸锥体的中心或一层处，以免液流将滤纸冲破）。慢慢将烧杯倾斜，尽量不要搅起沉淀，把上层清液沿玻璃棒倾入漏斗中［图 3-35(b)］。倾入漏斗的溶液，最多到滤纸边缘下 5～6mm 的地方。滤液再多，沉淀就可能“爬出”滤纸到漏斗上部。应控制倾注的速度，以便沉淀上层清液的倾注过程一次完成。当暂停倾注溶液时，将烧杯沿玻璃棒慢慢向上提起一点，同时扶正烧杯，扶正时要保持玻璃棒垂直且与烧杯嘴紧贴，烧杯嘴沿玻璃棒向上提起后，才可与玻璃棒分开，这样才能使最后一滴液体顺着玻璃棒流下，不至沿着烧杯嘴流到烧杯外面去。等玻璃棒上的溶液流完后，将玻璃棒放回原烧杯中，切勿放在烧杯嘴处。在整个过滤过程中，玻璃棒不是放在原烧杯中，就是竖立在漏斗上方，以免试液损失，漏斗颈的下端不能接触滤液。溶液的倾注操作必须在漏斗的正上方进行。在漏斗内液体流尽之前就应继续倾注。

过滤开始后，随时观察滤液是否澄清，若滤液不澄清，则必须另换一洁净的烧杯承接滤液，用原漏斗将滤液进行第二次过滤，若滤液仍不澄清，则应更换滤纸重新过滤（在此过程中保持沉淀及滤液不损失）。第一次所用的滤纸应保留，待洗。

② 初步洗涤沉淀 当清液倾注完毕，即可进行初步洗涤，选用什么洗涤液，应根据沉

淀的类型和实验内容而定。

洗涤时，沿烧杯壁旋转着加入 10～20mL 洗涤液（或蒸馏水）吹洗烧杯四周内壁，充分搅拌，待沉淀下沉后，按“倾泻法”过滤，如此重复洗涤数次。洗涤的次数根据沉淀的性质而定，晶形沉淀洗涤 3～4 次，无定形沉淀洗涤 5～6 次。每次待滤纸内洗涤液流尽后再倾注下一次洗涤液。如果所用的洗涤液总量相同，为提高洗涤效率，按“少量多次”的原则进行。

（2）转移沉淀和洗涤烧杯

初步洗涤几次后，再进行沉淀的转移。向盛有沉淀的烧杯中加入少量洗涤液（加入量应不超过漏斗一次能容纳的量），搅起沉淀，立即将悬浊液沿玻璃棒倾入漏斗中，如此反复几次，尽可能地将沉淀都转移到滤纸上。

烧杯中残留的少量沉淀，特别是杯壁上附着的沉淀，则可按图 3-36 所示，用左手把烧杯拿在漏斗的上方，烧杯嘴向着漏斗，拇指在烧杯嘴的下方，同时右手把玻璃棒从烧杯中取出横放在烧杯口上，使玻璃棒的下端伸出烧杯嘴 2～3cm，此时用左手食指按住玻璃棒的较高地方，倾斜烧杯使玻璃棒下端指向滤纸三层一边，用洗瓶吹洗整个烧杯内壁，使洗涤液和沉淀沿玻璃棒流入漏斗中（注意勿使溶液溅出）。

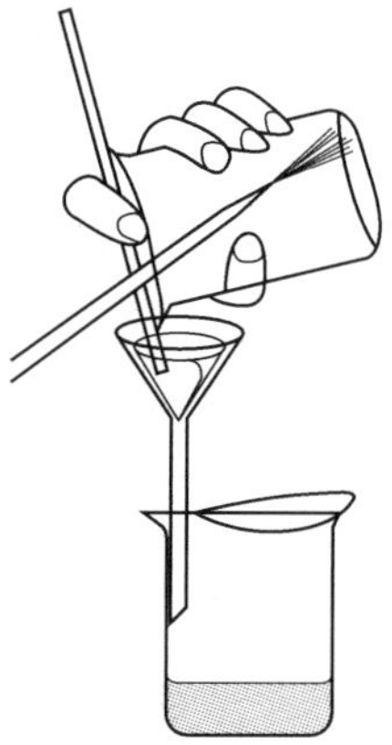

图 3-36 残留沉淀的转移

图 3-37 沉淀帚

图 3-38 在滤纸上洗涤沉淀

若还有少量沉淀牢牢地粘在烧杯壁上，吹洗不下来，可用撕下的滤纸角擦净玻璃棒和烧杯内壁，将擦过的滤纸角放在漏斗里的沉淀上。也可用沉淀帚（图 3-37）在烧杯内壁自上而下、从左向右擦洗烧杯上的沉淀，然后洗净沉淀帚。沉淀帚一般可自制，剪一段乳胶管，一端套在玻璃棒上，另一端用橡胶胶水黏合，用夹子夹扁晾干即成。擦净烧杯内壁，然后用洗瓶吹洗沉淀帚和杯壁，然后用洗瓶吹洗沉淀和杯壁，并在明亮处仔细检查烧杯内壁、玻璃棒、沉淀帚、表面皿是否干净。

（3）在滤纸上洗涤沉淀　沉淀全部转移至滤纸上后，接着要进行洗涤，目的是除去吸附在沉淀表面的杂质及残留液。洗涤方法是，水流从滤纸上缘开始往下作螺旋形移动，将沉淀冲洗到滤纸的底部（图 3-38），这样，可使沉淀洗得干净且可将沉淀集中到滤纸的底部。为了提高洗涤效率，应掌握洗涤方法的要领。洗涤沉淀时要少量多次，即每次螺旋形往下洗涤时，所用洗涤剂的量要少，以便于尽快沥干，沥干后，再进行洗涤。如此反复多次，直至沉淀洗净为止。通常称为“少量多次”原则。晶形沉淀一般至少洗涤 8～10 次，无定形沉淀洗涤次数还要多些。当洗涤 7～8 次以后，可以检查沉淀是否洗净。如果滤液中的成分也要分析时，检查过早会损失一部分滤液而引入误差。

检查时用一洁净的试管（表面皿也可以）承接1～2滴滤液，根据不同实验的要求，选择杂质中最易检验的离子，用灵敏、快速的定性反应来检验沉淀是否洗干净，例如用 $AgNO_3$ 溶液检验 Cl^- 等。

（二）用微孔玻璃漏斗或玻璃坩埚过滤

微孔玻璃漏斗或玻璃坩埚的选用及洗涤见第二章第六节内容。微孔玻璃漏斗（坩埚）必须在抽滤的条件下，采用倾泻法过滤。操作步骤如下。

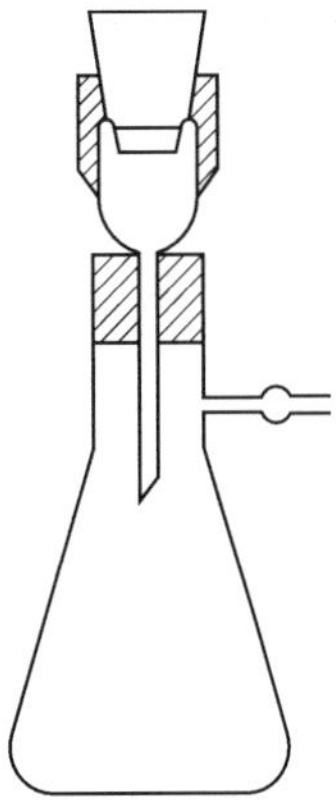

图 3-39 抽滤瓶

① 微孔玻璃坩埚的准备 选择合适孔径的玻璃坩埚，用稀盐酸或稀硝酸浸洗，然后用自来水冲洗，再把玻璃坩埚安置在具有橡皮垫圈的抽滤瓶上（图3-39），用抽水泵抽滤，在抽气下用纯水冲洗坩埚。冲洗干净后在与干燥沉淀相同的条件下，在烘箱中烘至恒重。

② 过滤与洗涤 过滤与洗涤的方法和用滤纸过滤相同，都采用倾泻法过滤，所以其过滤、洗涤、转移沉淀等操作均与滤纸过滤法相同。只是应注意，开始过滤前，先倒滤液于玻璃坩埚中，然后再打开水泵，每次倒入滤液不要等吸干，以免沉淀被吸紧，影响过滤速度。过滤结束时，先要松开吸滤瓶上的橡皮管，最后关闭水泵，以免倒吸。

③ 擦净搅拌棒和烧杯内壁上的沉淀时，只能用沉淀帚，不能用滤纸。

五、沉淀的烘干、炭化、灰化和灼烧

（一）干燥器的准备和使用

干燥器是保持试剂干燥的容器，由厚质玻璃制成。其上部是一个磨口的盖子，中部有一个有孔洞的活动瓷板，瓷板下放有干燥剂，瓷板上放置装有需干燥存放试剂的容器。

使用时首先擦净干燥器的内壁及外壁，将多孔瓷板洗净烘干，把干燥剂筛去粉尘后，借助纸筒放入干燥器中，如图3-40所示，应避免干燥剂沾污内壁的上部，再放上多孔瓷板。在干燥器的磨口上涂上一层薄而均匀的凡士林，盖上干燥器盖。

干燥剂一般选用变色硅胶，此外还可以用无水 $CaCl_2$ 等。由于各种干燥剂吸收水分的能力都是有一定限度的，因此干燥器中的空气并不是绝对干燥，而只是湿度相对降低而已。所以灼烧和干燥后的坩埚和沉淀，如在干燥器中放置过久，可能会吸收少量水分而使质量增加，这点需加注意。

开启干燥器时，左手按住干燥器的下部，右手按住盖子上的圆顶，向左前方推开干燥器盖，如图3-41所示。盖子取下后，将其倒置在安全的地方（注意要磨口向上，圆顶朝下），也可拿在右手中，用左手放入（或取出）坩埚或称量瓶，及时盖上干燥器盖。加盖时，左手按住干燥器的下部，右手拿住盖子上的圆顶，沿水平方向推移盖好。

将坩埚或称量瓶等放入干燥器时，应放在瓷板圆孔内。称量瓶若比圆孔小时则应放在瓷板上。

若将坩埚等热的容器放入干燥器后，应连续推开干燥器盖1～2次。温度很高的物体必须冷却至室温或略高于室温，方可放入干燥器内。

搬动或挪动干燥器时，应该双手上下握住干燥器盖，以防止滑落打碎（图 3-42）。

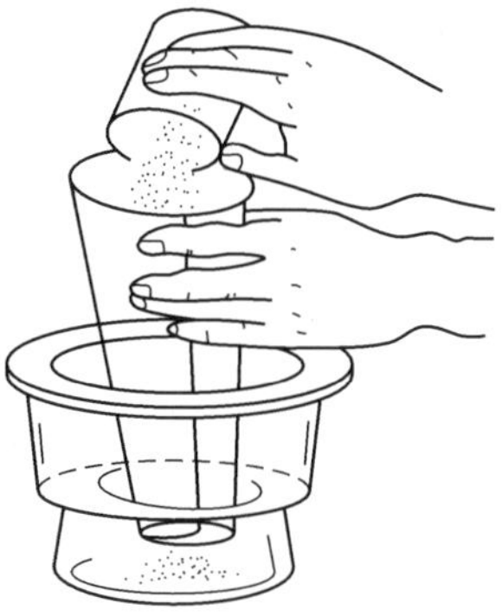

图 3-40　干燥剂加入

图 3-41　打开干燥器

图 3-42　挪动干燥器

干燥器内不准存放湿的器皿或沉淀。

（二）坩埚的准备

灼烧沉淀常用瓷坩埚。

1. 洗净、编号

使用前需用稀盐酸等溶剂洗净、晾干或烘干，随即在坩埚和盖上进行编号。编号所用的溶液可以是蓝黑墨水、$K_4Fe[CN]_6$ 溶液或者是加有少许氯化钴粉末的饱和硼砂溶液。

2. 灼烧至恒重

将洗净、编号的空坩埚放入高温炉中灼烧至恒重。空坩埚灼烧的温度和时间、冷却的时间、干燥剂的种类以及称量的时间等条件，应与装有沉淀时相同。第一次灼烧半小时左右，灼烧后的坩埚取出，放在空气中冷却至红热稍退后，放入干燥器中，冷至室温（需 30～60min），称量。冷却应在天平室中进行，与天平温度相同时再进行称量。然后进行第二次灼烧，灼烧 20min 左右，稍冷后，再转入干燥器中，冷至室温，再称量。如此重复灼烧，直到连续两次称重，质量相差不大于 0.2mg，此时认为坩埚已达到恒重。

（三）沉淀的包裹

1. 晶形沉淀的包裹

晶形沉淀一般体积较小，有两种包裹方法。

（1）滤纸折卷包裹法

① 用洁净的药铲或尖头玻璃棒将滤纸的三层部分掀起，用干净的手拿住滤纸的三层部分，把滤纸锥体取出。注意手指不要碰到沉淀。

② 按图 3-43 所示，将滤纸打开成半圆形，自右端 1/3 半径处向左折叠。

③ 再从上边向下边折，然后自右向左卷成小卷。

④ 把折好的滤纸包放入已恒重的坩埚中，层数较多的一边向上，以便炭化和灰化。

（2）滤纸折叠包裹法

其步骤如图 3-44 所示。

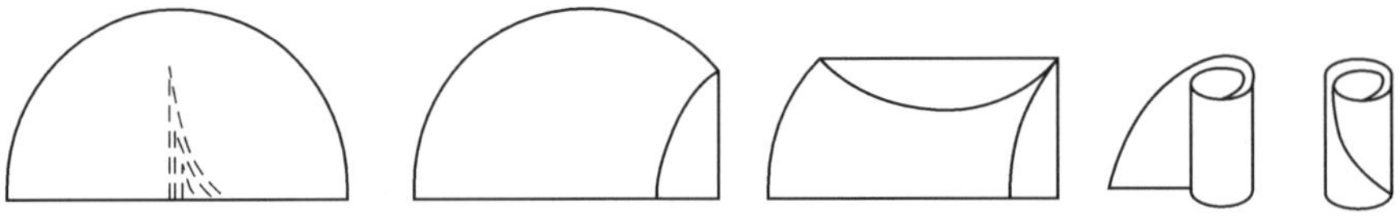

图 3-43 晶形沉淀滤纸折卷包裹法

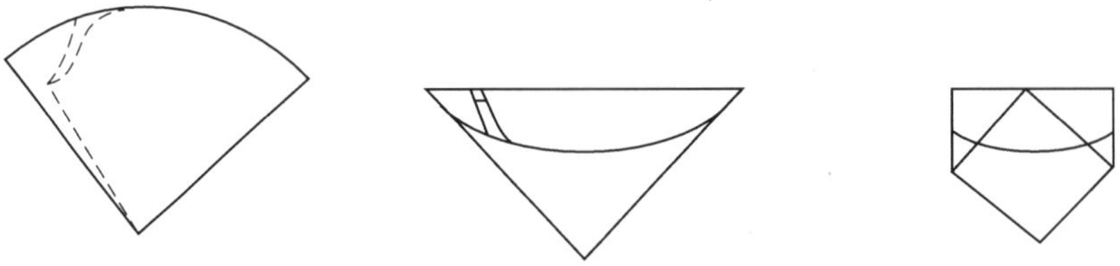

图 3-44 晶形沉淀滤纸折叠包裹法

① 把滤纸锥体取出后（取法同前）不打开而折成四折，撕去一角的地方应在边缘。

② 然后将上边向下折（三层部分在外面）。

③ 再将左右两边向里折，尖端（即有沉淀的地方）向下，放在已恒重的坩埚内。

2. 胶状沉淀的包裹

对于胶状沉淀，由于体积一般较大，不宜用上述包裹方法，应在漏斗中进行包裹。用偏头玻璃棒将纸边挑起，向中间折叠，将沉淀全部盖住（图 3-45）。用玻璃棒轻轻按住滤纸包，旋转漏斗颈，慢慢将滤纸包从漏斗的锥底移至上沿，这样可擦下黏附在漏斗上的沉淀。将滤纸包移至恒重的坩埚中，尖头向上，仍使三层部分向上。再仔细检查原烧杯嘴和漏斗内是否残留沉淀。如有沉淀可用准备漏斗时撕下的滤纸再擦拭，一并放入坩埚内，然后将沉淀和滤纸进行烘干。

图 3-45 胶状沉淀的包裹

（四）沉淀和滤纸的烘干

沉淀和滤纸的烘干应在高温炉外进行，一般使用酒精灯或煤气灯。先调好泥三角位置的高低，将放有沉淀的坩埚斜放在泥三角上（注意，滤纸的三层部分向上），坩埚底部枕在泥三角的一边上，坩埚口朝泥三角的顶角。把坩埚盖斜倚在坩埚口的中上部［图 3-46(a)］。为使滤纸和沉淀迅速干燥，应该用反射焰，即用小火加热坩埚盖中部［图 3-46(b)］，则热空气流便进入坩埚内部，而水蒸气从坩埚上面逸出，从而使滤纸和沉淀烘干。

（五）滤纸的炭化和灰化

滤纸和沉淀干燥后（这时滤纸只是被干燥，而不变黑），将煤气灯逐渐移至坩埚底部［图 3-46(c)］，稍稍加大火焰，使滤纸层变黑而炭化。此时应控制火焰大小，使滤纸只冒烟而不着火。注意火力不能突然加大，如果温度升高太快，滤纸会生成整块的炭，需要较长时间才能将其完全灰化。如果遇滤纸着火，可用坩埚盖盖住，使坩埚内火焰熄灭（切不可用嘴吹灭），同时移去煤气灯。火熄灭后，将坩埚盖移至原位，继续加热至全部炭化。炭化后加大火焰，使滤纸灰化，滤纸灰化后应该不再呈黑色。为了使坩埚壁上的炭完全灰化，应该随时用坩埚钳夹住坩埚转动，注意每次只能转一极小的角度，以免转动过于剧烈时，沉淀

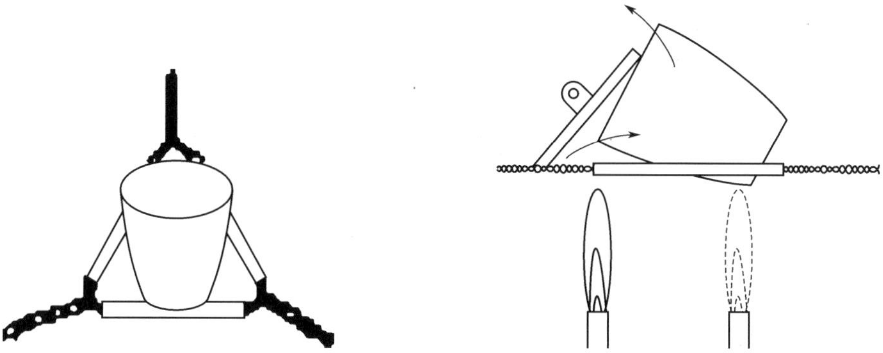

(a) 坩埚的放置　(b) 沉淀和滤纸的烘干　(c) 滤纸的炭化和灰化

图 3-46　坩埚的放置、沉淀和滤纸的烘干及滤纸的炭化和灰化

飞扬。

沉淀的干燥、炭化和灰化也可在电炉上进行，应注意温度不能太高，坩埚直立放置，坩埚盖不能盖严，其他操作和注意事项同前。

（六）沉淀的灼烧与称量

滤纸灰化后，将坩埚移入高温炉中（根据沉淀性质调节适当温度），盖上坩埚盖，应留有空隙。在与空坩埚相同的条件下（定温定时）灼烧至恒重。用预热的坩埚钳从高温炉中取出坩埚时，将坩埚移至炉口，至红热稍退后，再将坩埚从炉中取出放在洁净瓷板上。在夹取坩埚时，坩埚钳应预热。待坩埚冷至红热退去后，再将坩埚转至干燥器中，盖好盖子，随后需开启干燥器盖 1～2 次。在干燥器冷却时，原则是冷却到室温，一般需 30～60min。要注意，每次灼烧，称量和放置的时间都要保持一致。称重前，应对坩埚与沉淀总重量有所了解，力求迅速称量。重复时可先放好砝码。

若用煤气灯灼烧，则将坩埚直立于泥三角上，盖严坩埚盖，在氧化焰上灼烧至恒重。切勿使还原焰接触坩埚底部，因还原焰温度低，且与氧化焰温度相差较大，以致坩埚受热不均匀而容易损坏。

此外，某些沉淀在烘干后即可得到一定组成时，就不需在瓷坩埚中灼烧；而热稳定性差的沉淀也不宜在瓷坩埚中灼烧。这时，可用微孔玻璃坩埚烘干至恒重即可。微孔玻璃坩埚放入烘箱中烘干时，应将它放在表面皿上进行。根据沉淀性质确定干燥温度。一般第一次烘干约 2h，第二次约 45min。如此重复烘干，称量，直至恒重为止。

总之，不同的沉淀步骤不尽相同，应根据具体情况而定。下面是晶形沉淀硫酸钡和有机沉淀镍的丁二酮肟沉淀法的重量分析过程。

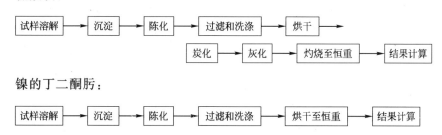

硫酸钡：

试样溶解 → 沉淀 → 陈化 → 过滤和洗涤 → 烘干 →

炭化 → 灰化 → 灼烧至恒重 → 结果计算

镍的丁二酮肟：

试样溶解 → 沉淀 → 陈化 → 过滤和洗涤 → 烘干至恒重 → 结果计算

第四节 紫外-可见分光光度计

分光光度计是利用物质对不同波长的光选择吸收的现象，进行定性和定量分析的仪器。分光光度计的类型比较多，但主要部件相同。本书主要介绍两种分光光度计的仪器结构及其使用方法等。

一、722 型光栅分光光度计

（一）性能与结构

722 型光栅分光光度计由光源室、单色器、样品室、光接收器、对数转换器、数字电压表及稳压电源等部分组成。

仪器结构框图如图 3-47 所示。

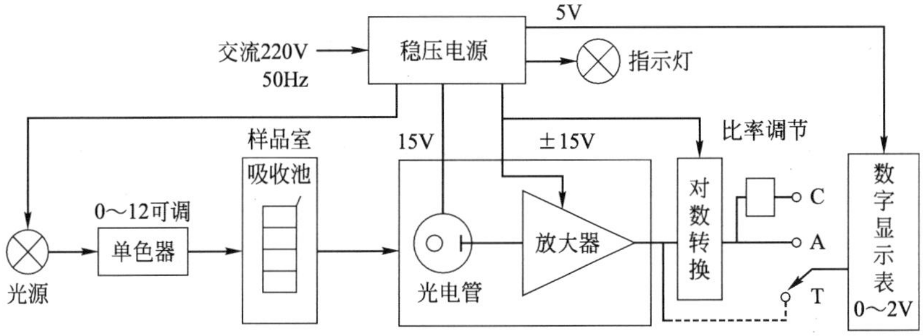

图 3-47 722 型光栅分光光度计仪器结构框图

光源发出白炽光，经单色器色散后，以单色光的形式经狭缝透射到样品池上，再经样品池吸收后入射到光电管转换成光电流。产生的光电流由数字显示器直接读出吸光度 A 或透射比 T。

722 型光栅分光光度计采用单光束交叉对称水平成像系统。其光路图如图 3-48 所示。

光源发出的连续谱白炽光经聚光镜 1 汇聚后，从入射狭缝投射到准直镜上，被准直后入射到光栅上。光栅将入射光衍射色散为按波长分布的光谱，然后聚光镜 2 将所需要波长的单色光汇聚到出射狭缝。由出射狭缝射出的光再经聚光镜 3 汇聚，进入样品池，被样品选择吸收后进入光电管转换成光电信号。

仪器外形、面板如图 3-49 所示，主要操作旋钮及按键分别说明如下。

（二）仪器操作规程

① 打开样品室盖（或插入挡光杆），开启电源，指示灯亮，测量方式选择开关置于“T”，逆时针调节波长选择钮，波长调至测量波长。仪器预热 25min。

② 调节“T＝00.0” 打开样品室盖，调节透射比调零旋钮（0％T ADJ），使 T 的读数为零。如果不行，须用螺丝刀通过侧板调节零位粗调旋钮（0％T ADJ COARSE），使 T 接近 0 点后，再用 0％T ADJ 旋钮调到零。

③ 调节 T＝100％ 将参比溶液的比色皿放入比色皿座架中的第一格内，样品溶液放在

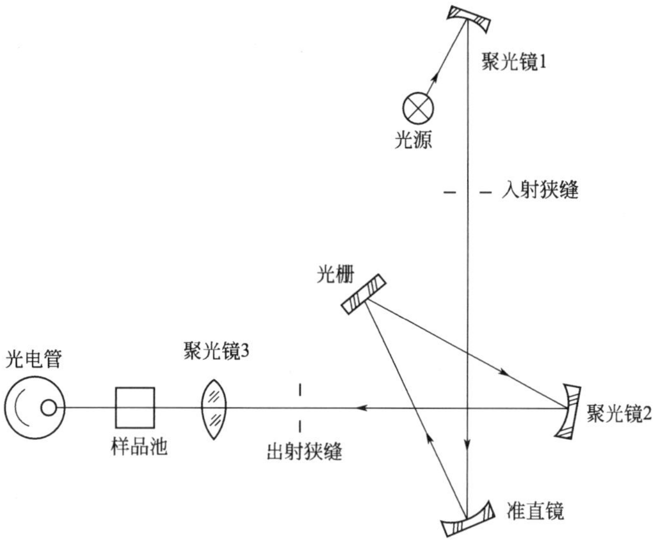

图 3-48 722 型光栅分光光度计光路图

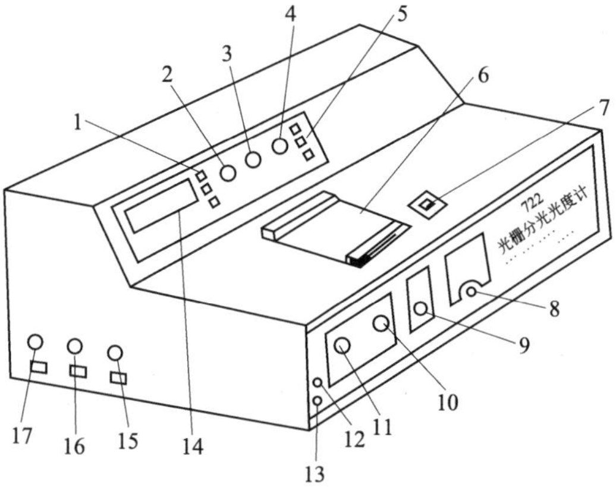

图 3-49 722 型光栅分光光度计仪器外形图

1—测量方式（RANGE）选择。仪器有以下三种方式可供选择，按下相应键后即完成该选择；T：仪器工作于透射比测定方式，读数范围 0～100%；Abs：仪器工作于吸光度测定方式，读数范围 0～1.999；Conc：仪器工作于浓度测量方式。仪器用某一已知浓度的标准样品作校定；2—CONC。在仪器工作于浓度测量方式时，调节本旋钮，可以使表头显示的读数与标准溶液的读数一致；以后在测试待测样品时，则可直接读出测得的浓度数值；3—ABSO（FINE）。消光值细调旋钮；在 T=100%时，将 A 细调零；4—0%T ADJ（透射比 T 调零）。打开样品室盖，光电管暗盒光门自动关闭。光电管处于无辐射状态。调节此旋钮，可以补偿暗电流，使 T 的读数为 0；当调零困难或无法调零时，可先调节侧板上的零位粗调 15［0%TAD J（COARSE）］，然后再细调本旋钮；5—POINT（小数点）。选择按键，在浓度测量方式工作时，选择 1、2、3 中的任一键可以选择显示数据的小数点位置；当仪器按上面所述调节 CONC，并正确选择小数点后，可以极方便地直接读出带小数点的浓度读数；6—样品室盖；7—波长读数框，直接读出以 nm 为单位的波长值；8—池转换拉杆（Cell Changeover），拉动拉杆，可以选择进行测量的比色池（有四个池位置可供选择使用）；9—波长选择（Wavelength Select），转动此旋钮可以选择波长。顺时针方向旋转时，波长增加；10—BRIGHTNESS ADJ（FINE）（亮度调节细），用于细调光源亮度以实现 100%T 调节；11—BRIGHTNESS ADJ（COARSE）（亮度调节粗），用于粗调光源亮度以实现 100%T 调节；12—电源指示灯；13—电源总开关；14—三位半数字显示表；15—零位调节（0%T ADJ COARSE），对暗电流进行粗补偿，实现 T 粗调零；16—消光调零（ABS 0 COARSE），在 T=100.0%时，实现 A 的粗调零；17—K 值调节（K MODIFY），在对数转换（即吸光度 Abs 测量）工作方式，当 T=10.0%时，A 应为 1；在此关系不能满足时，调节本旋钮，修正转换 K 值，可将 A 修正到 1

其他格内，把样品室盖轻轻盖上，拉池转换拉杆，将参比溶液移入光路，调节粗或细亮度调节旋钮，使 T 的读数为 100%。将测量方式由 T 转至 A，此时 A 的读数应为 0.000。

④ 预热后，按步骤②、③连续几次调整“00.0”和“100%”，仪器即可进行测定工作。根据要求可选择步骤⑤～⑦中的一种方式进行操作。不管哪种测量方式，步骤②、③必须进行。

⑤ 透射比 T 的测量　按下 RANGE 选择中的 T 键，使仪器工作于透射比测量方式。然后将被测样品溶液移入光路，显示值即为被测样品溶液透射比的值。

⑥ 吸光度 A 的测量　将测量方式按键 RANGE 中的 ABS 键按下，仪器即自动转入吸光度 A 测量方式。然后将被测样品溶液移入光路，显示值即为被测样品吸光度的值。

当样品的吸收过大，T 不足 1.0%时，A 超过 2，数据溢出数显表的显示范围。这时需提高参比溶液的 A 值或稀释样品溶液后，再做测试。

⑦ 浓度 c 的测量　先选择 RANGE 选择键中的 CONE 键后，仪器即自动进入浓度测试状态。将已知浓度的溶液移入光路，调节浓度旋钮，使数显表上的读数为标称值。然后按下相应小数点按键，使显示数据的小数点位置与标称值小数点位置相同。将被测样品溶液移入光路中，显示值即为被测样品溶液的浓度值。

⑧ 如果大幅度改变测量波长，光源亮度也会大幅度变动，要稍等片刻，待仪器稳定后，重新调整 T 为“00.0”和“100%”后，仪器方可工作。

（三）注意事项

① 测定波长在 360nm 以上时，可用玻璃比色皿，测定波长在 360nm 以下时，需用石英比色皿。

② 比色皿每次使用完毕后，应洗净、晾干，放入比色皿盒中，擦拭比色皿应用细软吸水布或擦镜纸，取用时用手捏住比色皿毛玻璃的两面，不能用手触摸光学面的表面。

③ 每套仪器配套的比色皿不能与其他仪器的比色皿单个调换。因损坏需增补时，应经校正后才可使用。

④ 旋转仪器旋钮时，一定要轻轻转动。

⑤ 灵敏度挡分五挡，“1”挡灵敏度最低。选挡原则是：当空白溶液调“100”时，在保证调到“100”的前提下，应选择灵敏度较低的挡，以保证仪器有较高的稳定性，灵敏度改变，需重新校正“0”和“100”。

⑥ 如大幅度调整波长时，需等数分钟才能工作，因为光能量变化急剧，使光电管受光后响应缓慢，需一段光响应平衡时间。

⑦ 每改变一次波长，都须用参比溶液校正“0”和“100”。

⑧ 开启关闭样品室盖时，需轻轻地操作，防止损坏光门开关。

⑨ 预热仪器和不测量时，应使样品室盖处于开启状态，否则会使光电管疲劳，数字显示不稳定。

⑩ 安放仪器的四周应干燥，用完后用套子套好仪器并放入防潮硅胶，单色光器内的防潮硅胶应及时更换。

⑪ 仪器搬动或移动时，小心轻放。

二、UV-2100紫外-可见分光光度计（双光束全自动扫描型）

（一）性能与结构

UV-2100型双光束紫外-可见分光光度计（见图3-50）依据相对测量原理进行分析测试，可对物质进行定性和定量分析。

图3-50　UV-2100型双光束紫外-可见分光光度计

分光光度计主机由光源、单色器、分束系统、检测系统、计算机接口、电源等部分组成。仪器框图如图3-51所示，其中单色器采用平面全息光栅分光，确保仪器具有较小的杂散光和调试简便的特点。

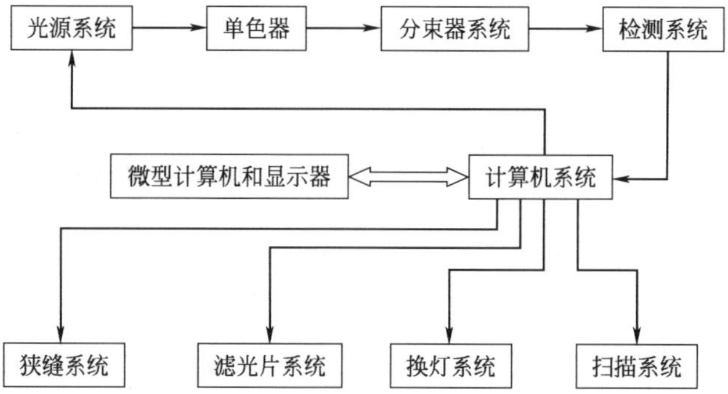

图3-51　UV-2100型双光束紫外-可见分光光度计仪器框图

为保证仪器运行准确可靠，波长扫描系统采用了软轴连接的低噪声传动机构。同时在多处运行部位，设置了检测和保护开关，确保仪器使用中的安全。

（二）仪器操作规程

1. 测量步骤

① 首先开启分光光度计电源（开关在仪器左侧面），钨灯自动点燃，经6s左右，氘灯自动点燃，可听到声音。首次开机，应先预热30min，再进行仪器自检。

② 开启显示器电源。然后开启计算机系统电源，计算机系统开机后，首先进行一系列本系统自检，当自检完成后将自动进入Windows操作系统。

③ 启动UV-2100紫外-可见分光光度计应用程序，软件将自动进入到自检画面。仪器自

检后，出现工作界面（见图 3-52）。

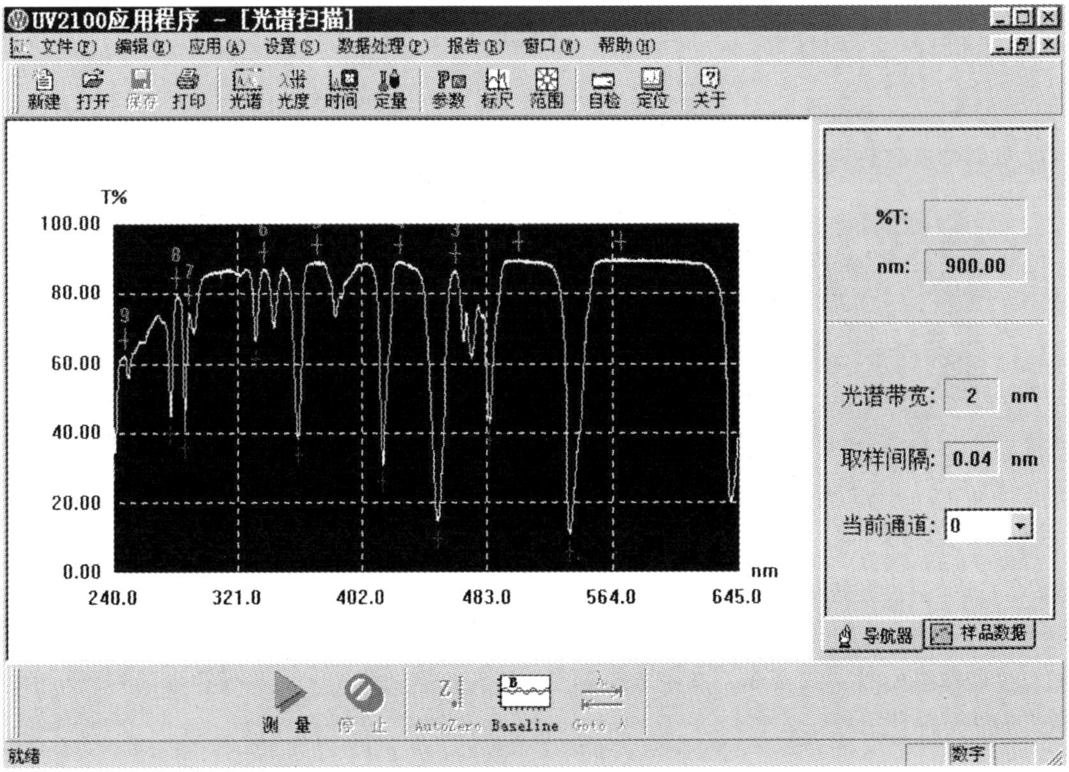

图 3-52 UV-2100 型双光束紫外-可见分光光度计工作界面图

④ 狭缝选择，狭缝选择项在仪器的自检画面的最上面，用鼠标选中要使用的狭缝，仪器自动控制切换狭缝；如果不选择，系统默认选择 2nm 狭缝。

⑤ 按回车或用鼠标单击“开始”按钮，便可启动自检程序。自检完成后，按下“确定”键后，仪器可以进入正常测量工作。

⑥ 点击工具栏上的“光谱”功能项，在菜单中点“设置-自动调节”，将自动设置最恰当地范围，以使所有数据都能恰当地显示在显示器上。

2. 测量方式

（1）光谱扫描测量方式

① 点击工具栏上的“光谱”功能项，进入光谱扫描测量后，首先点击参数项，进行参数设置。

② 设置好参数后，将参比池和样品池加入参比溶液，盖好样品室盖。按下下面显示窗“baseline”命令按钮，仪器将自动进行基线校正，不改变参比溶液和测量波长范围的情况下，只需校准一次。

③ 在样品池中加入样品液，单击“测量”命令按钮。当进行样品扫描测量时，显示器上将会动态显示实时图谱、当前波长位置及对应的测量数据。在测量中途，若用户想中断实时测量，可单击“停止”按钮，便可中断测量；测量结束后，一切动态显示将停止。

④ 测量完成后，点击工具栏上的“标尺”，显示一垂直滚动条可观察数据。点击测量图谱右侧的“样品数据”也可观察数据。单击“保存”按钮可储存当前图谱。单击“打印”按

钮，便可通过连接好的打印机打印出当前的扫描图谱。

⑤ 在光谱扫描的页面右边有“导航器”与“样品数据”两个页面，点击可以进行显示切换。

⑥ 单击菜单栏的“数据处理”下的图谱处理菜单功能项，便可进行图谱处理。

a. 标尺查数：选择工具栏上“标尺”钮或选择菜单“数据处理-标尺查数”选项，会出现一垂直滚动条，左右挪动鼠标，或按键盘方向键，可使标尺移动到要观察的测量点，当前标尺指示的测量点的数据将显示在右方的导航器中。

b. 峰谷检测：单击“峰谷检测”按钮，在对话框中由数字键输入峰谷检测灵敏度数值，然后单击“确定”按钮，显示器上便显示出峰谷检测后的图谱，并在峰谷波长处做出标记，绿“+”为峰，红“+”为谷，同时显示检测的峰谷数值，数据后面的 P 代表峰值，V 代表谷值（注：峰谷检测出的峰谷个数取决于所输入的检测灵敏度的大小）。

c. 计算：单击“光谱变换”可以进行 Abs 与 $T\%$转换、平滑、对数、倒数和最多四阶导数的计算。

⑦ 关机前退出应用程序，再关计算机电源。

（2）定波长测量方式

① 单击工具栏上“光度”功能项，进入定波长测量方式。

② 进行参数设置，在此可选择测量方式和波长个数、输入波长值和平均次数，平均次数越多，测量的重复性越好。

③ 在测量前，必须进行校准。设置好参数后，在参比池和样品池中加入参比溶液，盖好样品室盖。按下“AutoZero”按钮，不改变参比溶液和测量波长范围的情况下，只需校准一次；在样品池中加入样品液。

④ 单击“测量”命令按钮，进行测量操作。

（3）定量测量方式

单击主菜单下“定量”按钮，进入定量测量方式后，点击“参数”按钮，进入参数选择对话框，选择单波长标准系数法。

① 浓度法。在定量测量参数设置对话框中，输入测量波长值，选择拟合方式，选择是否要将零点作为拟合的有效值，输入标样浓度个数，同时在浓度标样中输入对应的浓度值，设置完毕后，按下“确定”按钮，进入测量界面。

先在参比池和样品池中放入参比液进行校零，按下“AutoZero”按钮，仪器将自动进行校准。

a. 按下“Standard”按钮，此键将变成“Unknown”（此键用以切换标样与未知样的测量页面），同时进入浓度标样的测量界面，此时依照参数设置的标样值，在样品池中加入对应的浓度标样，按下“测量”，输入此时浓度标样对应的标样号，确定后仪器开始测量，依次测量完所有的标样后，标准曲线也同时自动生成。

b. 用标样建立好曲线后，按下“Unknown”按钮，此键将变成“Standard”，同时进入测量界面，在样品池中放入待测样品，按下“测量”按钮，仪器开始测量。

② 系数法。如果已知拟合函数，则直接将已知的函数参数输入其中，可以免除测量标样的过程。测量前首先进行校零，将参比池和样品池中放入参比溶液，按下“AutoZero”按钮，仪器将自动进行校零，然后可以进行测量。

注：以上仅为样品的常规测试，其他非常规的测试及数据处理请参考仪器使用说明书，

按照具体情况设定操作参数，进行测定。

（三）注意事项

① 电源状态不好的单位，应装有抗干扰净化稳压电源，以保证仪器稳定可靠工作。

② 全系统各部分的部件、零件、器件不允许随意拆卸。

③ 不允许用酒精、汽油、乙醚等有机溶液擦洗仪器。

④ 高湿热地区请注意仪器防潮，特别是仪器久置不用的单位，应定期通电驱潮。

⑤ 使用中如不在 340nm 以下波段使用，可在仪器自检通过以后关闭氘灯，以延长其使用寿命。

⑥ 开、关机时，应遵守开、关机原则。即开机时先开主机电源，等大约 10s 氘灯点燃后开计算机电源。关机前退出应用程序，关机时，先关计算机电源。

三、吸收池和比色管

吸收池也称比色皿，为长方体，其底及两侧为毛玻璃，另两侧为光学玻璃制成的透光面。所以使用时应注意：凡含有腐蚀玻璃的物质的溶液（特别是碱性物质）不得长期盛放在比色皿中；拿取比色皿时，只能用手指接触两侧的毛玻璃，避免接触透光面；同时注意轻拿轻放，防止外力对比色皿的影响；不能将比色皿放在火焰或电炉上进行加热或干燥箱内烘烤；当发现比色皿里面被污染后，应用无水乙醇清洗，及时擦拭干净；不得将比色皿的透光面与硬物或脏物接触。盛装溶液时，高度为比色皿的 2/3 处即可，光学面如有残液可先用滤纸轻轻吸附，然后再用镜头纸或丝绸擦拭。

比色管是化学实验中用于目视比色分析实验的主要仪器，可用于粗略测量溶液浓度。比色管外形与普通试管相似，但比试管多一条精确的刻度线并配有橡胶塞或玻璃塞，且管壁比普通试管薄，常见规格有 10mL、25mL、50mL 三种。比色时配制一系列标准溶液装入比色管中，将待测溶液装入另一支比色管中，再将装待测溶液的比色管与所配制的标准溶液进行比色（比色即将颜色进行对比），即可粗略得出待测溶液的浓度。比色时一次只将装待测溶液的比色管与一支装标准溶液的比色管进行对比，对比的方法是将两支比色管置于光照程度相同的白纸前面，用肉眼观察颜色差异。使用比色管时应注意，比色管不是试管，不能加热，且比色管管壁较薄，要轻拿轻放；同一比色实验中要使用同样规格的比色管；清洗比色管时，不能用硬毛刷刷洗，以免磨伤管壁影响透光度；比色时一次只拿两支比色管进行比较，且光照条件要相同。

第五节 原子吸收分光光度计

一、GGX-1 型原子吸收分光光度计

（一）性能与结构

GGX-1 型原子吸收分光光度计是单道单光束型原子吸收光谱仪，结构简单，操作方便，能满足一般分析的基本要求。仪器主要由锐线光源、火焰原子化器、分光器和检测器四部分组成。GGX-1 型原子吸收分光光度计面板功能如图 3-53 所示。

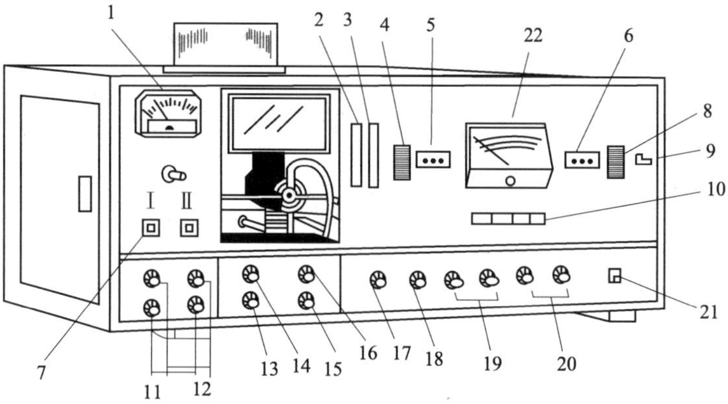

图 3-53 GGX-1 型原子吸收分光光度计面板功能图

1—灯电流表；2—助燃气流量计；3—燃气流量计；4—狭缝调节；5—狭缝宽度指示；6—波长指示；7—灯电源开关；8—手动波长调节；9—电动波长调节；10—A/T 测量选择开关；11，12—灯电流粗细调节；13—助燃气转换开关；14～16—气体调节；17—光电倍增管负高压调节；18—调零；19—曲线校直；20—标尺扩展；21—主机电源开关；22—读数表头

（二）仪器操作规程

GGX-1 型原子吸收分光光度计开机前应先确认仪器的燃气和助燃气开关是关闭的。具体操作步骤如下。

① 开启稳压电源开关。

② 安装待测元素空心阴极灯（在仪器左侧门内）：

a. 旋转灯架上滚花锁扣，将灯架侧架打开；

b. 将元素灯接上供电插座Ⅰ或Ⅱ（只有一个方向可以插入），放入灯架中，并关闭灯架侧盖，旋转灯架上滚花锁扣，使元素灯安装牢固。

注意：在灯架上切勿旋开锁扣，以免灯弹出损坏！换灯时需要一手罩住元素灯，另一手旋转锁扣，以免灯弹出损坏！

③ 将灯电流指示钮旋到待测元素空心阴极灯所安装的位置（Ⅱ）。

④ 调节灯电流“粗调”为实验所需电流。

⑤ 调节“灵敏度”“曲线校直”“调零”旋钮置于“0”“标尺扩展”粗调旋钮置于“×1”，细调置于“10”点。

⑥ 打开主机电源开关，指示灯亮。

⑦ 打开待测元素空心阴极灯电源开关，指示灯亮，待灯稳定后，用“细调”钮调节所需的灯电流。

⑧ 按下透过率选择开关（$T\%$）。

⑨ 按实验要求调节狭缝宽度。拨动波长电动开关，调至所测元素分析线波长附近，用手动波长调节，找到待测元素波长（以表头指针向右偏转最大为准，若读数太小可以适当调高“灵敏度”旋钮）。

⑩ 能量调节。调整灯座上的 4 个尼龙螺丝，使空心阴极灯处于最佳位置，此时指针向右偏转为最大。

⑪ 灵敏度调节。旋动“灵敏度”旋钮使表头指针向右偏转满刻度。按下“A/T 测量选择”钮，此时表头指针改为吸光度。检查并调节燃烧器高度为实验所需。

⑫ 操作流程

a. 打开空气压缩机电源，待空气出口压力稳定在 2×10^5 Pa 左右，打开出口开关，并调节空气流量为所需。

b. 打开乙炔气钢瓶开关，调节出口压力为 0.8kgf·cm^{-2}（1kgf=9.8N）。

c. 将点燃的火柴放在燃烧气的上方，左手开乙炔气阀门，点火。

d. 喷入空白溶剂并调节“调零”旋钮，将吸光度调零。

e. 喷入试样溶液，进行样品测定，并读出吸光度值。

f. 测定结束后，用去离子水喷雾清洗 2～3min。

g. 关机时，首先要关上乙炔气钢瓶压力调节阀，待管路内乙炔燃尽后，再关空气压缩机。然后关闭空心阴极灯的电源开关，并将仪器各个旋钮复位，最后关闭仪器电源开关。

h. 关机后将所使用各种容器清洗干净，摆放到初始位置，并登记仪器使用记录。

（三）乙炔钢瓶使用注意事项

1. 安装气瓶

① 气瓶安装在室外通风处，不能让阳光直晒。

② 注意气瓶的温度不能高于 40℃，气瓶 2m 之内不容许有火源。

③ 气瓶要放置牢固，不能翻倒。液化气体的气瓶（乙炔、氧化亚氮等）须垂直放置不容许倒下，也不能水平放置。

2. 乙炔

① 使用乙炔时，请使用乙炔专用的减压阀，不能直接让乙炔流入管道。乙炔与铜、银、汞及其合金会产生这些金属的乙炔化物，在震动等情况下引起分解爆炸，因此要避免接触这些金属。

② 乙炔气瓶内有丙酮等溶剂。如果初级压力低于 0.5MPa，就应该换新瓶，避免溶剂流出。

3. 空气

供应干燥空气。如果使用含湿气的空气，水汽有可能附着在气体控制器的内部，影响正常操作。最好在空气压缩机或空气钢瓶出口的管路中装一个除湿的气水分离器。

4. 气体使用之后

气体使用之后，必须关掉截止阀和主阀。

5. 压力表

定期检查压力表，使保持正常。

6. 调压器

① 使用合格的调压器和接头。

② 当安装钢瓶的调压器时，要除去钢瓶出口处的尘土。

③ 不能用坏的、漏气的接头安装调压器，否则会漏气。不要过分用力地安装调压器，实在不好安装可换用新气瓶。

7. 钢瓶的开/关

① 打开钢瓶前，确认截止阀是关着的。向左转动次级压力调节阀，用专用的手柄打开钢瓶。即使主阀太紧打不开，也不要用锤子和扳手敲击手柄或主阀。在打开主阀后，用肥皂水检查调压器和接头处以及主阀的连接处是否漏气。

② 氧化亚氮、氩气和氢气钢瓶的主阀要完全打开。如果不完全打开，可能引起气体流量波动。

③ 乙炔钢瓶的主阀只能从完全关闭的状态下打开 1 圈或 1.5 圈。为了防止丙酮从钢瓶流出，不要打开超过 1.5 圈。与此相反，如果乙炔主阀打开不足，当火焰从空气-乙炔火焰切换到氧化亚氮-乙炔火焰时，则氧化亚氮-乙炔火焰（高温火焰）由于乙炔流量不够而引起回火。

二、WFX-1F2B 型原子吸收分光光度计

（一）性能与结构

WFX-1F2B 型原子吸收分光光度计是单道双光束型原子吸收光谱仪。它采用氘灯背景校正及自吸效应背景校正技术。该仪器可做火焰、石墨炉原子吸收分析。计算机实时数据处理，由 CRT 显示吸光度、浓度、标准偏差和相对标准偏差，并能显示及打印工作曲线和信号图形。WFX-1F2B 型原子吸收分光光度计光学系统如图 3-54 所示。

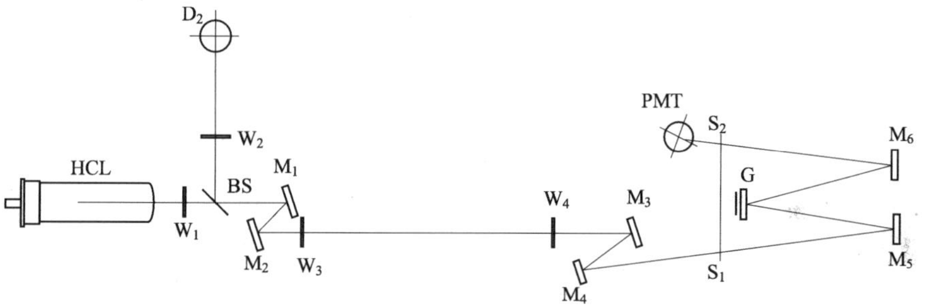

图 3-54 WFX-1F2B 型原子吸收分光光度计光学系统

HCL—空心阴极灯；D_2—氘灯；BS—分束器；W_1～W_4—窗板；

M_1～M_6—反射镜；S_1，S_2—狭缝；G—衍射光栅；PMT—光电倍增管

（二）仪器操作规程

以火焰原子吸收法为例讲述 WFX-1F2B 型原子吸收分光光度计的操作步骤。

① 将系统盘插入驱动器，开启稳压电源，待电压稳定，打开主机和打印机电源开关。

② 熟悉微机键盘各功能键的作用。某个功能键或某几个功能键配合，用于执行某项特定功能。

③ 待显示器屏幕显示出时间、型号、页面后，按 F1 键，屏幕显示元素选择页面，选择待测元素。

④ 按 F2 键，荧光屏显示调整页面。依次选择：测量方式；原子化方式；元素谱线波长；狭缝宽度；空心阴极灯宽（W）、窄（n）脉冲电流；氘灯工作电流；调整光电倍增管高压即调整增益。

⑤ 在波长、灯位调好后，按 Shift F2 键，显示能量平衡页面，仪器自动调整空心阴极灯和氘灯辐射能量达到平衡。

⑥ 按 F3 键，显示仪器参数页面、移动光标选择下列参数。读取信号方式：总吸收或原子吸收信号、背景校正信号、背景吸收信号；信号读数方式：峰高值、峰面积、连续值；积分时间；读数延迟时间；标尺扩展倍数；时间标尺：设定信号图形时间标尺满度的大小（横坐标）；吸光度标尺（纵坐标）；标准试样重复测定次数；试样重复测定次数；打印方式；打印数据的种类；空心阴极灯号；测量结果输出方式；打印输出或磁盘输出。

⑦ 按 F4 键，显示标准曲线参数页面。依次选择：校准方式（标准曲线校准、标准加入法校准）；浓度单位；标准试样浓度值（按相应数字键，输出标准试样浓度值）。

⑧ 上述工作准备完毕后，开启空气压缩机和乙炔钢瓶。

⑨ 按专家系统盘上所给定的火焰测试参数，调好燃气压力及流量、空气压力机流量、燃烧器高度等。然后按自动点火按钮点火。

⑩ 待火焰稳定后，按 Shift F7，显示信号采集页面。先吸入去离子水，按 Z 键调零。按 S 键及待测标样号，吸入相应标样。采集数据，显示信号图形及数据。同样操作测定其他标样。

⑪ 按 F7 键，显示曲线拟合页面，观察标准曲线，按 P 键可打印出标准曲线。

⑫ 在标准曲线符合要求后，再按 Shift F7 键，回到信号采集页面，吸入去离子水，调零后，按 S 键，吸入待测试样，采集数据并显示信号和图形。

⑬ 按 F8 键，显示测量结果页面，按 O 键，打印结果或存盘。

⑭ 关机操作：测试完毕，继续使火焰燃烧，吸喷去离子水 3～5min。先关闭乙炔钢瓶总阀，待管路内乙炔余气燃尽，关闭乙炔气通阀，关空气压缩机。降低宽、窄脉冲灯电流及高压至最小，并关闭各电源开关，最后关闭主机及打印机电源。

（三）注意事项

① 应特别注意保护仪器所配置的系统盘。

② 仪器总电源关闭后，若需立即开机使用，应在断电 5min 后再开机，否则磁盘不能正常显示各页面。

③ 使用氘灯校正背景时，不要长时间用眼看氘灯，以免强紫外光伤眼睛。

④ 若仪器计算机发生故障要检修时，应特别注意，要拔掉计算机系统内插件时，必须先断电，后拔掉插件！

三、最佳实验条件的选择

原子吸收光谱分析中影响测量条件的因素比较多，在测量同种样品的各种测量条件不同时，对测定结果的准确度和灵敏度影响很大。选择最佳的工作条件，能有效地消除干扰因素，可得到最好的测量结果和灵敏度。

1. 吸收波长（分析线）的选择

通常选用共振吸收线为分析线，测量高含量元素时，可选用灵敏度较低的非共振线为分析线。

2. 光路准直

在分析之前，必须调整空心阴极灯光的发射与检测器的接受位置为最佳状态，保证提供最大的测量能量。

3. 狭缝宽度的选择

狭缝宽度影响光谱通带宽度与检测器接受的能量。狭缝宽度的选择要能使吸收线和邻近干扰线分开。

4. 燃烧器的高度及与光轴的角度

锐线光源的光束通过火焰的不同部位时对测定的灵敏度和稳定性有一定影响，为保证测定的灵敏度高应使光源发出的锐线光通过火焰中基态原子密度最大的“中间薄层区”。

5. 空心阴极灯工作条件的选择

① 预热时间　使用时为使发射的共振线稳定，必须对灯进行预热，以使灯内原子蒸气层的分布及蒸气厚度恒定，这样会使灯内原子蒸气产生的自吸收和发射的共振线的强度稳定。通常对于单光束仪器，灯预热时间应在 30min 以上，才能达到辐射的锐线光稳定。对双光束仪器，由于参比光束和测量光束的强度同时变化，其比值恒定，能使基线很快稳定。

② 工作电流　灯工作电流的大小直接影响灯放电的稳定性和输出强度，在保持温度和有合适的光强输出情况下，尽量选用较低的工作电流。

6. 光电倍增管工作条件的选择

日常分析中光电倍增管的工作电压一定选择在最大工作电压的 1/3～2/3 范围内。增加负高压能提高灵敏度，噪声增大，稳定性差；降低负高压，会使灵敏度降低，提高信噪比，改善测定的稳定性，并能延长光电倍增管的使用寿命。

7. 原子化器操作条件的选择

(1) 进样量

选择可调进样量雾化器，可根据样品的黏度选择进样量，提高测量的灵敏度。进样量小，吸收信号弱，不便于测量；进样量过大，在火焰原子化法中，对火焰产生冷却效应，在石墨炉原子化法中，会增加除残的困难。在实际工作中，应测定吸光度随进样量的变化，达到最满意的吸光度的进样量，即为应选择的进样量。

(2) 原子化条件的选择

① 火焰原子化法　在火焰原子化法中，选择适宜的火焰类型，不仅能提高测定的灵敏性和稳定性，还有利于减少干扰，火焰类型和性质是影响原子化效率的主要因素。

② 石墨炉原子化法

a. 惰性气体的选择　在试样原子化过程中，常采用氩气和氮气作为保护气，通常认为采用氩气比氮气更好。

b. 操作温度的选择　石墨炉中原子化要经过干燥、灰化、原子化、除残四个阶段。每个阶段的温度、时间均不相同。

c. 冷却水的选择　一般流量保持在 $1 \sim 2L \cdot min^{-1}$。

第六节　原子发射光谱分析的主要仪器

一、$31W_{II A}$型二米平面光栅摄谱仪

（一）性能与结构

$31W_{II A}$型二米平面光栅摄谱仪的工作波长为 200～1000nm，有 1200 条 $\cdot mm^{-1}$ 及 600

条·mm^{-1}光栅两块，其倒线色散率分别为 0.4nm·mm^{-1}、0.8nm·mm^{-1}。光学系统见图 3-55。

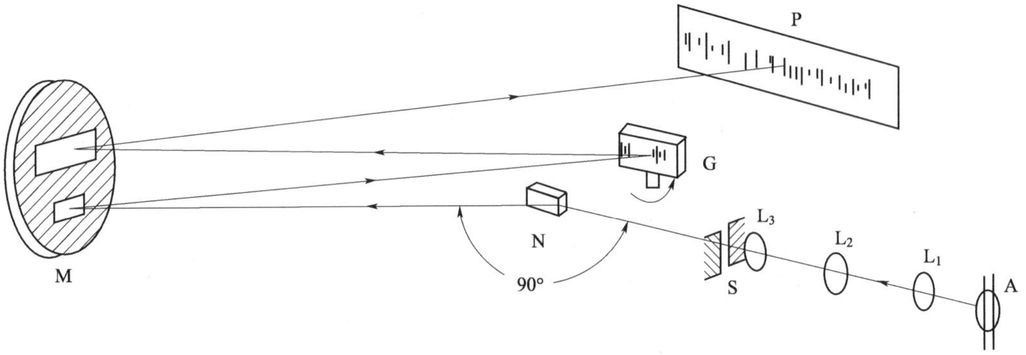

图 3-55　31$W_{ⅡA}$型二米平面光栅摄谱仪光学系统

A—光源；L_1,L_2,L_3—三透镜照明系统；S—狭缝；N—平面反射镜；
M—准直反射镜和暗箱物镜；G—平面反射光栅；P—感光板

（二）仪器操作规程

31$W_{ⅡA}$型二米平面光栅摄谱仪的面板功能如图 3-56 所示。

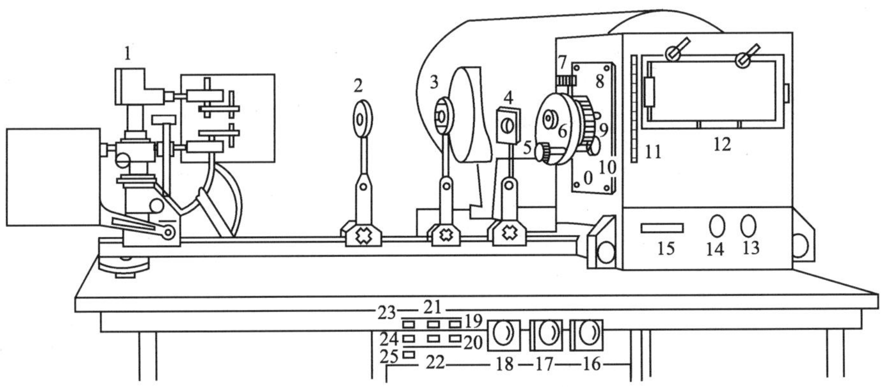

图 3-56　31$W_{ⅡA}$型二米平面光栅摄谱仪面板功能图

1—电极架；2,3—第一、二透镜照明系统；4—快门；5～7—光栅及狭缝调节；8～10—光栅调节；
11—板移标尺；12—暗盒；13—调节波长；14—板移手轮；15—波长读数窗口；
16～23—自动控制装置；24—电源键；25—电源指示灯

① 选择适当的光栅转角，狭缝倾角。旋转波长调节手轮，使波长读数窗口 15 显示中心波长 310.0nm。

② 旋转狭缝调节 7，调节狭缝宽度。定性分析狭缝宽度为 5～7μm，定量分析狭缝宽度为 10～15μm。

③ 调节哈特曼光栅选择适合的光谱高度。

④ 调节工作条件各自动控制装置，选择好预燃时间、曝光时间、板移步进距离。

⑤ 打开电源开关，安装电极、调整外光路及调节分析间隙距离。

⑥ 按下工作键，预燃开始、预燃结束，曝光开始、曝光结束。快门关闭，板移自动步

进一次，摄谱结束。

二、8W-WTY 型光谱投影仪

1. 性能与结构

光谱投影仪也称映谱仪，它将感光板上的光线放大 20 倍，投影在投影屏上，便于观察元素的谱线。8W-WTY 型光谱投影仪面板功能如图 3-57 所示。

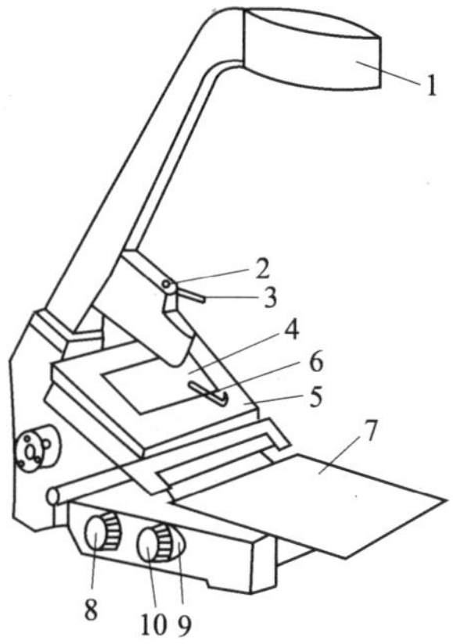

图 3-57 8W-WTY 型光谱投影仪面板功能图

1—反射镜；2—调节旋钮；3—打标记按钮；4—感光板；5—谱片架；6—压片弹簧；7—投影屏；8—调焦手轮；9—谱片前后移动手轮；10—谱片左右移动手轮

2. 仪器操作规程

① 打开电源开关。将感光板置于谱片架上，用调焦手轮调至谱线最清晰状态，用手轮 9、10 前后左右移动感光板至相对最佳位置。

② 把元素标准光谱图上的铁谱（做波长标尺用）与投影屏上的铁光谱线比对并完全重叠。然后，再查看试样光谱与标准光谱图上的何种元素谱线重叠。当某一元素有 2～3 条灵敏线与标准光谱图上该元素谱线重叠，则可确定该元素存在。光谱投影仪可进行元素定性分析和半定量分析。

③ 在分析线附近打上标记（轻按打印标记按钮），便于在黑度计上查找分析线对的位置。

三、9W 型测微光度计

1. 性能与结构

测微光度计也称黑度计，它是用来测量感光板上谱线相对黑度，进行光谱定量分析的工具。9W 型测微光度计是最常用的黑度计。仪器由光源、聚光镜组、工作台、测量物镜、硒光电池和检流计以及各部分操作手轮组成。9W 型测微光度计面板功能如图 3-58 所示。

2. 仪器操作规程

① 开启电源，预热，将待测谱板放在工作台上。用工作台移动手轮 3 和 8 移动工作台，使谱板右上角谱线对准光束，用聚焦手轮 2 将谱线聚焦至最清晰状态，用 3 将谱板右下角谱线对准光束，用水平调节旋钮 5 调节右下角高度，使谱线最清晰。用类似方法使谱板左上

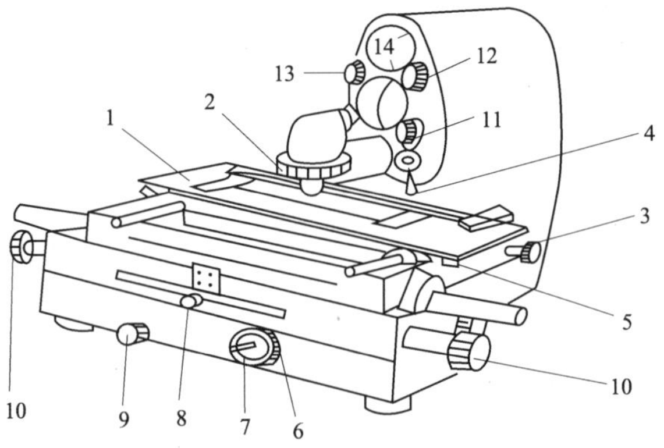

图 3-58 9W 型测微光度计面板功能图

1—谱板工作台；2—聚焦手轮；3—工作台前后移动手轮；4—狭缝高度调节；5—工作台水平调节；6，11—连续减压器连通手轮；7—检流计开关；8—工作台左右快动旋钮；9—检流计零点调节；10—工作台左右微调手轮；12—狭缝宽度调节；13—标尺选择手轮；14—读数窗口

角、左下角谱线聚焦清晰，如此重复调整，使整个谱板达到水平状态，各处谱线均聚焦清晰为止。

② 将待测谱线波长附近的未曝光部分（空白）对准光束，用 9 调节黑度标尺 S 的无穷大，打开检流计开关 7，用手轮 6 调节减光器至黑度标尺的零点。

③ 将待测谱线对准狭缝，调节狭缝倾斜度，使狭缝与待测谱线平行，用左右微调手轮移动谱线，使黑度 S 读数最大，记录该黑度值作为谱线的峰值黑度值。用手轮 3 移动谱板，同上操作测量下一条谱线的黑度。

④ 全部测量完毕后，关好检流计，关闭狭缝窗板，关电源。

3. 注意事项

① 狭缝高度应比谱线高度上下各少 2mm，狭缝宽度不超过谱线宽度的 2/3。

② 细心调整谱板工作台，一定使整个谱板各部都处于水平状态。

③ 用左右微调手轮移动谱线后，迅速读出谱线峰值黑度值，关闭检流计，避免硒光电池疲劳。

四、ICP-AES 光电直读光谱仪

1. 顺序扫描式 ICPS-1000Ⅱ型光电直读光谱仪

顺序扫描式光电直读光谱仪一般用两个光电倍增管接收光谱辐射，其中一个接收内标线光谱辐射，另一个接收分析线光谱辐射。用汞灯校正单色仪波长，光学系统采用却尼尔-特尔纳型装置，使用两个平面光栅。仪器光学系统如图 3-59 所示。通过放大器转动光栅，在不同时间内依次检测不同波长谱线。

2. 多道固定狭缝式光电直读光谱仪

多道固定狭缝式光电直读光谱仪是在光谱仪的焦面上按分析线波长位置安装多个固定的出射狭缝和光电倍增管，同时接收多个元素的分析线光谱辐射。它适用于试样数量较多，多元素同时测定的情况。使用凹面光栅，出射狭缝都在罗兰圆上，焦面较长，波段较宽。目前常用的多道固定狭缝式光电直读光谱仪如图 3-60 所示。

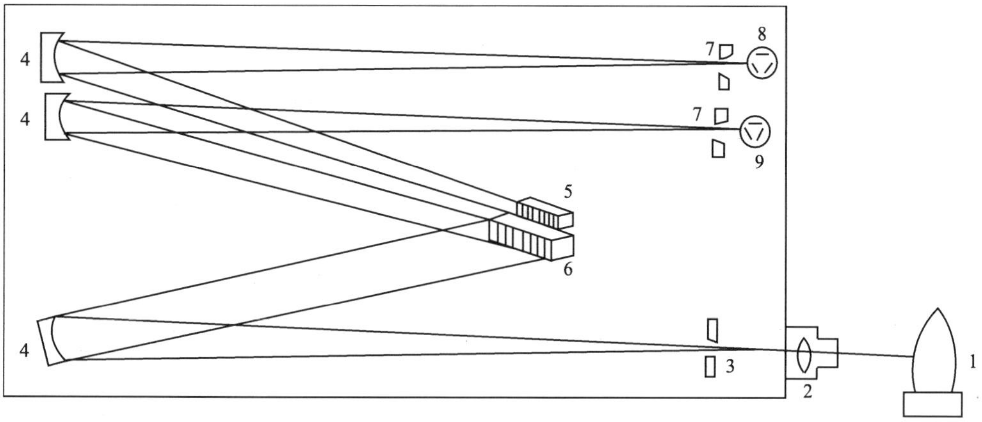

图 3-59 岛津 ICPS-1000Ⅱ型顺序扫描式光谱仪光学系统

1—ICP 炬；2—照明透镜；3—入射狭缝；4—凹面反射镜；5，6—光栅；7—出射狭缝；8，9—光电倍增管

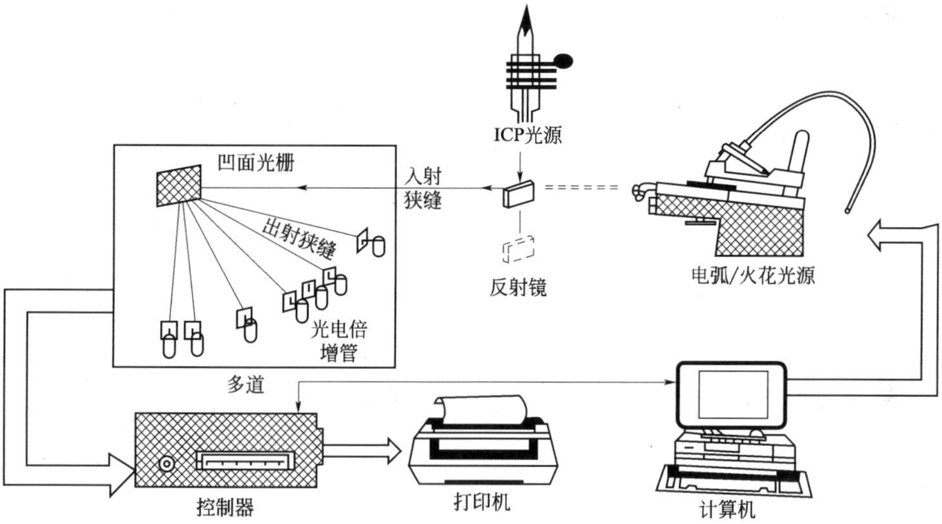

图 3-60 多道固定狭缝式光电直读光谱仪

3. ICP-AES 光电直读光谱仪基本操作规程

① 准备工作　接通冷却水；打开抽风机排气散热；打开氩气钢瓶及载气旋钮。

② 开机程序　开启稳压电源开关；检查氩气压力；检查单色仪真空状态；装好蠕动泵管子；开启 ICP 电源开关。检查蠕动泵、毛细管、雾化器等有无堵塞、漏气现象。

③ 点燃 ICP 炬程序　打开气体控制开关，调节等离子体气体流量和辅助气体流量；按“POWER”键，调节反射功率、正向功率，接通高频火花，直至 ICP 炬点燃并稳定。打开载气，开启蠕动泵。将正向功率和反射功率调至最佳状态。

④ 开启计算机系统电源开关，校正单色仪波长。

⑤ 按单元素定量分析程序或多元素同时定量分析程序，输入分析元素、元素分析线波长及最佳工作条件，如功率、各种气体流量、狭缝宽度、光谱观测高度、光电倍增负高压、扫描起始波长、扫描波长范围、蠕动泵速度等。

⑥ 采集标准试样的元素含量值，并绘出标准曲线。

⑦ 采集试样空白、试样元素含量值，根据采集数据进行计算机自动在线结果处理，打印测定结果。

⑧ 关机程序 退出分析程序，进入主菜单。关蠕动泵和气路，关 ICP 电源，关真空泵阀门，关闭计算机系统。关冷却水。

⑨ 进一步检查水、电、气开关是否全部关好。

⑩ 工作完毕，填写使用仪器记录。

第七节 电位分析仪器

一、pHS-3C 型酸度计

（一）性能与结构

pHS-3C 型 pH 计是一台数字显示 pH 计，它采用蓝色背光、双排数字显示液晶，可同时显示 pH、温度值或电位（mV）、温度值。该仪器适用于大专院校、研究院所、环境监测、工矿企业等部门的化验室取样测定水溶液的 pH 值和电位（mV）值、配上 ORP 电极可测量溶液 ORP（氧化还原电位）值。配上离子选择性电极，可测出该电极的电极电位值。仪器结构如图 3-61 所示。

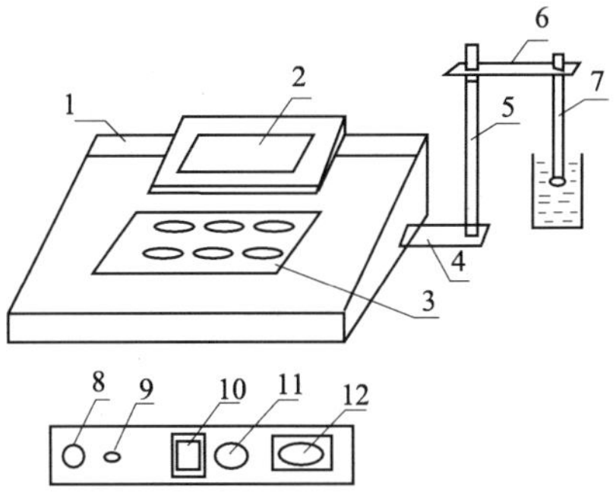

图 3-61 pHS-3C 型 pH 计结构示意图

1—机箱；2—显示屏；3—键盘；4—电极梗座；5—电极梗；6—电极夹；7—电极；8—测量电极插座；9—温度电极插座；10—电源开关；11—保险丝座；12—电源插座

仪器键盘说明如表 3-11 所示。

表 3-11 pH 计键盘说明

按键	功能
pH/mV	“pH/mV”转换键，pH、mV 测量模式转换
温度	“温度”键，对温度进行手动设置，自动温度补偿时此键不起作用
标定	“标定”键，对 pH 进行二点标定工作
△	“△”键，此键为数值上升键，按此键“△”为调节数值上升
▽	“▽”键，此键为数值下降键，按此键“▽”为调节数值下降
确认	“确认”键，按此键为确认上一步操作

仪器附件如图 3-62 所示。

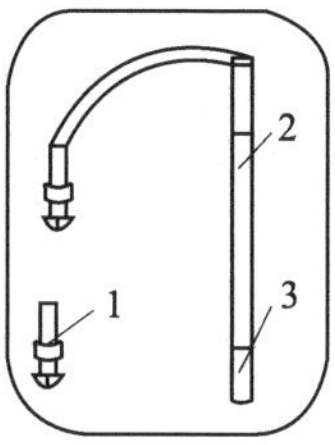

图 3-62　pHS-3C 型 pH 计附件示意图

1—Q9 短路插头（已安装在仪器测量电极插座上）；2—E-201-C 型 pH 复合电极显示屏；3—电极保护套

（二）仪器操作规程

1. 测定前的准备工作

① 接通电源，预热 30min。

② 调节温度调节器，使被测溶液（样品）的温度和定位温度相同。

③ 调节零点电位器，使仪器读数应在±000.1 附近，斜率调节器应调节在 100%位置。

④ 检查甘汞电极里的饱和氯化钾溶液情况，浓度不够应予添加使之饱和。

2. 样品测定

① 测定前应校准仪器，可选择与待测试液 pH 值接近的标准缓冲液进行校对。

仪器在使用前，即测被测溶液之前，先要校正。但这不是说每次使用之前都要校正，一般在连续使用时，每天校正一次已能达到要求。

仪器的校正方法有两种：

一点校正法用于分析精度要求不高的情况。

a. 仪器插上电极，选择开关置于 pH 档。

b. 仪器斜率调节器调节在 100%位置（即顺时针旋转到底的位置）。

c. 选择一种最接近样品 pH 值的标准缓冲溶液，并把电极放入这一标准缓冲溶液中，调节温度调节器，使所指示的温度与溶液的温度相同，并摇动试杯，使溶液均匀。

d. 待读数稳定后，该读数应为标准缓冲溶液的 pH 值，否则，调节定位调节器。

e. 清洗电极；并吸干电极球泡表面的余水。

二点校正法用于分析精度要求较高的情况。

a. 仪器插上电极，选择开关置 pH 挡，斜率调节器调节在 100%处。

b. 选择两种标准缓冲溶液，要求被测溶液的 pH 值在该两种标准缓冲溶液之间或接近，如 pH=4.00 和 6.86。

c. 把电极放入到第一种标准缓冲溶液（如 pH=6.86），调节温度调节器，使所指示的温度与溶液一样。

d. 待读数稳定后，该读数应为该标准缓冲溶液的 pH 值，否则调节定位调节器。

e. 电极放入第二种标准缓冲溶液（pH=4.00），摇动烧杯，使溶液均匀。

f. 待读数稳定后，该读数应为标准缓冲溶液的 pH 值，否则，调节斜率调节器。

g. 清洗电极，并吸干电极球泡表面的余水。

经校正的仪器，各调节器不应再有变动。不用时电极的球泡最好浸在蒸馏水中，在一般情况下24h之内不需要校正。但遇到下列情况之一，则仪器最好事先进行校正。溶液温度与标定时的温度有较大的变化时；干燥过久的电极；换过了的新电极；“定位”调节器有变动，或可能有变动时；测量过浓酸（pH＜2）或浓碱（pH＞12）之后；测量过含有氟化物的溶液、酸度在pH＜7的溶液和较浓的有机溶液之后。

② 测定时应将甘汞电极颈端橡皮塞取下，和玻璃电极一起插入被测溶液中。

③ 按下pH按键，并轻轻摇动试杯，使溶液均匀后，读出该样品的pH值。

④ 测定完毕拔出电源插座，把两电极用蒸馏水冲洗干净，戴上甘汞电极的橡皮塞，把玻璃电极泡在蒸馏水中。

⑤ 做好使用登记记录。

（三）注意事项

① 仪器的输入端（即玻璃电极插口）必须保持清洁。

② 玻璃电极球泡很薄，切勿与硬物相碰，防止球泡破碎。

二、PXD-12型数字式离子计

（一）性能与结构

PXD-12型数字式离子计是一种精密的二次仪表。它与各种离子选择性电极配用，精密地测量电极在溶液中产生的电池电动势。仪器可直读溶液中离子活度的负对数（pX）值。仪器亦可作精密酸度计和高输入阻抗的精密毫伏计使用。

PXD-12型数字式离子计采用国内外先进3位半LED数码显示和大规模集成电路等技术，仪器集成度高，造型美观大方、结构简单、性能稳定、便于维护。

PXD-12型数字式离子计具有自动温度补偿功能，配有一支专用温度测量电极，能随时测量被测溶液的温度，插入温度电极后，仪器就能自动进行温度补偿，温度调节电位器自动失效，不插入温度电极，仪器改为手动温度补偿，靠手动调节温度电位器进行温度补偿。

PXD-12型数字式离子计可配用各种离子选择性电极，氟、氯、溴、碘、氰根、汞、铜、铅、钠、钾、氨、硝酸根、平板玻璃pH、锥状pH、球状pH、硫、银、钙、镉、硼酸根等。

其仪器组成主要由以下几部分构成。

① 显示器　测量结果显示，符号在mV挡极性自动切换，进行pX值测量时，符号显示与所测离子相对应，测阴离子时显示“＋”，测阳离子显示“－”，例如进行pH值测量时，因H^+为阳离子仪器显示“－”。

② 斜率调节器　用来补偿电极的实验Nernst斜率使其符合理论斜率，调节范围为理论值的80％～110％，若电极斜率符合理论斜率时，将斜率调节器旋至100％，此时斜率不起作用，在mV测量中也不起作用。

③ 定位调节器　在pXⅠ/pXⅡ测量时调节此旋钮，可抵销Nernst方程中的E_0，使测量标准化，或用来确定测量起始点，在“mV”挡“定位”不起作用。

④ 温度补偿器　根据被测溶液的温度相应调节补偿器，使补偿器示值与液温一致。插入温度电极后，仪器就能自动进行温度补偿，温度调节电位器自动失效。

⑤ 功能选择开关　“mV”电位测量，“pXⅠ”一价离子测量，“pXⅡ”二价离子测量。

“T”温度测量。

⑥ 测量电极输入插座　被测信号从此输入。

⑦ 参比电极接线柱　参比电极插头从此接入。

⑧ 电源开关　开关向上为开，用于交流电控制。

⑨ 电源插座　AC 220V 电源插座。

（二）仪器操作规程

1. 使用前的准备

① 将活化后的测量电极、参比电极装入升降架固定夹。

② 接通电源，仪器预热。

2. mV 值的测量

当需要直接测定电池电动势的 mV 值，或测量－1999～1999mV 范围电压值，可在“mV”挡进行。

①“功能选择”拨至 mV 待测状态下，“定位”“斜率”“温度补偿”均无作用。

② 旋下短路插头，将测量电极旋上输入插座并旋紧，同时将参比电极接入“参比接线柱”（若使用复合电极无须接入参比电极），并将它们移入被测溶液中，待仪器响应稳定后，显示值即为所测溶液的电位值。

3. pH 值的测量

由于 H^+ 为一价离子，所以测 pH“功能选择”拨至 pXⅠ档，测量前必须先用 pH 标准缓冲液标定，选用 $pH_1=4.00$，$pH_2=9.2$ 两种标准溶液进行两点定位，具体步骤如下。

①“功能选择”拨至置 pXⅠ挡。

② 将温度调节器调至溶液温度。如需自动进行温度补偿，则插入温度电极。

③ 将清洗活化的电极移入 $pH_1=4.0$pH 标准缓冲溶液中，调节定位调节器，使仪器显示为“0.00”pH（此时斜率电位器应顺时针旋到底）。

④ 用去离子水清洗电极并用滤纸吸干后，移入 $pH_2=9.2$pH 标准缓冲溶液中，待仪器响应后，调节斜率调节器，使仪器显示 ΔpX 值为－5.2pH（$\Delta pX=pH_2-pH_1=-5.2$pH），“斜率”调节旋钮固定此位，再调节定位调节器，使仪器显示－9.2pH。

⑤ 至此仪器标定结束，将电极清洗、擦干后，移入待测溶液，此时显示为该溶液的 pH 值。测量结束，旋下电极，清洗处理后待下次使用。

如果测量 pH 精度要求很高时，请注意修正标准缓冲溶液在当时溶液温度下的 pH 值。

4. pX 的测量

① 将电极进行活化，使其空白电位达到电极说明书的要求。

② 将功能选择拨至被测离子价数相同的 pXⅠ或 pXⅡ挡，其他操作方法参照 pH 测量。要注意在定位时务必注意所测离子极性，阳离子定位和测量时对应“－”符号出现，阴离子定位和测量时对应“＋”符号出现。实际仪器不显示符号时代表“＋”号。pXⅠ挡或 pXⅡ挡离子测量都应以“两点定位”为准。

测量完毕请拔去电源插头。

（三）注意事项和保养

① 仪器应在环境温度为 5～45℃，相对湿度＜85％条件下使用。

② 仪器输入端应保持干燥清洁，不用时，务必将 Q9 短路插头旋上，以防止尘土及水汽进入。

③ 仪器应存放于无腐蚀气体、无腐蚀药品、干燥通风场所。

④ 仪器工作在无交变电磁场干扰的场所。

⑤ 电极维护按电极使用说明书操作。

三、ZD-2 型电位滴定仪

（一）性能与结构

ZD-2 型电位滴定仪可供实验室应用电位滴定法进行容量分析；pH 值或电极电位的控制滴定；用人工手动电位滴定法进行容量分析；pH 测定主要供实验室取样测定水溶液的 pH 值；电位测定用于测量电极的电位或其他毫伏值。其面板结构如图 3-63 所示。

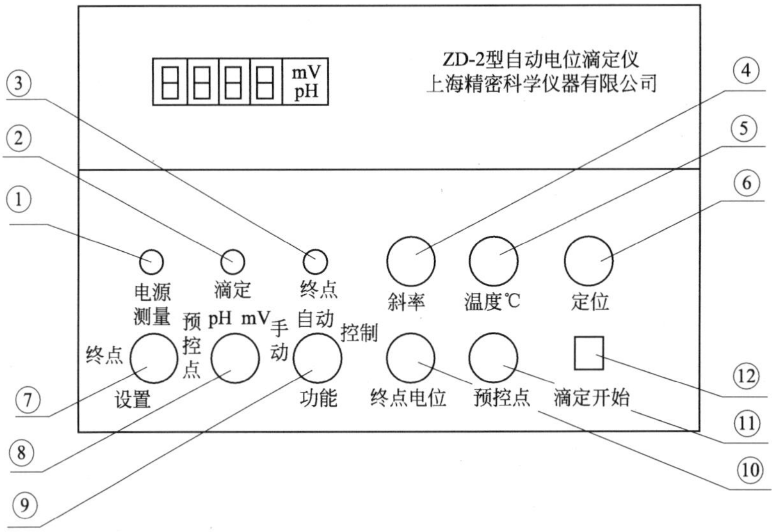

图 3-63 ZD-2 型电位滴定仪前面板结构示意图

① 电源指示灯。打开电源，此指示灯应亮。

② 滴定指示灯。开始滴定后，此指示灯闪亮。

③ 终点指示灯。用于指示滴定是否结束。打开电源，此指示灯亮，开始滴定后，此指示灯熄灭。滴定结束后，此指示灯亮。

④ 斜率补偿调节旋钮。pH 标定时使用。

⑤ 温度补偿调节旋钮。pH 标定及测量时使用。

⑥ 定位调节旋钮。pH 标定时使用。

⑦“设置”选择开关。此开关置于“终点”时，可进行终点 mV 值或 pH 值设定；pH/mV 开关置于“pH”，进行 pH 终点设定；置于“mV”，进行 mV 终点设定。此开关置于“测量”时，进行 mV 或 pH 测量；进行何种测量同样取决于 pH/mV 开关的位置。此开关置于预控点时，可进行 pH 或 mV 的预控点设置（如设置预控点为 100mV，仪器将在离终

点 100mV 时自动从快滴转为慢滴)。

⑧“pH/mV”选择开关。此开关置于“pH”时，可进行 pH 测量或 pH 终点值设置或 pH 预控点设置。此开关置于“mV”时，可进行 mV 测量或 mV 终点设置或 mV 预控点设置。

⑨“功能”选择开关。此开关置于“手动”时，可进行手动滴定；置“自动”时，进行预设终点滴定，到终点后，滴定终止，滴定灯亮。此开关置于“控制”时，进行 pH 或 mV 控制滴定，到达终点 pH 或 mV 值后，仪器仍处于准备滴定状态，滴定灯始终不亮。

⑩“终点电位”调节旋钮。用于设置终点电位或 pH 值。

⑪“预控点”设定旋钮。设定预控点到终点的距离，从而控制流速。

⑫“滴定开始”按钮。按此按钮仪器即开始滴定。

(二)仪器操作规程

仪器安装连接好以后，插上电源线，打开电源开关，电源指示灯亮。经 15min 预热后再使用。

1. mV 测量

①“设置”开关置“测量”，“pH/mV”选择开关置“mV”。

② 将电极插入被测溶液中，将溶液搅拌均匀后，即可读取电极电位值 (mV)。

③ 如果被测信号超出仪器的测量范围，显示屏会不亮，作超载报警。

2. pH 标定及测量

(1) 标定

仪器在进行 pH 测量之前，先要标定。一般来说，仪器在连续使用时，每天要标定一次。其步骤如下。

①“设置”开关置“测量”，“pH/mV”开关置“pH”；

② 调节“温度”旋钮，使旋钮白线指向对应的溶液温度值；

③ 将“斜率”旋钮顺时针旋到底 (100%)；

④ 将清洗过的电极插入 pH 值为 6.86 的缓冲溶液中；

⑤ 调节“定位”旋钮，使仪器显示读数与该缓冲溶液当时温度下的 pH 值相一致；

⑥ 用蒸馏水清洗电极，再插入 pH 值为 4.00 (或 pH 值为 9.18) 的标准缓冲溶液中，调节斜率旋钮使仪器显示读数与该缓冲溶液当时温度下的 pH 值相一致；

⑦ 重复⑤、⑥直至不用再调节“定位”或“斜率”调节旋钮为止，至此，仪器完成标定。标定结束后，“定位”和“斜率”旋钮不应再动，直至下一次标定。

(2) pH 测量

经标定过的仪器即可用来测量 pH，其步骤如下：

①“设置”开关置于“测量”，“pH/mV”开关置于“pH”；

② 用蒸馏水清洗电极头部，然后用被测溶液再清洗一次；

③ 用温度计测出被测溶液的温度值；

④ 调节“温度”旋钮，使旋钮白线指向对应的溶液温度值；

⑤ 电极插入被测溶液中，搅拌溶液使溶液均匀后，读取该溶液的 pH 值。

3. 滴定前的准备工作

① 安装好滴定装置，在试杯中放入搅拌棒，并将试杯放在搅拌器上。

② 电极的选择取决于滴定时的化学反应，如果是氧化还原反应，可采用铂电极、甘汞电极和钨电极；如属中和反应，可用 pH 复合电极或玻璃电极和甘汞电极；如属银盐与卤素反应，可采用银电极和特殊甘汞电极。

4. 电位自动滴定

① 终点设定 “设置”开关置于“终点”，“pH/mV”开关置于“mV”，“功能”开关置于“自动”，调节“终点电位”旋钮，使显示屏显示你所要设定的终点电位值。终点电位选定后，“终点电位”旋钮不可再动。

② 预控点设定 预控点的作用是当离开终点较远时，滴定速度很快；当到达预控点后，滴定速度很慢。设定预控点就是设定预控点到终点的距离，设定预控点时“设置”开关置“预控点”，调节“预控点”旋钮，使显示屏显示所要设定的预控点数值。例如设定预控点为 100mV，仪器将在离终点 100mV 处转为慢滴。预控点选定后，“预控点”调节旋钮不可再动。

③ 终点电位和预控点电位设定好后，将“设置”开关置于“测量”，打开搅拌器电源，调节转速使搅拌从慢逐渐加快至适当转速。

④ 按一下“滴定开始”按钮，仪器即开始滴定，滴定灯亮起，液滴快速滴下，在接近终点时，滴速减慢。到达终点后，滴定灯不再亮起，过 10s 左右，终点灯亮，滴定结束。

注意：到达终点后，不可再按“滴定开始”按钮，否则仪器将认为另一极性相反的滴定开始，而继续进行滴定。

⑤ 记录滴定管内液滴消耗的读数。

5. 电位控制滴定

“功能”开关置于“控制”，其余操作同电位自动滴定部分。在到达终点后，滴定灯不再亮起，但终点灯始终不亮，仪器始终处于预备滴定状态；同样，到达终点后，不可再按“滴定开始”按钮。

6. pH 自动滴定

① 按本节 2. 进行标定。

② pH 终点设定 “设置”开关置于“终点”，“功能”开关置于“自动”，“pH/mV”开关置于“pH”，调节“终点电位”旋钮，使显示屏显示所要设定的终点 pH 值。

③ 预控点设置 “设置”开关置于“预控点”，调节“预控点”旋钮，使显示屏显示所要设置的预控点 pH 值。例如，所要设置的预控点为 2pH，仪器将在离终点 2pH 左右处自动从快滴转为慢滴。其余操作同本节 4. 的③、④内容所示。

（三）注意事项和保养

① 仪器的电极插座必须保持干燥、清洁。仪器不用时，将短路插头插入插座，防止灰尘及水汽侵入。

② 测量时，电极的引入导线应保持静止，否则会引起测量不稳定。

③ 用缓冲溶液标定仪器时，要保证缓冲溶液的可靠性，不能配错缓冲溶液，否则将导致测量不准。

④ 取下电极套后，应避免电极的敏感玻璃泡与硬物接触，因为任何破损都将使电极失效。

⑤ 复合电极的外参比（或甘汞电极）应经常注意是否有足够的饱和氯化钾溶液，补充液可以从电极上端小孔加入。

⑥ 电极应避免长期浸在蒸馏水、蛋白质溶液和酸性氟化物溶液中。

⑦ 电极应避免与有机硅油接触。

⑧ 滴定前最好先用滴定剂将电磁阀橡胶管冲洗数次。

⑨ 到达终点后，不可以按“滴定开始”按钮，否则仪器又将开始滴定。

⑩ 与橡皮管发生反应的高锰酸钾等溶液，请勿使用。

第八节　色　谱　仪

一、SP-3420A 型气相色谱仪

1. 性能与结构

气相色谱仪的五个基本组成部分为：载气系统、进样系统、分离系统、检测系统及数据处理系统。

气相色谱仪是以气体作为流动相（载气）。当样品被送入进样器后由载气携带进入色谱柱。由于样品中各组分在色谱柱中的流动相（气相）和固定相（液相或固相）间分配或吸附系数的差异。在载气的冲洗下，各组分在两相间作反复多次分配，使各组分在色谱柱中得到分离，然后由接在柱后的检测器根据组分的物理、化学特性，将各组分按顺序检测出来。其工作流程如图 3-64 所示。

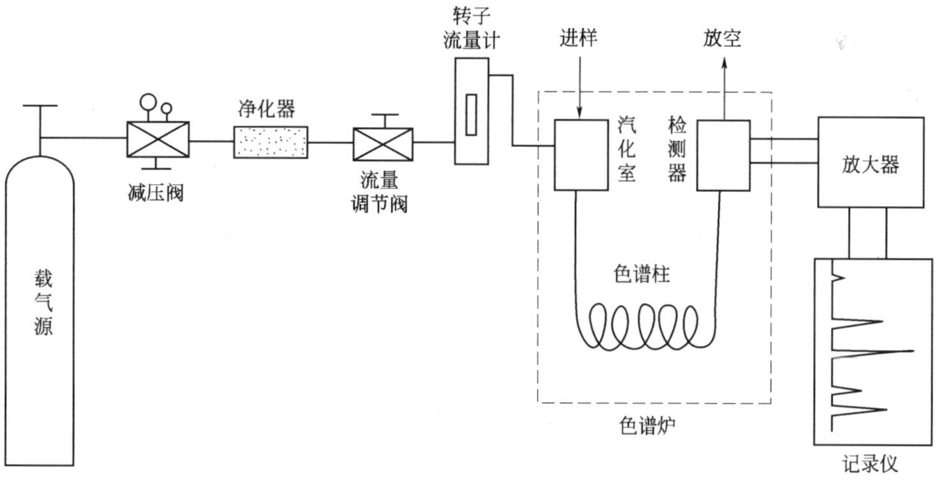

图 3-64　气相色谱仪工作流程图

2. 仪器操作规程

① 打开载气（使钢瓶输出压力为 0.2MPa），通气 10min 左右，并检查系统是否漏气，若漏气，需更换出封垫和重接气路管道接头。

② 按先后顺序，打开仪器和计算机，确认气相色谱仪通过了自检。

③ 在计算机程序“HP3398A”中打开“Instrument”，找出适当的汽化室、检测器与柱

箱温度以及升温速率等，设置完后发送至气相色谱仪，使其达到预备状态。

④ 若检测器为火焰离子化器，打开氢气与空气钢瓶，通气几分钟后，按动面板上的点火按钮。当听到氢气的爆鸣声后，用小镜或光亮的金属器件检查有无水蒸气生成，若有，则点火成功；若无水蒸气，再次点火，直至点火成功。

⑤ 在计算机运行界面中，设定实验者文件页面的页码、运行方法等，发送信号，让计算机做好工作准备。

⑥ 用微量进样器进样 0.5L，进样同时按下“Start”键，直至本次运行结束。

⑦ 测试完毕，先将仪器降温至接近室温（50℃以下）后，再关主机，关气，盖上防尘罩。

3. 注意事项和保养

① 实验时，先通载气，确保载气通过热导检测器后，再打开热导桥流。

② 当使用双气路色谱仪时，两路的载气流速应保持相同。

③ 在改变每一载气流速时，需待仪器达到稳定后再进行测试。

二、SY-8100 型高效液相色谱仪

（一）性能与结构

高效液相色谱主要包括高压输液系统、进样系统、分离系统、检测系统四个主要部分。如图 3-65 所示，高压输液泵将流动相以稳定的流速（或压力）输送至分析体系，在色谱柱之前通过进样器将样品导入，流动相将样品带入色谱柱，在色谱柱中各组分因在固定相中的分配系数或吸附力大小的不同而被分离，并依次随流动相流至检测器，检测到的信号送至数据系统记录、处理或保存。

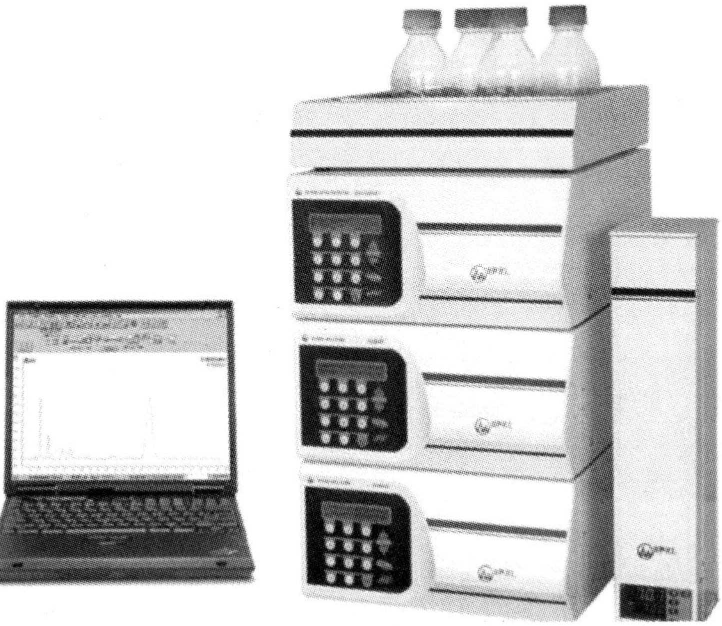

图 3-65 SY-8100 型高效液相色谱仪

（二）仪器操作规程

1. 开机

打开稳压电源，等待电压稳定在 220V。打开泵、真空脱气机、柱箱、检测器、控制器。打开与气相色谱仪连接的电脑，并运行气相色谱仪工作软件。

2. 分析方法的编辑

在气相色谱仪工作软件里分别设定载气流量、检测器温度、进样口的温度、柱箱的初始温度及升温程序等。设定完后，各区温度开始朝设定值上升，当温度达到设定值时，“Ready”灯亮。查看仪器基线是否平稳，待基线平直后，即可进样测试。

3. 运行

在工作站中输入试样名称，选择方法文件、数据文件存储路径、进样量、试样盘标号等参数，保存已建好的序列表。选中全部或部分序列表，单击“Start”，仪器开始序列进样采集分析。

4. 关机

实验完毕后，先关闭检测器电源，再停止加热，待色谱柱、进样口的温度降至 80℃以下时，依次关闭色谱仪电源开关，计算机电源，最后关闭载气减压阀及总阀。

5. 积分

打开后处理界面，找到已经完成的数据，提取所要波长下的色谱峰。在积分页面，选择面积选项进行自动积分，也可在积分页面进行手动积分。结果在视图中峰表内查看。

6. 绘制标准曲线

（1）外标法定量　打开化合物表向导窗口，选择峰面积、要标定的峰，选择外标法。输入浓度，识别，选择已经建立的方法，然后将各个标样图谱拖到右边空白处生成序列表，修改序列表信息。保存序列表，单击开始按钮，则自动生成标准曲线。

（2）内标法定量　定量方法为内标法，确定内标物的峰。

7. 利用标准曲线计算试样的浓度

打开需要计算的谱图，选择需要加载的方法参数，查看结果。

8. 报告编辑

单击报告模板，拖动到报告模板中即可。将相应的数据拖动到报告模板中即显示报告。

（三）注意事项和保养

① 高压输液泵的维护包括拆卸泵头、泵头的清洗和组装。在清洗时，先务必拧松“手拧脱气螺丝”，否则冲洗时的大流速会损坏色谱柱。

② 紫外-分光检测器的维护包括流通池的清洗、氘灯的维护，详细方法参照产品说明书。

第四章
实验部分

第一节　基本操作练习实验

实验一　分析实验基本知识和仪器的认领、洗涤

一、预习提要

1. 预习内容：第一章，第二章中的第一到第三节。
2. 根据做无机化学实验的体会，你打算怎样做好分析化学实验？
3. 分析化学实验课对学生有什么要求？
4. 分析化学实验报告包括哪些内容？
5. 常见化学实验室的意外事故有哪些？如何处理？
6. 对实验室的“三废”如何进行简单的无害化处理？
7. 根据水中含杂质的多少，水分为哪几类？一般的化学分析实验用哪一等级的水？
8. 怎么制备蒸馏水、去离子水、反渗透水及超纯水？
9. 一般分析用水检验哪几个项目？
10. 常用的玻璃仪器和玻璃量器如何洗涤、干燥？
11. 常用的洗涤液有哪些？各适用于洗涤哪些污垢？如何配制？请列成表格。

二、实验目的

1. 学习分析化学实验室规则和安全守则。
2. 熟悉分析化学实验常用仪器的名称、规格、用途、使用时的注意事项等。
3. 掌握常用玻璃仪器，特别是量器的洗涤和干燥方法。
4. 学会对实验器皿进行合理的安放。
5. 通过观看录像，学习和了解滴定分析法基本操作。

三、实验原理

化学实验中使用的器皿应洗净，否则会影响实验效果，甚至导致实验失败。洗涤时应根据污染物性质和实验要求选择不同方法。详见第二章中第三节内容。

四、仪器与试剂

1. 仪器

分析化学实验学生常用仪器一套，见附录一。

2. 试剂

$K_2Cr_2O_7$(s)、H_2SO_4(浓)、NaOH(s)、去污粉、CH_3COCH_3、无水乙醇、$C_4H_{10}O$。

五、实验内容

1. 观看实验室规章制度、安全守则及基本操作录像（在多媒体教室）。

2. 介绍分析化学实验的一般知识。

3. 清点仪器。按照发给自己的仪器单，检查并认识常用分析仪器，熟悉其主要用途、使用方法和注意事项。

4. 洗涤已领取的仪器。

5. 选用适当方法干燥洗涤后的仪器。

6. 合理安放仪器。

六、思考题

1. 烤干试管时为什么管口要略向下倾斜？

2. 按能否用于加热将领取的仪器进行分类。

3. 比较玻璃仪器不同洗涤方法的适用范围和优缺点。

4. 玻璃仪器的一般洗涤方法是什么？

5. 玻璃仪器上有些污物如 MnO_2、$Fe(OH)_3$，用水、洗衣粉等洗不掉怎么办？洗净的标准是什么？

6. 铬酸洗液是如何配制的？玻璃仪器是否都必须用铬酸洗液才能洗净？

实验二　分析天平的称量练习

一、预习提要

1. 预习内容：第三章第一节及本实验。

2. 了解等臂双盘电光天平的构造。

3. 加减砝码的原则是什么？如何判断天平两盘的轻重？

4. 理解下列名词：天平的零点、灵敏度、分度值、平衡点、示值变动性。

5. 天平的质量检验有哪几项？如何检验？

6. 如何调节天平的零点？

7. 测定天平灵敏度的步骤是什么？

8. 有哪几种称样方法？在什么情况下使用直接称量法？什么情况下使用差减称量法？

9. 使用分析天平称量前，应做哪些准备工作？

10. 为什么在称量时，只准开天平箱的侧门而不能开前门？如读数时，没有关天平门时有什么影响？

11. 天平的使用规则有哪些，有哪几条是为保护玛瑙刀刃而规定的？

12. 在试重过程中要注意什么？

二、实验目的与要求

1. 了解分析天平的构造，掌握分析天平正确操作和使用规则。

2. 熟练掌握天平零点的调整方法。

3. 学习分析天平的基本操作和常用称量方法（直接称量法、固定质量称量法和递减称量法），为以后的分析实验打好称量技术基础。

4. 经过本次称量练习后，要求达到：固定质量称量法称一个试样的时间在 6min 内；递减称量法称一个试样的时间在 10min 内，倾样次数不超过 3 次，连续称三个试样的时间不超过 15min，并做到称出的三份试样的质量均在要求的范围之间。

5. 培养准确、整齐、简明地记录实验原始数据的习惯，不可涂改数据，不可将测量数据记录在记录本以外的任何地方。

三、实验原理

天平是根据杠杆原理制成的，它用已知质量的砝码来衡量被称物体的质量。分析天平是分析化学实验中最重要、最常用的仪器之一。因此，了解分析天平的构造，掌握正确的称量方法及严格遵守天平的使用规则是成功地完成定量分析实验任务、维护好天平和提高实验效率的基本保障。有关内容详见第三章第一节。

四、仪器与试剂

1. 仪器

① 称量瓶：称量瓶依次用洗液、自来水、蒸馏水洗干净后放入洁净的小烧杯中，称量瓶盖斜放在称量瓶口上，置于烘箱中，升温 105℃后保持 30min 取出烧杯，稍冷片刻，将称量瓶置于干燥器中，冷至室温后即可用。

② 50mL 小烧杯、表面皿（或培养皿）：洗净、烘干待用。

③ 台秤、分析天平、药匙、干燥器。

2. 试剂

称量样品：细砂、$Na_2SO_4(s)$、NaCl 试样等。

五、实验内容

1. 熟悉半自动、全自动电光天平、单盘天平、电子天平的构造

对照第三章第一节的相关内容，了解分析天平的基本构造和主要零部件。检查天平是否水平，秤盘是否清洁。对于半自动、全自动电光天平、单盘天平要检查天平梁、吊耳及圈码位置是否正常，指数盘是否处于零位。打开砝码盒，了解砝码的组合，认识砝码，熟悉砝码在砝码盒中的位置。然后轻轻顺时针旋转天平升降旋钮，开启天平，观察天平指针摆动是否自如。

2. 零点的测定与调节

对于半自动、全自动电光天平、单盘天平，开动天平的升降旋钮，待天平稳定后，投影屏标线与标尺“0”重合。若不重合，进行调节。对于电子天平，打开天平开关（按操纵杆或开关键），使天平处于零位，否则按“去皮”键。

3. 直接称量法

称量 3 个烧杯的质量。

(1) 用半自动、全自动电光天平、单盘天平型分析天平称量方法

① 调节天平零点。

② 将称量物（如烧杯）置于天平盘上，加减砝码使天平达到平衡，记录称量数据，即为称量物的质量。

(2) 用电子分析天平称量方法

① 打开天平开关，使天平处于零位，否则按“去皮”键。

② 放上称量物，读取数值并记录，即为称量物的质量。

4. 固定质量称量法

称取 0.5000g 细砂试样三份。

(1) 用半自动、全自动电光天平、单盘天平型分析天平称量方法

① 在分析天平上准确称出洁净干燥的烧杯或表面皿或称量纸的质量(可先在台秤或电子台秤上粗称),记录称量数据。

② 天平读数增加 0.5000g。

③ 用牛角匙将试样慢慢加到烧杯或表面皿或称量纸的中央,直到天平的平衡点与称量烧杯或表面皿或称量纸时的平衡点基本一致(误差范围≤0.2mg),记录称量数据,此时细砂试样的质量为 0.5000g。

④ 如此反复练习,直到掌握该方法。

(2) 用电子分析天平称量方法

① 在电子天平上准确称出洁净干燥的烧杯或表面皿或称量纸的质量,记录称量数据或按天平上的“去皮”键。

② 用牛角匙将细砂试样慢慢加到上述器皿的中央,如果在①步中未选择“去皮”键,则加试样使天平读数在关上天平门后正好显示“器皿重+0.5000g”,记录称量数据,此时细砂试样的质量为 0.5000g;如果在①步中选择了“去皮”键,则加试样使天平读数在关上天平门后正好显示 0.5000g,记录称量数据。

③ 如此反复练习,直到掌握该方法。

5. 递减称量法

称取 0.3~0.4g 试样三份。

(1) 用半自动、全自动电光天平、单盘天平型分析天平称量方法

从干燥器中取出一个洁净、干燥的称量瓶,先在台秤上粗称其大致质量,然后加入约 1.6g 试样。在分析天平上准确称量其质量,记录读数;估计一下样品的体积,转移 0.3~0.4g 试样(占试样总体积的 1/5~1/4)至第一个空的小烧杯中,称量并记录称量瓶和剩余试样的质量,两次质量之差,即为试样的质量。按上述方法连续递减,可称取多份试样。

(2) 电子分析天平称量方法

① 从干燥器中取出一个洁净、干燥的称量瓶,放置在电子天平上,然后按天平上的“去皮”键。

② 在称量瓶中加入约 1.6g 试样,准确称量其质量,记录读数;估计一下样品的体积,转移 0.3~0.4g 试样(占试样总体积的 1/5~1/4)至第一个空的烧杯中,称量并记录剩余试样的质量。两次质量之差,即为试样的质量。按上述方法连续递减,可称取多份试样。

③ 可以多练习几次。直到掌握该方法为止。

六、注意事项

1. 在称量过程中,不要改变天平的零点,称量完毕后检查天平的零点是否变动。

2. 递减法称量时,拿取称量瓶的原则是避免手指直接接触器皿,可用洁净的纸条包裹或者戴上“指套”“手套”拿称量瓶,以减小称量误差。

七、基本操作达标考核

实验完毕,从以下几方面进行天平使用和递减称量法的操作考核。对不达标的同学,需要继续训练,直到达标,否则后面的实验不能进行。

1. 天平使用的操作考核项目

	项　　目	是否达标
称量前的准备工作	1. 使用天平前，天平罩是否合理叠放好	
	2. 端坐在天平前，砝码盒放在天平右侧，被称量物及承接容器放在天平左侧，记录本放在天平前	
	3. 检查天平是否水平	
	4. 检查天平各部件位置是否正确	
	5. 是否用笔刷清洁天平盘、天平箱内的卫生	
	6. 称量瓶是否装在干燥器内带入天平室	
	7. 承接容器(如锥形瓶)是否编号	
	8. 是否调天平的零点	
称量过程及数据记录	9. 开启及关闭天平是否轻缓	
	10. 加减圈码时是否轻缓旋转指数盘	
	11. 试重时加减砝码是否遵循“由大到小，折半加入，逐级试验”的原则	
	12. 称量物及砝码是否放在天平盘的中心位置	
	13. 试重时是否半开天平	
	14. 天平达平衡后，读数时是否全开天平	
	15. 是否关天平门(调天平零点，称量过程和称完均应如此)	
	16. 称量完毕读数是否正确	
	17. 称量数据记录是否正确	
	18. 绝不允许在天平工作状态加减砝码、加减试样或触动天平	
	19. 天平中是否有遗落的称量物	
结束工作	20. 用完天平是否拿下称量物，并将砝码归回原位	
	21. 称量完是否将天平侧门关好、断电、盖罩	
	22. 称量完是否将天平台及地面收拾干净	
	23. 用完天平是否登记，坐凳是否放回原位	

说明：实际考核时应根据所教用的天平类型选取考核内容；在天平使用的操作考核项目达标后，进行称量操作的考核。

2. 递减称量法的操作考核项目

考核项目	是否达标
1. 不能用手直接拿称量瓶(要求用纸条，纸条的宽度要合理)	
2. 称量瓶盖只能在承接样品容器的上方打开、盖上	
3. 倒样时称量瓶要慢慢倾斜，距离承接样品的容器适中，用盖敲打瓶口内缘，倾倒完后一边用盖敲打瓶口，一边将瓶竖直	
4. 称一份试样，倾倒试样次数不多于三次	
5. 称量瓶及纸条要放在表面皿或者培养皿中	
6. 称量样品不能超过或低于称量范围	
7. 在称量过程中，要遵守天平的操作规程	

八、数据记录

1. 直接称量法

$m_{烧杯1}/g=$　　　　$m_{烧杯2}/g=$　　　　$m_{烧杯3}/g=$

2. 固定质量称量法

$m_{烧杯}/g$			
$m_{烧杯+细砂}/g$			
$m_{细砂}/g$			

3. 递减称量法

$m_{倾出前}/g$			
$m_{倾出后}/g$			
$m_{样品}/g$			

九、思考题

1. 加减砝码、圈码和称量物时，为什么必须关闭天平？

2. 分析天平的灵敏度越高，是否称量的准确度就越高？

3. 递减称量法称量过程中能否用小勺取样，为什么？

4. 在称量过程中，从投影屏上观察到标线已移至 100 分度的右边，此时说明左盘重还是右盘重？

5. 在实验中记录称量数据应准至几位？为什么？

6. 称量时，每次均应将砝码和物体放在天平盘的中央，为什么？

7. 为什么一定要在天平横梁托起后才进行操作（如加减砝码、取放物品、调节平衡螺丝）？

8. 在称量过程中，出现以下情况，对称量结果有无影响，为什么？

① 用手拿称量瓶或称量瓶盖子；

② 不在盛入试样的容器上方打开或关上称量瓶盖子；

③ 从称量瓶中很快向外倾倒试样；

④ 倒完试样后，很快竖起瓶子，不用盖子轻轻地敲打瓶口，就盖上盖子去称量；

⑤ 倒出所需质量的试样，要反复多次以致近 10 次才能完成。

实验三　滴定分析基本操作练习

一、预习提要

1. 预习内容：第三章第二节滴定管。

2. 滴定管分为哪几种？如何洗涤？

3. 滴定管在使用前应检查什么？

4. 如何涂凡士林？

5. 如何正确地读滴定管的读数？

6. 如何正确地进行滴定操作？

7. 酸碱标准溶液常用哪些试剂配制？用什么方法配制？

8. 滴定远离终点、接近终点、到达终点的标志是什么？

二、实验目的与要求

1. 掌握滴定管的准备和使用方法。
2. 熟练掌握正确的滴定操作。
3. 掌握甲基橙、酚酞指示剂在化学计量点附近的变色情况，正确判断滴定终点。
4. 经过本次实验后，要求达到：

① 在1min内涂好凡士林。

② 酸碱滴定管的正确操作姿势。

③ 正确判断指示剂终点的方法。

④ 熟练掌握三种滴加溶液的方法：逐滴滴加；加一滴；加半滴。

三、实验原理

滴定分析是将一种已知准确浓度的标准溶液用滴定管滴加到试样溶液中，直到标准溶液物质的量和被测组分物质的量之间正好符合化学反应式所表示的化学计量关系时为止，它是根据标准溶液的浓度和滴定所消耗的体积计算试样中被测组分含量的一种方法。滴定分析的基本操作包括容量仪器的选择和正确的使用方法、滴定终点的判断和控制、滴定数据的读取、记录和处理等。

本实验通过酸碱滴定法即强酸和强碱之间的滴定来了解和学习滴定分析的基本操作，为以后的滴定分析打好基础。

强酸和强碱之间的滴定是以酸碱反应为基础的一种滴定方法，也称中和法。

$$H_3O^+ + OH^- = 2H_2O$$

0.1mol·L^{-1} HCl和0.1mol·L^{-1}NaOH相互滴定时，化学计量点时的pH值为7.0，滴定的pH突跃范围为4.3～9.7，选用在突跃范围内变色的指示剂可保证测定有足够的准确度。

在中和反应中使用的酸碱指示剂一般是弱的有机酸或有机碱，其中酸式及其共轭碱具有不同的颜色。当溶液pH改变时指示剂失去质子由酸式转变为碱式，或得到质子由碱式转化为酸式，从而引起颜色的变化。

本实验中使用下列两种指示剂：甲基橙和酚酞。

甲基橙的变色范围是pH 3.1(红)～4.4(黄)，pH 4.0附近为橙色。以甲基橙为指示剂，用NaOH溶液滴定酸性溶液时，终点颜色变化是由橙变黄；而用HCl溶液滴定碱性溶液时，则应以由黄变橙时为终点。此处不能滴定至红色，因为红色说明pH 3.1已远离滴定突跃的范围，滴定误差较大，故滴至橙色（pH 4.0）结束。

酚酞变色范围为pH 8.0(无)～9.6(红)。用NaOH滴定HCl时终点由无色变为红色，HCl滴定NaOH时终点由红色变成无色。酚酞是单色指示剂，指示剂用量的多少对其变色范围是有影响的。比如人眼观察红色形式酚酞的最低浓度为a，它应该是固定不变的，今假设指示剂的总浓度为c，由指示剂的离解平衡式可以看出

$$\frac{K_a}{[H^+]}=\frac{[In^-]}{[HIn]}=\frac{a}{c-a}$$

如果c增大了，因为K_a、a都是定值，所以H^+会相应地增大，就是说指示剂会在较低的pH值变色。例如在50～100mL溶液中加2～3滴0.1%酚酞pH≈9出现微红，而在同样情况下加10～15滴酚酞，则在pH≈8时出现微红色。所以在使用这种指示剂时，平行

实验中要加入相同量的指示剂。无论是双色指示剂还是单色指示剂，用量过多（或浓度过高），都会使终点变色迟钝，而且本身也会消耗滴定剂。因此在不影响指示剂变色敏锐性的前提下，一般用量少一些为佳。

在 HCl 溶液与 NaOH 溶液进行相互滴定的过程中，若采用同一种指示剂指示终点，不断改变被滴定溶液的体积，则滴定剂的用量也随之变化，但它们相互反应的体积之比应基本不变。因此在不知道 HCl 和 NaOH 溶液准确浓度的情况下，通过计算 V_{HCl}/V_{NaOH} 体积比的精确度，可以检查实验者对滴定操作技术和判断终点掌握的情况。

滴定终点的判断正确与否是影响滴定分析准确度的重要因素，必须学会正确判断终点以及检验终点的方法。酸碱滴定所用的指示剂大多数是可逆的，这有利于练习判断滴定终点和验证终点。

滴定时是否临近终点，通过观察滴定剂落点处颜色改变的快慢进行判断，滴定剂落点处颜色迅速消失，表明离终点还远，滴定速度可快，但不能流成一条线；滴定剂落点处颜色消失渐慢，表明接近终点，此时要控制滴定速度，一滴一滴或半滴半滴地滴出，直到最后一滴或半滴引起溶液颜色发生突变，即为滴定终点，立即停止滴定。要做到这些必须反复多次练习。

四、基本操作

1. 酸、碱滴定管的洗涤、检漏、涂油、排除气泡、调零、读数。

2. 滴定操作基本要领：酸式滴定管的反扣法，碱式滴定管挤压玻璃珠的正确位置，锥形瓶的正确摇动，逐滴滴加、加一滴、加半滴技术的要领等。

3. 滴定终点的判断。

五、仪器与试剂

1. 仪器

量筒、酸式滴定管（50mL）、碱式滴定管（50mL）、锥形瓶（250mL）。

2. 试剂

0.1mol·L^{-1} HCl、0.1mol·L^{-1} NaOH、2g·L^{-1}酚酞乙醇溶液、2g·L^{-1}甲基橙指示剂。

六、实验内容

1. 滴定管的准备

（1）酸式滴定管的准备

洗涤→涂油→试漏

用 0.1mol·L^{-1} HCl 溶液润洗准备好的酸式滴定管 2～3 次，每次 5～10mL。然后将 HCl 溶液装入酸式滴定管中，排除气泡，管中液面调至 0.00mL 或零稍下处（为什么?），静置 1min 后，准确读取滴定管内液面位置（读到小数点后几位?），并立即将读数记录在实验记录本或原始数据记录单上。

（2）碱式滴定管的准备

洗涤→试漏

用 0.1mol·L^{-1} NaOH 溶液润洗准备好的碱式滴定管 2～3 次，每次 5～10mL。然后将 NaOH 溶液装入碱式滴定管中，排除气泡，管中液面调至 0.00mL 或零稍下处，静置 1min 后，准确读数，并记录。

2. 判断终点的练习

（1）酚酞指示剂终点判断的练习

从酸式滴定管放出约5mL HCl于锥形瓶中，加10mL去离子水，加入1～2滴酚酞，在不断摇动下（锥形瓶内的溶液作圆周运动），用NaOH溶液滴定，注意控制滴定速度，滴定开始时，滴定剂NaOH落点处周围的红色迅速褪去，此时滴定速度可稍快，但不能流成一条线，当滴加的NaOH落点处周围红色褪去较慢时，表明临近终点，用洗瓶洗涤锥形瓶内壁，控制NaOH溶液一滴一滴或半滴半滴地滴出，至溶液呈微红色，且半分钟不褪色即为终点。终点的检验：加半滴或一滴0.1mol·L^{-1} HCl溶液，若微红色褪去，则上述为终点的颜色。

由酸式滴定管放1mL左右HCl，再用NaOH溶液滴至终点。如此反复练习滴定与终点判断，直到熟练掌握酚酞指示剂终点的判断。

（2）甲基橙指示剂终点判断的练习

由碱式滴定管放出约5mL NaOH于锥形瓶中，加10mL去离子水，加入1～2滴甲基橙，在不断摇动下，用HCl溶液滴定，注意控制滴定速度，滴定开始时，滴定剂HCl落点处周围的黄色迅速褪去，此时滴定速度可稍快，但不能流成一条线，当滴加的HCl落点处周围黄色褪去较慢时，表明临近终点，用洗瓶洗涤锥形瓶内壁，控制HCl溶液一滴一滴或半滴半滴地滴出，至溶液由黄色恰呈橙色，即为终点。终点的检验：加半滴或一滴0.1mol·L^{-1} NaOH溶液，溶液由橙色恰变为黄色，则上述为终点的颜色。

再由碱式滴定管放入1mL左右NaOH，继续用HCl溶液滴定至终点，如此反复练习滴定与终点判断，直到熟练掌握甲基橙指示剂终点的判断。

3. 酸碱溶液的相互滴定

由碱式滴定管中准确放出NaOH溶液20～25mL（准确读数）于250mL锥形瓶中，加入甲基橙指示剂1～2滴，用0.1mol·L^{-1} HCl溶液滴定至溶液由黄色变为橙色，记录读数。平行测定三次。计算V_{HCl}/V_{NaOH}，要求相对平均偏差不大于0.3%。

由酸式滴定管中准确放出0.1mol·L^{-1} HCl溶液20～25mL（准确读数）于250mL锥形瓶中，加入酚酞指示剂1～2滴，用0.1mol·L^{-1} NaOH溶液滴定至溶液呈微红色，此红色保持30s不褪色即为终点，记录读数。平行测定三次。计算V_{HCl}/V_{NaOH}，要求相对平均偏差不大于0.3%。

七、注意事项

1. 正确判断终点颜色对初学者有一定的难度，所以在做滴定练习之前，应先练习判断和验证终点。具体做法是：在锥形瓶中加入约30mL水和1滴甲基橙指示剂，从碱式滴定管中放出2～3滴NaOH溶液，观察其黄色；然后用酸式滴定管滴加HCl溶液由黄变橙，如果已滴到红色，再滴加NaOH溶液至黄。如此反复滴加HCl和NaOH溶液，直至能做到加半滴NaOH溶液由橙变黄（验证：加半滴HCl溶液则变橙），而加半滴HCl溶液由黄变橙（验证：再加半滴HCl溶液变红，或加半滴NaOH溶液能变黄）为止，达到能通过加入半滴溶液而确定终点。滴定终点练习时应反复练习滴入一滴或半滴溶液颜色发生变化，这是滴定实验中经常用到的操作。

在以后的实验中，每遇到一种新的指示剂，均应先练习能正确地判断终点颜色变化后再开始实验。

2. 洗涤滴定管使用铬酸洗液时应注意安全，千万不要接触到皮肤和衣物。

3. 用NaOH滴定HCl，以酚酞作指示剂，终点为微红色，半分钟不褪。如果经较长时间慢慢褪去，那是由于溶液中吸收了空气中的 CO_2，生成 H_2CO_3所致。

八、基本操作达标考核

滴定操作的考核项目

考核项目		是否达标
准备工作	1. 滴定管的洗涤(自来水、蒸馏水、必要时用洗液)	
	2. 检查滴定管是否漏水	
	3. 酸式滴定管的涂油	
	4. 碱式滴定管的玻璃球要与乳胶管匹配	
	5. 用所装溶液润洗 3 次，每次 5～10mL	
	6. 装溶液，排气泡的正确方法	
	7. 平行滴定时，每次初读数都在"0"或"0"稍下的位置	
	8. 会读数(手不拿盛液部分，滴定管自然下垂)	
滴定过程 (正确的滴定操作)	9. 握滴定管的手法要正确	
	10. 滴定管尖要伸入锥形瓶中(约 1cm)，不可不伸入或伸入过多	
	11. 滴和摇要配合默契：要边滴边摇，左手握滴定管，并控制滴定速度，右手拿锥形瓶，并不断摇动，使溶液呈圆周运动	
	12. 滴定速度一般开始时可快，但滴定液不能流成水线，接近终点时要慢，要一滴或者半滴地加入	
	13. 一滴操作、半滴操作要规范并熟练	
终点判断	14. 终点判断要正确(加一滴或半滴溶液时，颜色发生突变)	

九、数据记录及处理

酸碱溶液的相互滴定

项目		1	2	3
甲基橙指示剂	V_{HCl}终读数/mL V_{HCl}初读数/mL V_{HCl}/mL			
	V_{NaOH}终读数/mL V_{NaOH}初读数/mL V_{NaOH}/mL			
	V_{HCl}/V_{NaOH}			
	V_{HCl}/V_{NaOH}的平均值			
	$\|d_i\|$			
	平均偏差 $\bar{d}$			
	相对平均偏差/%			

续表

<table>
<tr><th colspan="2">项目</th><th>1</th><th>2</th><th>3</th></tr>
<tr><td rowspan="7">酚酞指示剂</td><td>V_{HCl}终读数/mL
V_{HCl}初读数/mL
V_{HCl}/mL</td><td></td><td></td><td></td></tr>
<tr><td>V_{NaOH}终读数/mL
V_{NaOH}初读数/mL
V_{NaOH}/mL</td><td></td><td></td><td></td></tr>
<tr><td>V_{HCl}/V_{NaOH}</td><td></td><td></td><td></td></tr>
<tr><td>V_{HCl}/V_{NaOH}的平均值</td><td colspan="3"></td></tr>
<tr><td>$|d_i|$</td><td></td><td></td><td></td></tr>
<tr><td>平均偏差 $\bar{d}$</td><td colspan="3"></td></tr>
<tr><td>相对平均偏差/%</td><td colspan="3"></td></tr>
</table>

十、思考题

1. 标准溶液装入滴定管之前，为什么要用该溶液润洗滴定管 2～3 次？而锥形瓶是否也需用该溶液润洗或烘干，为什么？

2. 滴定至临近终点时加入半滴的操作是怎样进行的？

3. 在每次滴定完成后，为什么要把溶液加至滴定管零点，然后再进行第二次滴定？

4. 以下情况对实验结果有无影响，为什么？

① 锥形瓶只用自来水冲洗干净。

② 滴定过程中活塞漏水。

③ 滴定管下端气泡未赶尽。

④ 滴定过程中，往锥形瓶内加少量蒸馏水。

⑤ 滴定管内壁挂有液滴。

5. 下列操作是否准确，为什么？

① 每次洗涤的操作液从吸管的上口倒出。

② 为了加速溶液的流出，用洗耳球把吸管内溶液吹出。

③ 吸取溶液时，吸管末端伸入溶液太多；转移溶液时，任其临空流下。

实验四 定容练习

一、预习提要

1. 使用容量瓶前做哪些准备？

2. 如何洗涤容量瓶和移液管？

3. 用移液管怎样正确地移取溶液？

4. 预习第三章第二节中的三、四。

二、实验目的

1. 掌握容量瓶和移液管使用前的准备工作和洗涤方法。

2. 掌握用容量瓶配制溶液的规范操作步骤。

3. 掌握移液管的正确使用方法。

三、实验原理

在分析实验中，标准溶液的配制常用到容量瓶，而容量瓶最后定容时体积是否准确直接影响标准溶液的浓度是否准确，从而影响到实验结果的可靠性。可见熟练的定容操作尤为重要。本实验以配制 Na_2CO_3 标准溶液，并将其稀释 10 倍为例，练习容量瓶的定容操作及移液管的正确操作。

四、仪器与试剂

1. 仪器

容量瓶（250mL）、移液管（25mL）、分析天平、小烧杯、表面皿、玻璃棒（搅拌棒）等。

2. 试剂

Na_2CO_3 分析纯。

五、实验内容

1. 仪器的准备

容量瓶的准备：试漏、洗涤，具体操作见第三章第二节中的三。

移液管的准备：洗涤，具体操作见第三章第二节中的四。

2. 配制 $0.01mol \cdot L^{-1}$ 的 Na_2CO_3 标准溶液 250mL

从干燥器中取出称量瓶，在分析天平上准确称量所需质量的 Na_2CO_3 于洗净的小烧杯中，加水搅拌溶解。将溶液定量转移到预先洗净的容量瓶中，具体操作见第三章第二节中的三。

3. $0.001mol \cdot L^{-1}$ 的 Na_2CO_3 标准溶液 250mL

将上述配制好的 $0.01mol \cdot L^{-1}$ 的 Na_2CO_3 标准溶液少量倒入小烧杯中，按第三章第二节中四的内容，润洗 25mL 移液管和小烧杯，然后用移液管准确移取 25mL 上述 $0.01mol \cdot L^{-1}$ 的 Na_2CO_3 标准溶液于 250mL 容量瓶中，加水定容得到稀释 10 倍的 Na_2CO_3 标准溶液。

六、基本操作达标考核

从烧杯中定量转移至容量瓶中的操作考核项目

考核项目		是否达标
使用前的检查	1. 检查容量瓶是否漏水，标线位置离瓶口是否太近	
溶解	2. 加适量去离子水于烧杯中，用搅拌棒搅拌溶解	
定量转移	3. 借助搅拌棒引流，搅拌棒不能碰容量瓶口，下端接触容量瓶内壁，并稍倾斜	
	4. 溶液转移完后，烧杯沿玻璃棒轻轻上提，同时直立烧杯，并将搅拌棒放回烧杯，不能放在烧杯嘴上	
	5. 用洗瓶洗涤烧杯、搅拌棒三次以上，并将洗涤液定量转入烧杯中	
预混匀	6. 用去离子水稀释至容量瓶体积的 2/3 处时，水平摇匀，但不能将容量瓶加盖倒转摇动	
定容	7. 继续加水于标线以下约 1cm，等待 1～2min 后，使附在瓶颈内壁的溶液流下后，最后用滴管或洗瓶沿壁缓缓加水直至弯月面下缘与标线相切	
混匀	8. 盖上干的瓶塞，左手捏住瓶颈标线以上部分，食指按住瓶塞，右手指尖托住瓶底边缘，将瓶倒转并摇动，再倒转过来，使气泡上升到顶；如此反复多次，使溶液充分混合均匀	

移液管操作的考核项目

考核项目		是否达标
准备工作	1. 洗净，用滤纸将尖端内外的水吸干	
	2. 润洗移液管方法：将待移取的溶液倒入干净、干燥的小烧杯中，冲洗小烧杯壁，润洗移液管，用小烧杯内的液体冲洗移液管外壁，倒掉，重复操作三次以上，每次少许润洗液，注意润洗移液管内壁时要放平转动移液管，使内壁均匀润洗	
吸取溶液	3. 吸取溶液时左手拿洗耳球，右手拿移液管，吸至刻度上方用右手食指堵管口	
	4. 移液管不可伸入溶液太深	
	5. 吸取溶液时不可吸空，也不可吸至管口	
	6. 调节液面至标线，要求调节自如	
放出溶液	7. 放溶液时承接容器（如容量瓶、锥形瓶等）要倾斜大约 45°，移液管要垂直，移液管尖端要接触容器内壁	
	8. 最后一滴的处理。如不写“吹”字，移液管尖端接触容器内壁 15s；如写“吹”字，将最后一滴吹入承接容器内。将移液管放回移液管架	

七、思考题

1. 在什么情况下需要用容量瓶配制溶液？
2. 在什么情况下需要用移液管移取溶液？

实验五　容量仪器的校正

一、预习提要

1. 预习内容：第三章第二节的有关内容。
2. 什么是标准温度、标称容量、量器的容量允差、流出时间和等待时间？
3. 玻璃容器分为哪几个级别？
4. 量器分为几类？各在什么时候使用？
5. 量器的校正方法有几种？简述其原理。
6. 使用容量瓶前做哪些准备？如何洗涤容量瓶和移液管？
7. 用移液管怎样正确地移取溶液？
8. 校正容量仪器时应注意哪些事项？

二、实验目的

1. 了解量器使用中的几个名称，理解容量仪器校正的意义。
2. 初步掌握滴定管的绝对校准、容量瓶的校准及移液管和容量瓶的相对校准。
3. 巩固滴定操作及分析天平的使用。

三、实验原理

见第三章第二节量器的校正。

四、仪器与试剂

1. 仪器

① 容量瓶（250mL、100mL 各两个）：上次实验完后用铬酸洗液洗净，倒置在漏斗架上，自然晾干，备用。

② 50mL 酸、碱式滴定管各一支。

③ 50mL 磨口锥形瓶两个：上次实验完后洗净，倒置在漏斗架上，自然晾干。

④ 温度计一支：0～100℃，分度值为0.1℃。

⑤ 250mL（或500mL）烧杯、一个移液管（25mL）、常量分析天平、橡皮膏或透明胶布、洗耳球一个。

2. 试剂

新制备的蒸馏水或去离子水。

五、实验内容

1. 移液管的校准

① 用铬酸洗液洗净移液管，并用待移取的纯水润洗2～3次。

② 反复练习用移液管正确、规范地移取水溶液。

③ 取一个50mL洗净晾干的磨口锥形瓶，在分析天平上称量至0.01g。

④ 先把温度计用待移取的纯水洗净，然后将温度计插入纯水中5～10min，测量水温，注意读数时不可将温度计下端提出水面（为什么?）。

⑤ 用待校正的移液管吸取已测过温度的纯水，按转移溶液的操作规程，将纯水转移到上述磨口锥形瓶中，放完水随即盖上瓶塞，称量至0.01g。

⑥ 算出移液管放出水的质量，根据公式（3-1）计算移液管在20℃时的实际容积。

重复操作一次，两次释出纯水的质量之差，应小于0.01g，两次校正后的实际容积之差不超过0.02mL，求实际容积的平均值及校正值ΔV。

2. 容量瓶的校准

① 在分析天平上称量洁净、干燥容量瓶的质量，称准至0.01g。

② 取下容量瓶注水至标线以上几毫米，等待2min，用滴管吸出多余的水，使液面最低点与标线上边缘相切，再放到电子天平上称准至0.01g。

③ 插入温度计测量水温。

④ 两次称得质量之差即为该瓶所容纳纯水的质量，根据公式（3-1）、式（3-3）计算该容量瓶在20℃时的实际容积及校正值ΔV。

3. 容量瓶与吸管的相对校正

用洁净的25mL移液管移取纯水于干净且晾干的100mL（或250mL）容量瓶中，重复操作4（或10）次后，观察液面的弯月面下缘是否恰好与标线上缘相切，若不相切，则用胶布在瓶颈上另作标记，以后实验中，此移液管和容量瓶配套使用时，应以新标记为准。

4. 滴定管的校正

① 将已洗净且外表干燥（为什么?）的带磨口玻璃塞的锥形瓶，放在分析天平上称量，得空瓶质量$m_{瓶}$，记录至0.001g位。

② 测量水温。

③ 将已洗净的滴定管盛满纯水，调至0.00mL刻度处，以每分钟不超过10mL的流速，从滴定管中放出一定体积（记为V），如放出5mL的纯水于已称量的锥形瓶中，盖紧塞子，称出“瓶+水”的质量$m_{瓶+水}$，两次质量之差即为放出之水的质量$m_{水}$。用同法称量滴定管从0到10mL，0到15mL，0到20mL，0到25mL等刻度间的$m_{水}$，用实验水温时水的密度来除每次$m_{水}$，即可得到滴定管各部分的实际容积V_{20}。重复校准一次，两次相应区间的水体积相差应小于0.02mL，结果取平均值，并计算校准值$\Delta V(V_{20}-V)$。以滴定管读数V_0为横坐标，校正值ΔV为纵坐标，绘制滴定管校准曲线。

六、注意事项

1. 拿取锥形瓶时，需用纸条包裹拿取。
2. 校正容量仪器时，必须严格遵守它们的使用规则。
3. 校正容量仪器所用的蒸馏水应预先放在天平室，使其与天平室的温度达到平衡。
4. 待校正的容量瓶等器皿应预先洗净晾干。
5. 从滴定管放水至锥形瓶时，水滴不能滴在锥形瓶的外壁或瓶口。
6. 校正滴定管时，可用磨口锥形瓶（碘瓶）或用锥形瓶加盖。

七、数据记录及处理

1. 移液管的校准

移液管的标称容量 $V=$　　　　水温 $t=$　　　　查表 $d_t'=$

项目	1	2
$m_{锥形瓶}/g$ $m_{锥形瓶+水}/g$ $m_{水}/g$		
$V_{20}=\frac{m_{水}}{d_t'}/mL$		
两次校正后的实际容积之差 ΔV_{20}		
实际容积的平均值$\overline{V}_{20}$		
校正值 $\Delta V=\overline{V}_{20}-V$		

2. 容量瓶的校准

容量瓶的标称容量 $V=$　　　　水温 $t=$　　　　查表 $d_t'=$

$m_{容量瓶}(g)=$

$m_{容量瓶+水}(g)=$

$m_{水}(g)=$

$$V_{20}=\frac{m_{水}}{d_t'}(mL)$$

$\Delta V(mL)=V_{20}-V$

3. 容量瓶与吸管的相对校正

25mL 移液管吸取 10 次纯水的总体积与 250mL 容量瓶的量程相比较。

4. 滴定管的校正

水温 $t=$　　　　查表 $d_t'=$　　　　$V_{20}=\frac{m_{水}}{d_t'}$

校准分段/mL	放出纯水的体积 V_0/mL	第一次/g			第二次/g			纯水质量的平均 $\overline{m}_{水}$/g	实际体积 V_{20}/mL	校正值 $\Delta V=V_{20}-V$/mL
		$m_{瓶}$	$m_{瓶+水}$	$m_{水}$	$m_{瓶}$	$m_{瓶+水}$	$m_{水}$			
0～5.00	5.00									
0～10.00	10.00									
0～15.00	15.00									

续表

校准分段/mL	放出纯水的体积 V_0/mL	第一次/g			第二次/g			纯水质量的平均 $\overline{m}_水$/g	实际体积 V_{20}/mL	校正值 $\Delta V=V_{20}-V$/mL
		$m_瓶$	$m_{瓶+水}$	$m_水$	$m_瓶$	$m_{瓶+水}$	$m_水$			
0～20.00	20.00									
0～25.00	25.00									
0～30.00	30.00									
0～35.00	35.00									
0～40.00	40.00									
0～45.00	45.00									
0～50.00	50.00									

八、思考题

1. 校正时为什么只需称准至0.01g？

2. 容量瓶校准时为什么需要晾干？在用容量瓶配制标准溶液时是否也要晾干？用作相对校正的容量瓶为什么要预先洗净晾干，如何晾干？

第二节　酸碱滴定实验

实验六　酸碱标准溶液的配制及标定

一、预习提要

1. 用什么方法配制酸碱标准溶液，为什么？

2. 酸碱标准溶液常用什么基准物质标定？各选用何种指示剂？为什么？分别写出反应式。

3. 用容量瓶配制溶液的操作步骤是什么？

二、实验目的

1. 复习巩固分析天平的使用方法。

2. 掌握酸碱标准溶液的配制方法和浓度的标定原理。

3. 巩固酸式滴定管与碱式滴定管的使用方法和操作姿势。

4. 进一步熟悉指示剂颜色的变化及巩固终点的观察与判断。

5. 掌握移液管和容量瓶的正确使用方法。

三、实验原理

标准溶液是指已知准确浓度的溶液。其配制方法通常有两种：直接法和标定法。

1. 直接法

准确称取一定质量的物质经溶解后定量转移到容量瓶中，并稀释至刻度，摇匀。根据称取物质的质量和容量瓶的体积即可算出该标准溶液的准确浓度。适用此方法配制标准溶液的物质必须是基准物质。

2. 标定法

大多数物质的标准溶液不宜用直接法配制，可选用标定法。即先配成近似所需浓度的溶液，再用基准物质或已知准确浓度的标准溶液标定其准确浓度。

HCl 和 NaOH 标准溶液在酸碱滴定中最常用，但由于浓盐酸含有杂质而且易挥发，氢氧化钠固体易吸收空气中的二氧化碳和水蒸气，因此它们均非基准物质，故只能选用标定法来配制。其浓度一般在 $0.01 \sim 1\mathrm{mol \cdot L^{-1}}$，通常配制 $0.1\mathrm{mol \cdot L^{-1}}$ 的溶液。

(1) 标定碱的基准物质　常用标定碱标准溶液的基准物质有邻苯二甲酸氢钾、草酸等。其浓度还可通过与已知准确浓度的 HCl 标准溶液比较进行标定。本实验选用邻苯二甲酸氢钾作基准物质。

① 邻苯二甲酸氢钾（$KHC_8H_4O_4$，缩写为 KHP），易制得纯品，在空气中不吸水，容易保存，摩尔质量较大，是一种较好的基准物质。

标定反应如下：

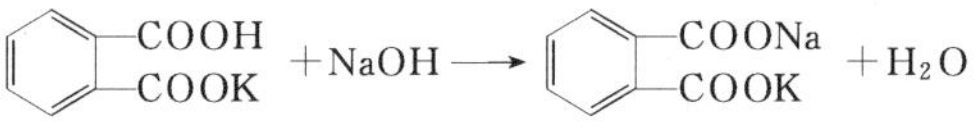

化学计量点时，反应产物为二元弱碱，在水溶液中呈弱碱性，pH 值约为 9.05（怎么估算？写出计算式），可选用酚酞、百里酚蓝作指示剂或酚酞-百里酚蓝混合指示剂。本实验选用酚酞指示剂。

邻苯二甲酸氢钾使用前要在 105～110℃烘箱内干燥 2h 后，放置在干燥器中备用。干燥温度过高，则脱水成为邻苯二甲酸酐。

② 草酸（$H_2C_2O_4 \cdot 2H_2O$），在相对湿度为 5%～95%时不会风化失水，干燥条件是室温空气干燥，故将其保存在磨口玻璃瓶中即可。草酸固体状态比较稳定，但溶液状态的稳定性较差，由于它具有还原性，空气能使草酸溶液慢慢氧化，光和 Mn^{2+} 能催化其氧化，因此，$H_2C_2O_4$标准溶液必须置于暗处存放。标定氢氧化钠标准溶液时，常用草酸固体。

草酸是二元弱酸，$K_{a_1}=5.9\times10^{-2}$，$K_{a_2}=6.4\times10^{-5}$，两者相差不大，不能分步滴定，但 K_{a_1} 和 K_{a_2} 较大，两级解离的 H^+ 能一次被滴定。

标定反应为：　$H_2C_2O_4 + 2NaOH \longrightarrow Na_2C_2O_4 + 2H_2O$

反应产物为 $Na_2C_2O_4$，化学计量点的 pH 值约为 8.36（写出估算公式），在水溶液中显微碱性，可选用酚红、酚酞作指示剂或甲酚红-百里酚蓝混合指示剂。

(2) 标定酸的基准物质

常用于标定酸的基准物质有无水碳酸钠和硼砂。其浓度还可通过与已知准确浓度的 NaOH 标准溶液比较进行标定。

① 无水碳酸钠（Na_2CO_3），易吸收空气中的水分。使用前应将其干燥。干燥条件是将其置于 270～300℃烘箱内干燥 1h，然后保存于干燥器中备用。

标定反应为：　$Na_2CO_3 + 2HCl \longrightarrow 2NaCl + H_2O + CO_2\uparrow$

计量点时，为 H_2CO_3饱和溶液，pH 值约为 3.9，可选用溴甲酚绿、甲基橙作指示剂或甲基橙-靛蓝二磺酸钠混合指示剂。以甲基橙作指示剂应滴至溶液呈橙色为终点。本实验用甲基橙作指示剂。为了提高滴定的准确度，应使 H_2CO_3 的过饱和部分不断分解逸出，临近终点时应将溶液剧烈摇动或加热。

Na_2CO_3基准物的缺点是容易吸水，由于称量而造成的误差也稍大，所以称量时动作要快，且终点时变色不甚敏锐。

② 硼砂（$Na_2B_4O_7 \cdot 10H_2O$），易于制得纯品，吸湿性小，摩尔质量大。当空气中相对

湿度小于 39%时，失水而有明显的风化现象。使用前必须干燥。干燥条件是在相对湿度为 60%的室温干燥器（下置食盐和蔗糖饱和溶液）中保存。

标定反应为：　　$Na_2B_4O_7+2HCl+5H_2O \xlongequal{} 4H_3BO_3+2NaCl$

产物为 H_3BO_3，其水溶液 pH 值约为 5.1，可用甲基红作指示剂或甲基红-溴甲酚绿混合指示剂。

(3) 与已知准确浓度的 NaOH(HCl) 标准溶液比较进行标定

0.1mol·L^{-1} HCl 和 0.1mol·L^{-1} NaOH 溶液的比较标定是强酸强碱的滴定，化学计量点时 pH=7.00，滴定突跃范围比较大（pH = 4.30～9.70），因此，凡是变色范围全部或部分落在突跃范围内的指示剂，如甲基橙、甲基红、酚酞、甲基红-溴甲酚绿混合指示剂，都可用来指示终点。比较滴定中可以用酸溶液滴定碱溶液，也可用碱溶液滴定酸溶液。若用 HCl 溶液滴定 NaOH 溶液，选用甲基橙为指示剂。

四、仪器与试剂

1. 仪器

台秤、量筒（10mL）、烧杯、试剂瓶、移液管（25mL）、容量瓶（250mL）、酸式滴定管（50mL）、碱式滴定管（50mL）、锥形瓶（250mL）、烘箱、橡皮塞。

2. 试剂

① 浓盐酸、NaOH、2g·L^{-1}酚酞乙醇溶液、2g·L^{-1}甲基橙。

② 邻苯二甲酸氢钾基准试剂在 105～110℃干燥 2h 后，置于干燥器中备用。

③ 无水 Na_2CO_3 基准物质：将无水 Na_2CO_3 置于烘箱内，在 270～300℃下，干燥 1h。

五、实验内容

1. 酸碱溶液的配制

(1) 0.1mol·L^{-1} NaOH 溶液的配制

用台秤迅速称取 2g NaOH 固体（为什么？预习中应计算）于 100mL 小烧杯中，用量筒加约 50mL 无 CO_2 的去离子水溶解，然后转移至试剂瓶中，用量筒加去离子水 450mL（需要定量移入吗？为什么?），摇匀，稍冷后，用橡皮塞塞紧。贴好标签，写好试剂名称、浓度、配制日期、姓名等项。在配制溶液后均须立即贴上标签，注意养成此习惯。

试剂名称＿＿＿＿＿＿＿＿
浓　　度＿＿＿＿＿＿＿＿
配制日期＿＿＿＿＿＿＿＿
姓　　名＿＿＿＿＿＿＿＿

(2) 0.1mol·L^{-1} HCl 溶液的配制

用洁净量筒量取浓 HCl 约 4.5mL（为什么？预习中应计算）倒入 500mL 试剂瓶中，用去离子水稀释至 500mL（体积要很准确吗？为什么？你准备如何稀释至 500mL），盖上玻璃塞，充分摇匀。因浓盐酸挥发性很强，操作应在通风橱中进行。贴好标签，写好试剂名称等，备用。

2. 酸碱溶液的标定

(1) 0.1mol·L^{-1} NaOH 溶液浓度的标定

洗净碱式滴定管，经检漏、润洗、装 NaOH 溶液、排除气泡、静置等操作，备用。

准确称取 0.4～0.5g 已烘干的邻苯二甲酸氢钾三份（用什么天平、哪种方法称量？下同），分别放入三个已编号的 250mL 锥形瓶中，加 20～30mL 去离子水溶解（若不溶，可稍加热，冷却后），加入 1～2 滴酚酞指示剂，用 0.1mol·L^{-1} NaOH 溶液滴定至呈微红色，半分钟不褪色，即为终点。计算 NaOH 标准溶液的浓度，并用 Q 检验法检查有无数据舍去，求平均值和相对平均偏差，要求相对平均偏差不大于 0.2%。注意滴定每份时，必须将 NaOH 溶液装在零刻度线附近（为什么?）。

(2) 0.1mol·L^{-1} HCl 溶液浓度的标定

洗净酸式滴定管，经检漏（需要时涂凡士林）、润洗、装液、排除气泡、静置等操作，备用。

准确称取 1.0～1.2g 无水碳酸钠于小烧杯中，溶解后，定量转移到 250mL 容量瓶中，用 25mL 移液管移取于三个已编号的 250mL 锥形瓶中。加 1～2 滴甲基橙指示剂，然后用盐酸溶液滴定至溶液由黄色突变为橙色，即为终点。计算 HCl 标准溶液的浓度，检查有无可疑数据要舍去，求平均值和相对平均偏差，要求相对平均偏差不大于 0.2%。注意每次装液必须在零刻度线附近。

六、注意事项

1. 不含 CO_3^{2-} 的 NaOH 溶液可用下列三种方法配制。

① 第一种　漂洗法。由于 NaOH 固体一般只在其表面形成一薄层 Na_2CO_3，所以用台秤于小烧杯中称取较理论量较多的 NaOH 固体，用不含 CO_2 的去离子水迅速冲洗两三次，每次用水少许，以洗去固体表面少量的 Na_2CO_3，倾去洗涤液，留下固体 NaOH，溶解并定容。

② 第二种　沉淀法。在 NaOH 溶液中加入少量 $Ba(OH)_2$ 或 $BaCl_2$，CO_3^{2-} 就以 $BaCO_3$ 形式沉淀下来，取上层清液稀释至所需浓度。

③ 第三种　浓碱法。制备 50% NaOH 的饱和溶液。在这种浓溶液中，Na_2CO_3 几乎不溶解，待 Na_2CO_3 下沉后，吸取上层清液，稀释至所需浓度。稀释用水必须是将去离子水煮沸数分钟，除去 CO_2 后冷却。

2. CO_2 存在时终点变色不够敏锐，因此，在接近终点之前，最好把溶液加热至沸，并摇动以赶走 CO_2，冷却后再滴定。

3. 用无水碳酸钠标定盐酸溶液时，若称量每份进行滴定，则每次仅称量 0.10～0.12g，其称量误差就大于 0.1%，为了减小称量误差，称取无水碳酸钠 1.0～1.2g，在容量瓶中配制成溶液后，再进行实验。

七、数据记录及处理

NaOH 溶液的标定。

指示剂：

项目	1	2	3
$m_{KHC_8H_4O_4+称量瓶}$(倾出前)/g $m_{KHC_8H_4O_4+称量瓶}$(倾出后)/g $m_{KHC_8H_4O_4}$(倒出量)/g			

续表

项目	1	2	3
V_{NaOH}终读数/mL V_{NaOH}初读数/mL V_{NaOH}/mL			
$c_{NaOH}=\dfrac{\dfrac{m_{KHC_8H_4O_4}}{M_{KHC_8H_4O_4}}}{V_{NaOH}\times10^{-3}}$/mol·L^{-1}			
$\bar{c}_{NaOH}$/mol·L^{-1}			
$\lvert d_i \rvert$			
平均偏差 $\bar{d}$			
相对平均偏差/%			

八、思考题

1. HCl 和 NaOH 标准溶液能否用直接配制法配制？为什么？

2. 配制酸碱标准溶液时，为什么用量筒量取 HCl、用台秤称取 NaOH 固体，而不用吸量管和分析天平？

3. 如何计算称取基准物邻苯二甲酸氢钾或 Na_2CO_3 的质量范围？称得太多或太少对标定有何影响？

4. 溶解基准物质邻苯二甲酸氢钾时，加入 20～30mL 水，是用量筒量取，还是用移液管移取？为什么？

5. 如果基准物未烘干，将使标准溶液浓度的标定结果偏高还是偏低？

6. 用 NaOH 标准溶液标定 HCl 溶液浓度时，以酚酞作指示剂，用 NaOH 滴定 HCl，若 NaOH 溶液因储存不当吸收了 CO_2，问对测定结果有何影响？

实验七 有机酸摩尔质量的测定

一、预习提要

1. 测定有机酸摩尔质量的依据是什么？

2. 测定有机酸试样时，为什么选用酚酞作指示剂，而不用甲基橙作指示剂？

二、实验目的

1. 掌握有机酸摩尔质量测定的原理和方法。

2. 掌握用容量瓶配制溶液的规范操作步骤。

3. 进一步熟练称量、滴定、移取溶液等基本操作。

三、实验原理

大多数有机酸是固体弱酸，如草酸，解离常数为 $pK_{a_1}=1.22$、$pK_{a_2}=4.19$，酒石酸 $pK_{a_1}=2.85$、$pK_{a_2}=4.34$，柠檬酸 $pK_{a_1}=3.15$、$pK_{a_2}=4.77$、$pK_{a_3}=6.39$。这几种弱酸均易溶于水，与 NaOH 溶液的反应为：

$$n\text{NaOH}+\text{H}_n\text{A(有机酸)} = \text{Na}_n\text{A}+n\text{H}_2\text{O}$$

当浓度为 0.1mol·L^{-1}时，有机酸的各级离解常数与浓度的乘积均大于 10^{-8}，所以可用 NaOH 标准溶液准确滴定。其摩尔质量根据下式计算：

$$M_{H_nA}=\frac{c_{NaOH}V_{NaOH}\times 10^{-3}\times \frac{1}{n}}{m_{H_nA}}$$

滴定产物为强碱弱酸盐，滴定突跃在弱碱性范围内，因此可选用酚酞作指示剂。滴定至溶液突变为微红色，即为终点。

物质的摩尔质量可以根据滴定反应从理论上计算求得。本实验要求准确测定一种有机酸的摩尔质量，并与理论值进行比较。

四、仪器与试剂

1. 仪器

分析天平、烧杯（100mL）、称量瓶、移液管（25mL）、容量瓶（250mL）、碱式滴定管（50mL）、锥形瓶（250mL）。

2. 试剂

0.1$mol\cdot L^{-1}$ NaOH 标准溶液；2$g\cdot L^{-1}$酚酞乙醇溶液。

有机酸试剂：如草酸、酒石酸、柠檬酸、乙酰水杨酸、苯甲酸等。

五、实验内容

用递减称量法准确称取有机酸试剂若干克（使每次滴定时消耗 NaOH 标准溶液的体积为 20～30mL，为什么?）于 100mL 烧杯中，加少量去离子水溶解，定量转入 250mL 容量瓶中，用去离子水冲洗烧杯数次，一并转入容量瓶中，然后用去离子水稀释至刻度，摇匀。用移液管移取 25.00mL 试液，放入 250mL 锥形瓶中，加酚酞指示剂 1～2 滴。用 NaOH 标准溶液滴定至溶液由无色突变为微红色，且半分钟内不褪色，即为终点。平行测定 4～6 份，检查有无可疑数据，计算有机酸的摩尔质量，求算结果的精密度和准确度。

六、注意事项

1. 本实验为考查实验，氢氧化钠标准溶液自己配制，自己标定。
2. 实验数据直接记到实验报告“原始数据记录”一栏中。

七、思考题

1. 如 NaOH 标准溶液在保存过程中吸收了空气中的 CO_2，用该标准溶液测定某有机酸的含量，NaOH 浓度是否会改变？测定结果有何影响？
2. 草酸、柠檬酸、酒石酸等多元有机酸能否用 NaOH 溶液分步滴定？
3. 用类似方法设计测定有机碱的摩尔质量。

实验八　铵盐中氮含量的测定

一、预习提要

1. 为何要处理甲醛溶液，如何处理？
2. 铵盐试样中的游离酸为什么要除去？
3. 测定铵盐中的氮含量，为何不用直接滴定法？
4. 测量过程中颜色如何变化？哪种指示剂在起作用？

样品$\xrightarrow{\text{甲基红}}$？$\xrightarrow{\text{NaOH}}$？$\xrightarrow{\text{甲醛}}$？$\xrightarrow{\text{酚酞}}$？$\xrightarrow{\text{NaOH 滴定}}$？淡红色

5. 该方法属于哪种滴定方式？
6. 准确滴定的条件是什么？本实验怎样处理铵盐，使其可以准确滴定？

7. 怎样选择指示剂？本实验中应用了哪几种指示剂？为什么各不相同？

二、实验目的

1. 了解弱酸强化的基本原理。
2. 掌握甲醛法测定铵盐中氮含量的基本原理和方法。
3. 学会取用大样的原则。
4. 进一步熟悉分析天平的使用、滴定操作。
5. 进一步掌握容量瓶、移液管的正确操作。

三、实验原理

常用的铵盐有NH_4Cl、$(NH_4)_2SO_4$、NH_4NO_3、NH_4HCO_3等，其中NH_4Cl、$(NH_4)_2SO_4$和NH_4NO_3是强酸弱碱盐，属一元弱酸，由于NH_4^+的酸性太弱（$K_a=5.6\times10^{-10}$），$cK_a<10^{-8}$，因此不能直接用NaOH标准溶液滴定，但可用甲醛法采用置换滴定的方式测定其含量。甲醛与NH_4^+作用，可定量置换出质子化的六亚甲基四胺（$K_a=7.1\times10^{-6}$）和H^+，其反应如下：

$$4NH_4^+ + 6HCHO \longrightarrow (CH_2)_6N_4H^+ + 3H^+ + 6H_2O$$

所生成的H^+和$(CH_2)_6N_4H^+$可用NaOH标准溶液准确滴定，其反应如下：

$$(CH_2)_6N_4H^+ + 3H^+ + 4OH^- \longrightarrow (CH_2)_6N_4 + 4H_2O$$

计量点时产物为$(CH_2)_6N_4$，其水溶液显微碱性，pH值约为9，故可采用酚酞作指示剂。

四、仪器与试剂

1. 仪器

容量瓶（250mL）、移液管（25mL）、锥形瓶（250mL）、碱式滴定管（50mL）、分析天平。

2. 试剂

① 浓度精准的0.1mol·L^{-1} NaOH标准溶液；

② 铵盐试样（s），可以是含氮化肥NH_4Cl、$(NH_4)_2SO_4$、NH_4NO_3，也可以是实验室的强酸弱碱的铵盐；

③ 浓硫酸、2g·L^{-1}甲基红指示剂、2g·L^{-1}酚酞乙醇溶液、1∶1甲醛溶液、5mol·L^{-1}和0.1mol·L^{-1}NaOH标准溶液。

五、实验内容

1. 甲醛溶液的处理

甲醛中常含有微量酸，应事先中和。方法如下：取原装甲醛（40%）的上层清液于烧杯中，用水稀释一倍，加入1～2滴2g·L^{-1}酚酞指示剂，用0.1mol·L^{-1} NaOH溶液中和至甲醛溶液呈淡红色。

2. 铵盐试样溶液的配制

准确称取一定质量（使每次滴定时消耗NaOH标准溶液的体积为20～30mL，为什么？）的铵盐试样于小烧杯中，用少量去离子水溶解，然后定量转移至250mL容量瓶中，用水稀释至刻度，摇匀。

3. 铵盐试样中游离酸的检验

移取少量的铵盐试样溶液于小烧杯中，加1～2滴甲基红指示剂，若溶液呈黄色，说明铵盐试样中不含游离酸（为什么？）。若溶液呈红色，说明铵盐试样中含有游离酸，在加甲醛之前应除去。

4. 铵盐试样中氮含量的测定

(1) 不含游离酸铵盐的测定步骤

用移液管移取 25.00mL 铵盐试样溶液于 250mL 锥形瓶中，加水 20mL，然后加入 10mL 已中和的 1∶1 甲醛溶液和 1～2 滴酚酞指示剂，摇匀，静置 2min 后，用 NaOH 标准溶液滴定至溶液突变为淡红色，持续半分钟不褪色即为终点，记下读数，计算试样中氮的质量分数 w_N。平行测定三次，检查有无可疑数据要舍去，求平均值和相对平均偏差，要求相对平均偏差不大于 0.2%。

(2) 含有游离酸铵盐的测定步骤

用移液管移取 25.00mL 铵盐试样溶液于 250mL 锥形瓶中，加水 20mL，加 1～2 滴甲基红指示剂，溶液呈红色，用 0.1mol·L^{-1} NaOH 溶液中和至红色突变为金黄色（此时消耗 NaOH 溶液的体积要记吗?），然后加入 10mL 已中和的 1∶1 甲醛溶液和 1～2 滴酚酞指示剂，摇匀，溶液又呈红色，静置 5min 后，用 0.1mol·L^{-1} NaOH 标准溶液滴定至溶液突变为淡红色（在此之前，溶液经历了什么颜色的变化?），持续半分钟不褪色即为终点，记下读数，计算试样中氮的质量分数 w_N。平行测定三次，检查有无可疑数据要舍去，求平均值和相对平均偏差，要求相对平均偏差不大于 5%。

六、注意事项

1. 市售 HCHO 中常有微量 HCOOH，因此，使用前必须先以酚酞为指示剂，用 NaOH 中和。

2. 如果试样中含有游离酸，也应用 NaOH 中和，否则所测得的结果偏高。此时的指示剂应选用甲基红，终点颜色由红色变黄色。

3. NH_4^+ 与 HCHO 的反应在室温下进行较慢，加入 HCHO 后须放置 5min，再滴定。

4. 取大样原则：样品中各组分含量可能不十分均匀，为使测定结果具有代表性，实验时研细混匀后，再多称量一些样品，将其配制在容量瓶中，用移液管定量移取进行实验。

七、思考题

1. 铵盐中氮的测定为何不采用 NaOH 直接滴定法?

2. 为什么中和甲醛试剂中的甲酸以酚酞作指示剂，而中和铵盐试样中的游离酸则以甲基红作指示剂?

3. 甲醛法适于测量哪类化合物中的氮含量?

4. NH_4HCO_3 中含氮量的测定，能否用甲醛法？若要用，样品应先如何处理?

实验九 混合碱的分析（双指示剂法）

一、预习提要

1. 多元酸盐（碳酸钠）滴定过程中溶液 pH 值的变化。

2. 酸碱指示剂、混合酸碱指示剂及选择指示剂的原则。

3. 查出百里酚蓝-甲酚红混合指示剂的变色点 pH、酸式色、碱式色。

4. 吸量管、移液管的使用；试液的转移与稀释。

5. 以酚酞为指示剂测定混合碱组分时，在终点前，由于操作上失误，造成溶液中盐酸局部过浓，使部分碳酸氢钠过早地转化为碳酸，对 V_1 测定结果有何影响？为避免盐酸局部过浓，滴定时应怎样进行操作?

6. 如何判断混合碱的组成？各组分如何计算？

二、实验目的

1. 掌握双指示剂法测定混合碱的原理和方法。

2. 学习用参比溶液确定终点的方法。

3. 进一步掌握酸式滴定管的使用，熟悉移液管的使用方法。

三、实验原理

混合碱系指类似 Na_2CO_3 与 $NaHCO_3$ 或 Na_2CO_3 与 NaOH 等的混合物。测定各组分的含量时，可以在同一试液中分别用两种不同的指示剂来指示终点进行测定，这种测定方法称"双指示剂法"。

若混合碱是由 Na_2CO_3 和 $NaHCO_3$ 组成，先以酚酞（变色 pH 值范围为 8.0～10.0）作指示剂，用 HCl 标准溶液滴定至溶液由红色变成微红色，这是第一个滴定终点，此时消耗 HCl 溶液的体积记为 V_1(mL)，溶液中的滴定反应为：

$$Na_2CO_3 + HCl = NaHCO_3 + NaCl$$

再加入甲基橙（变色 pH 值范围为 3.1～4.4）指示剂，滴定至溶液由黄色变成橙色，这是第二个滴定终点，此时反应为：

$$NaHCO_3 + HCl = NaCl + H_2O + CO_2\uparrow$$

消耗 HCl 的体积记为 V_2(mL)。根据 V_1、V_2 值求算出试样中 Na_2CO_3、$NaHCO_3$ 的含量。

若混合碱为 Na_2CO_3 和 NaOH 的混合物，可以用上述同样的方法滴定。

第一个滴定终点，溶液中的滴定反应为：

$$NaOH + HCl = NaCl + H_2O$$

$$Na_2CO_3 + HCl = NaHCO_3 + NaCl$$

第二个滴定终点，溶液中的滴定反应为：

$$NaHCO_3 + HCl = NaCl + H_2O + CO_2\uparrow$$

根据 V_1、V_2 值求算出试样中 Na_2CO_3、NaOH 的含量。

若混合碱为未知组成的试样，则可根据 V_1、V_2 的数据，确定试样是由何种碱组成，并算出试样中各组分的含量。当 $V_1 > V_2$ 时，试样为 NaOH 和 Na_2CO_3 的混合物。当 $V_1 < V_2$ 时，试样为 Na_2CO_3 和 $NaHCO_3$ 的混合物。

如果需要测定混合碱的总碱量，通常是以 Na_2O 的含量来表示总碱度，只需选用甲基橙指示剂（为什么?）。

双指示剂法中，一般是先用酚酞，后用甲基橙指示剂。由于以酚酞作指示剂时从红色到微红色的变化不敏锐，因此也常选用甲酚红-百里酚蓝混合指示剂。甲酚红的变色范围为 6.7(黄色)～8.4(红色)，百里酚蓝的变色范围为 8.0(黄色)～9.6(蓝色)，混合后的变色点是 8.3，酸色为黄色，碱色为紫色，混合指示剂变色敏锐。用盐酸标准溶液滴定试液由紫色变为粉红色，即为终点。

四、仪器与试剂

1. 仪器

酸式滴定管（50mL）、移液管（25mL）、容量瓶（250mL）、洗耳球、分析天平。

2. 试剂

① 精准浓度的 $0.1mol\cdot L^{-1}$ HCl 标准溶液。

② $2g\cdot L^{-1}$ 酚酞乙醇溶液、$1g\cdot L^{-1}$ 甲基橙指示剂、混合碱试样溶液。

③ 混合指示剂：将0.1g甲酚红溶于100mL 500g·L^{-1}乙醇中，0.1g百里酚蓝指示剂溶于100mL 200g·L^{-1}乙醇中。1g·L^{-1}甲酚红与1g·L^{-1}百里酚蓝的配比为1∶6。

五、实验内容

1. 混合碱中各组分含量的测定

用移液管准确移取25.00mL混合碱试样溶液于250mL锥形瓶中，加入2滴酚酞指示剂，用HCl标准溶液滴定（边滴加边充分摇动，以免局部Na_2CO_3直接被滴至H_2CO_3而分解为CO_2↑和H_2O）至溶液由红色变为微红色，此时即为第一个终点，记下所用HCl体积V_1。再加1～2滴甲基橙指示剂，此时溶液呈黄色，继续用HCl标准溶液滴定至溶液由黄色突变为橙色，即为第二个终点，记下所用HCl溶液的体积V_2。计算各组分的含量。测定相对平均偏差小于0.4%。

2. 混合碱总碱量的测定

用移液管准确移取25.00mL混合碱试样溶液于250mL锥形瓶中，加入1～2滴甲基橙指示剂，用HCl标准溶液滴定至溶液由黄色突变为橙色即为终点。计算混合碱的总碱度w_{Na_2O}。测定相对平均偏差小于0.4%。

六、注意事项

1. 混合碱系NaOH和Na_2CO_3组成时，酚酞指示剂可适当多加几滴，否则常因滴定不完全使NaOH的测定结果偏低，Na_2CO_3的测定结果偏高。

2. 测定混合碱中各组分的含量时，第一滴定终点是用酚酞作指示剂，由于突跃不大，使得终点时指示剂变色不敏锐，再加上酚酞是由红色变为微红色，不易观察，故终点误差较大。若采用甲酚红-百里酚蓝混合指示剂，效果较好。

3. 第一终点最好用浓度相当的$NaHCO_3$的酚酞溶液作对照。配制方法：若第一终点溶液的体积为45mL，此时$NaHCO_3$的浓度约为0.1mol·L^{-1}，则用$NaHCO_3$试剂配制0.1mol·L^{-1}的$NaHCO_3$，然后再加入2滴酚酞指示剂，则此时溶液的颜色即为第一终点的颜色。

4. 在达到第一终点前，滴定速度过快，会造成溶液中HCl局部过浓，引起CO_2的损失，带来较大的误差，滴定速度亦不能太慢，摇动要均匀。

5. 滴定到接近第二终点时，由于容易形成CO_2过饱和溶液，滴定过程中生成的H_2CO_3慢慢地分解出CO_2，使溶液的酸度稍有增大，终点出现过早，因此在终点附近应剧烈摇动溶液。一定要充分摇动，以防形成二氧化碳的过饱和溶液而使终点提前到达。

七、数据记录及处理

1. 混合碱中各组分含量的测定

项目		1	2	3
酚酞变色	V_{HCl}终读数/mL V_{HCl}初读数/mL V_1/mL			
甲基橙变色	V_{HCl}终读数/mL V_{HCl}初读数/mL V_2/mL			
混合碱组成的判断				

续表

项目		1	2	3
各组分含量的计算	计算式			
	平均值			
	$\lvert d_i \rvert$			
	平均偏差 $\bar{d}$			
	相对平均偏差/%			
	计算式			
	平均值			
	$\lvert d_i \rvert$			
	平均偏差 $\bar{d}$			
	相对平均偏差/%			

2. 混合碱总碱量的测定

项目	1	2	3
V_{HCl}终读数/mL V_{HCl}初读数/mL V_{HCl}/mL			
$\rho_{Na_2O}=\frac{V_{HCl}c_{HCl}M_{Na_2O}}{2V_{试液}}/(g\cdot L^{-1})$			
$\bar{\rho}_{Na_2O}$			
$\lvert d_i \rvert$			
平均偏差 $\bar{d}$			
相对平均偏差/%			

八、思考题

1. 用双指示剂法测定混合碱组成的方法原理是什么？

2. 用 HCl 滴定混合碱液时，将试液在空气中放置一段时间后滴定，将会给测定结果带来什么影响？

3. 测定混合碱，接近第一化学计量点时，若滴定速度太快或摇动锥形瓶不够，对测定结果有何影响？为什么？

4. 采用双指示剂法测定混合碱，判断下列五种情况下混合碱的组成。

(1) $V_1=0$ $V_2>0$；(2) $V_1>0$ $V_2=0$；(3) $V_1>V_2$；(4) $V_1<V_2$；(5) $V_1=V_2$。

实验十 酸碱滴定设计实验

一、实验目的

1. 激发学生的学习积极性，鼓励学生的探索和创新精神，培养学生理论联系实际、独立操作、独立分析问题和解决问题的能力。

2. 培养学生查阅有关文献的能力。

3. 运用所学知识及查阅的有关参考资料写出实验方案设计。

4. 使学生在天平称量、酸碱滴定等基本操作训练基础上，进一步熟悉和巩固有关知识和实验操作技能。

二、过程要求

1. 提前两周将实验题目交学生选择。学生应根据所选定的实验题目，查阅有关的参考资料，并做详细记录。

2. 学生在查阅参考资料的基础上，拟定分析方案，经教师审阅后，方可进行实验工作，最后写出实验报告。

三、设计内容

根据自己在理论课学到的知识和查阅的有关资料，针对具体的问题，做出总体设想。设想的过程是一个从学到用，从理论到实践的过程，是检验学生是否能把知识变成能力的过程，它是培养学生独立操作、独立分析问题和解决问题的能力的过程。设计内容包括：

1. 实验题目

2. 姓名、班级

3. 方法原理

主要考虑以下几个方面：

(1) 有几种测定方法？分别属于哪种滴定方式？选择一种最优方案。

(2) 准确分步（分别）滴定的判别。

(3) 滴定剂的选择。

(4) 计量点 pH 的估算。

(5) 指示剂的选择。

(6) 试样的初步测定方案和取样量的确定。

对于某些试样，若待测组分的大致含量不清楚，则需要进行初步测定，以确定如何取样和处理。一般固体试剂至少取 0.2g、试液至少取 20mL、标准溶液至少消耗 20mL。以上几方面要兼顾。

(7) 分析结果的计算公式。一般固体试样用质量分数表示，液体试样用质量浓度表示。

4. 主要仪器和试剂

(1) 所需的主要仪器。

(2) 所需试剂的浓度及配制方法。

(3) 标准溶液的浓度及配制方法。

5. 实验步骤

包括标定、测定及其他步骤。最好写成详细的流程图的形式。

四、设计实验报告的要求

设计实验报告是在设计总体思想的指导下，具体实施，取得实验成果后的具体体现。具体要求如下：

1.～5. 同设计内容部分。

6. 原始数据记录要全

7. 结果与数据处理

这是设计实验报告的重点部分，也是体现实验成果的部分，要求列出表格，表序、表头、表注等均应表达清楚。

8. 参考文献

9. 写出设计总结

包括注意事项、可能的误差分析、心得体会等。

五、实验方案设计选题参考

1. NaH_2PO_4-Na_2HPO_4混合溶液中各组分的测定
2. NaOH-Na_3PO_4混合溶液中各组分的测定
3. NH_3-NH_4Cl混合溶液中各组分的测定
4. HCl-NH_4Cl混合溶液中各组分的测定
5. HCl-H_3BO_3混合溶液中各组分的测定
6. HCl-H_3PO_4混合溶液中各组分的测定
7. H_2SO_4-HCl混合溶液中各组分的测定
8. H_3BO_3- $Na_2B_4O_7$混合溶液中各组分的测定
9. 福尔马林中甲醛含量的测定
10. 阿司匹林药片中乙酰水杨酸含量的测定
11. 硅酸盐中 SiO_2含量的测定
12. 饼干中 $NaHCO_3$、Na_2CO_3含量的测定

六、注意事项

1. 为了保证整个设计实验课的顺利进行，实验过程中所有公用试剂和仪器用完后，务必立即放回原位。

2. 固体试剂都配有专用的药勺，用完后务必将药勺和试剂瓶放在同一盒子里，切不可乱放。

第三节　配位滴定实验

实验十一　EDTA标准溶液的配制与标定

一、预习提要

1. 为什么配制EDTA标准溶液时用EDTA二钠盐?
2. 标定EDTA溶液时常用哪些基准物质?选择基准物质的原则是什么?
3. EDTA标准溶液应储存在什么试剂瓶中?
4. 了解金属离子指示剂铬黑T、二甲酚橙的作用原理，变色的最适宜pH范围，指示剂的选择。
5. 缓冲溶液在配位滴定中有什么重要性?
6. 配制$CaCO_3$溶液和EDTA溶液时，各采用何种天平称量?为什么?
7. 以HCl溶液溶解$CaCO_3$基准物质时，操作中应注意些什么?

二、实验目的

1. 掌握EDTA标准溶液的配制方法和标定方法。
2. 熟悉金属指示剂的指示原理及钙指示剂、二甲酚橙指示剂终点的判断。
3. 掌握配位滴定的原理，了解配位滴定的特点。

三、实验原理

1. EDTA

EDTA是乙二胺四乙酸的简称，常用H_4Y表示，是一种氨羧配合剂，能与大多数金属离子形成稳定的1∶1型螯合物，但溶解度较小，常温下在水中仅溶解$0.2g \cdot L^{-1}$（约$0.0007mol \cdot L^{-1}$），在分析中不适用于配制标准溶液。通常使用其二钠盐配制标准溶液。乙二胺四乙酸二钠盐（$Na_2H_2Y \cdot 2H_2O$）也称为EDTA或EDTA二钠盐，常温下在100mL水中可溶解11.1g，约$0.3mol \cdot L^{-1}$，其溶液pH值约为4.4。在配位滴定中常将其配制成浓度为$0.02mol \cdot L^{-1}$的溶液。

市售EDTA因常吸附0.3%～0.5%的水分，且其中含有少量杂质，而不能用直接法配制标准溶液，故EDTA通常采用间接配制法配制。

标定EDTA溶液的基准物质很多，有纯的金属，如Zn、Cu、Pb、Bi等，有金属氧化物ZnO、Bi_2O_3等，及某些盐类$CaCO_3$或$MgSO_4 \cdot 7H_2O$、$Zn(Ac)_2 \cdot 3H_2O$等。选择基准物质的原则是：标定条件与测定条件尽量一致，这样可消除系统误差，提高分析结果的准确度。所以通常选用与被测组分相同的物质作基准物质。如用EDTA溶液测定石灰石或白云石中CaO、MgO的含量，则宜用$CaCO_3$作为基准物质。

配位滴定中所用纯水应不含Fe^{3+}、Al^{3+}、Cu^{2+}、Ca^{2+}、Mg^{2+}等杂质离子，通常采用去离子水或二次蒸馏水，其规格应高于三级水。

EDTA溶液应储存在聚乙烯瓶或硬质玻璃瓶中，若储存于软质玻璃瓶中，会不断溶解玻璃瓶中的Ca^{2+}形成CaY^{2-}，使EDTA浓度不断降低。

2. 金属离子指示剂（用In代表）

在配位滴定时，与金属离子生成有色配合物来指示滴定过程中金属离子浓度的变化。其变色原理为：

滴定前 $M + In(\text{颜色甲}) \longrightarrow MIn(\text{颜色乙})$

滴定中 $M + Y \longrightarrow MY$

化学计量点时 $MIn(\text{颜色乙}) + Y \longrightarrow MY + In(\text{颜色甲})$

滴入EDTA后，金属离子逐步被配合，当达到反应化学计量点时，已与指示剂配合的金属离子被EDTA夺出，释放出游离的指示剂，故终点颜色变化为由MIn颜色乙突变为游离指示剂In颜色甲（当MY无色时）。

指示剂变化的pM_{ep}应尽量与化学计量点的pM_{sp}一致。金属离子指示剂一般为有机弱酸，要求显色灵敏、迅速、稳定。

本实验用$CaCO_3$和$ZnSO_4 \cdot 7H_2O$为基准物标定EDTA标准溶液。

用$CaCO_3$标定EDTA时，通常选用钙指示剂指示终点，用NaOH控制溶液pH值为12～13，其终点反应为：

$$CaIn(\text{红色}) + Y \longrightarrow CaY + In(\text{蓝色})$$

用$ZnSO_4 \cdot 7H_2O$标定EDTA时，选用二甲酚橙（XO）作指示剂，以盐酸-六亚甲基四胺控制溶液pH值为5～6。其终点反应为：

$$Zn\text{-}XO(\text{紫红色}) + Y \longrightarrow ZnY + XO(\text{黄色})$$

四、仪器与试剂

1. 仪器

台秤、分析天平、酸式滴定管（50mL）、锥形瓶（250mL）、移液管（25mL）、容量瓶（250mL）、烧杯（500mL）、试剂瓶（500mL）、量筒（100mL）、表面皿。

2. 试剂

① EDTA(s)、K-B指示剂、$CaCO_3$(s)、1∶1和1∶5 HCl、1∶1三乙醇胺、pH＝10 NH_3-NH_4Cl缓冲溶液、0.5g·L^{-1}铬黑T指示剂、0.2g·L^{-1}六亚甲基四胺、$ZnSO_4$·$7H_2O$优级纯或金属Zn；

② 钙指示剂：钙指示剂与NaCl粉末1∶100混匀；

③ 碳酸钙基准物：于称量瓶中，在110℃干燥2h后，置干燥器中冷却，备用。

五、实验内容

1. 配制0.020mol·L^{-1} EDTA溶液

在台秤上称取4.0g乙二胺四乙酸二钠（$Na_2H_2Y \cdot 2H_2O$）于500mL烧杯中，加200mL水，温热使其溶解完全，冷却后转入500mL试剂瓶中加去离子水稀释至500mL。长期放置时应储于聚乙烯瓶中。贴好标签，写好试剂名称、浓度（空一格，留待填写准确浓度）、配制日期、姓名等项。

2. 以$CaCO_3$为基准物标定EDTA

(1) 配制0.02mol·L^{-1}钙标准溶液

用差减法准确称取$CaCO_3$基准物质0.50～0.55g，置于250mL烧杯中，用少量水润湿，盖上表面皿，再从杯嘴边逐滴加入数毫升1∶1 HCl溶液，使其全部溶解，加去离子水50mL，微沸几分钟以除去CO_2，待冷却后定量转移至250mL容量瓶中，用去离子水稀释至刻度，摇匀，计算其准确浓度。贴好标签，写好试剂名称、浓度、配制日期、姓名等项。

(2) EDTA溶液浓度的标定

用移液管准确移取25.00mL钙标准溶液置于250mL锥形瓶中，加5mL 40g·L^{-1} NaOH溶液及10mg（米粒大小）钙指示剂，溶液呈酒红色，摇匀后，用EDTA溶液滴定至溶液由酒红色突变为纯蓝色，即为终点，平行做三份，计算EDTA标准溶液的浓度，检查有无可疑数据要舍去，要求相对平均偏差不大于0.2%。

3. 以Zn^{2+}标准溶液标定EDTA

(1) Zn^{2+}标准溶液的配制

① $ZnSO_4 \cdot 7H_2O$配制0.020mol·L^{-1} Zn^{2+}标准溶液　用差减法准确称取$ZnSO_4 \cdot 7H_2O$ 1.3g～1.5g于小烧杯中，加少量去离子水使其溶解后，定量转移至250mL容量瓶中，用水稀释至刻度，摇匀，计算其准确浓度。贴好标签，写好试剂名称、浓度、配制日期、姓名等项。

② 金属Zn配制0.020mol·L^{-1} Zn^{2+}标准溶液　准确称取纯锌若干于250mL烧杯中，盖上表面皿。从烧杯嘴中滴加3mL 1∶1 HCl，至Zn全部溶解后，定量转移到250mL容量瓶中，用水稀释至刻度，摇匀。

(2) EDTA标准溶液浓度的标定

① 用铬黑T作指示剂　用移液管准确吸取锌标准溶液25.00mL于250mL锥形瓶中，滴加1∶1氨水至开始出现白色沉淀，加10mL氨缓冲溶液（pH＝10)，加水20mL，加铬黑T指示剂少许，用EDTA标准溶液滴定至溶液由酒红色突变为纯蓝色，即达终点。平行做三份，根据消耗的EDTA标准溶液的体积，计算EDTA溶液的准确浓度，检查有无可疑数据要舍去，要求相对平均偏差不大于0.2%。

② 用二甲酚橙作指示剂　用移液管准确移取25.00mL Zn^{2+}标准溶液置于250mL锥形瓶中，加2mL 1∶5 HCl及10mL 200g·L^{-1}六亚甲基四胺，加2滴二甲酚橙，溶液呈紫红色，用EDTA溶液滴定至溶液由紫红色突变为亮黄色为终点。平行做三份，计算EDTA溶

液的准确浓度，检查有无可疑数据要舍去，要求相对平均偏差不大于0.2%。

六、注意事项

1. 碳酸钙基准试剂加 HCl 溶解时要缓慢，以防二氧化碳冒出时带走一部分溶液。

2. 配位反应进行较慢，因此滴定速度不宜太快，尤其临近终点时更宜缓慢滴定并充分摇动。

3. $CaCO_3$粉末加入 HCl 溶解时，必须盖上表面皿。溶液必须在微沸的状态下除去 CO_2。

4. 蒸馏水的质量是否符合要求，是配位滴定应用中十分重要的问题，若配制溶液的水中含有 Al^{3+}、Cu^{2+}等，就会使指示剂受到封闭，致使终点难以判断；若水中含有 Ca^{2+}、Mg^{2+}、Pb^{2+}、Sn^{2+}等，则会消耗 EDTA，在不同的情况下会对结果产生不同的影响。因此，在配位滴定中，必须对所用的蒸馏水的质量进行检查。为保证质量，经常采用二次蒸馏水或去离子水来配制溶液。

七、思考题

1. 配位滴定中为什么加入缓冲溶液？

2. 用 $CaCO_3$为基准物，以钙指示剂为指示剂标定 EDTA 浓度时，应控制溶液的酸度为多大？为什么？如何控制？

3. 以二甲酚橙为指示剂，用 Zn^{2+}标定 EDTA 浓度的实验中，溶液的 pH 值为多少？

4. 配位滴定法与酸碱滴定法相比，有哪些不同点？操作中应注意哪些问题？

实验十二　水的总硬度测定

一、预习提要

1. 水中钙、镁以哪几种盐的形式存在？

2. 暂时硬度和永久硬度各由哪些盐形成？其特征是什么？

3. 什么是镁硬、钙硬？

4. 如何测定总硬、钙硬、镁硬？分别指出所用的标准溶液、指示剂、缓冲溶液、终点颜色的变化。

5. 我国目前采用哪两种方法表示水的硬度？分别怎样表示？如何计算？

6. 查 CaY^{2-}、MgY^{2-}的稳定常数。

7. 水样中的 Fe^{3+}、Al^{3+}等干扰离子可用什么掩蔽？

二、实验目的

1. 掌握测定水的总硬度的方法和条件。

2. 掌握金属指示剂的使用方法。

3. 了解水硬度的测定意义和硬度的表示方法。

4. 掌握掩蔽干扰离子的条件及方法。

三、实验原理

水的总硬度是指水中镁离子和钙离子的总含量。包括暂时硬度和永久硬度。水中 Ca^{2+}、Mg^{2+}以酸式碳酸盐形式存在的称为暂时硬度，通过加热 Ca^{2+}、Mg^{2+}能以碳酸盐形式沉淀下来而消除；水中 Ca^{2+}、Mg^{2+}以硫酸盐、硝酸盐和氯化物形式存在的称为永久硬度，加热时不能消除。硬度又分为钙硬和镁硬，由 Ca^{2+}引起的硬度称为钙硬，由 Mg^{2+}引起的硬度称为镁硬。

硬度对工业用水影响很大，尤其是锅炉取暖用水。硬度较高的水要经过软化处理后，达到一定标准后才能输入锅炉，否则，水垢太多影响加热速度及取暖效果。生活饮用水中硬度过高会影响肠胃的消化功能，我国的生活饮用水规定，总硬度以碳酸钙计不得超过 $450mg \cdot L^{-1}$。水的硬度是水质的一项重要指标，测定水的硬度具有十分重要的意义。

测定水的硬度常采用配位滴定法，用乙二胺四乙酸二钠盐（EDTA）溶液滴定水中 Ca^{2+}、Mg^{2+} 总量，然后换算为相应的硬度单位。按国际标准方法测定水的总硬度，在 pH=10 的 NH_3-NH_4Cl 缓冲溶液中（为什么?），以铬黑 T(EBT) 为指示剂，用 EDTA 标准溶液滴定至溶液由酒红色变为纯蓝色即为终点。溶液中各种配合物的稳定性顺序为：

$CaY^{2-} > MgY^{2-} > MgIn^{-} > CaIn^{-}$

所以滴定过程反应如下：

滴定前 $EBT + Mg^{2+} = Mg^{2+}\text{-}EBT$

（蓝色） （紫红色）

滴定时 $EDTA + Ca^{2+} = Ca^{2+}\text{-}EDTA$

（无色）

$EDTA + Mg^{2+} = Mg^{2+}\text{-}EDTA$

（无色）

终点时 $EDTA + Mg^{2+}\text{-}EBT = Mg^{2+}\text{-}EDTA + EBT$

（无色） （蓝色）

到达计量点时，呈现指示剂的纯蓝色。

若水样中存在 Fe^{3+}、Al^{3+} 等微量杂质时，可用三乙醇胺进行掩蔽，Cu^{2+}、Pb^{2+}、Zn^{2+} 等重金属离子可用 Na_2S、KCN 或巯基乙酸等掩蔽，消除对铬黑 T 指示剂的封闭作用。

由于铬黑 T 与 Mg^{2+} 显色灵敏度高，与 Ca^{2+} 显色灵敏度低，所以当水样中 Mg^{2+} 含量较低时，用铬黑 T 作指示剂往往得不到敏锐的终点。为了提高滴定终点的敏锐性，可在氨性缓冲溶液中加入一定量的 Mg^{2+}-EDTA，或者在标定 EDTA 标准溶液之前，加入适量的 Mg^{2+}。由于 Mg^{2+}-EDTA 的稳定性大于 Ca^{2+}-EDTA，利用置换滴定法的原理使终点颜色变化敏锐。

若要测定钙硬度，可控制 pH 值介于 12～13，使 Mg^{2+} 生成氢氧化镁沉淀，选用钙指示剂进行测定。镁硬度可由总硬度减去钙硬度求出。

世界各国表示水硬度的方法不尽相同，我国常采用如下两种方法表示。一种以度（°）计，将 Ca^{2+}、Mg^{2+} 的含量折算为 CaO 时，1 硬度单位表示十万份水中含 1 份 CaO（即每升水中含 10mg CaO），即 $1° = 10mg \cdot L^{-1}$ CaO，或以 CaO$mmol \cdot L^{-1}$ 表示。另一种是将 Ca^{2+}、Mg^{2+} 的含量折算为 $CaCO_3$，以 $CaCO_3$ $mg \cdot L^{-1}$ 表示。

一般把小于 4°的水称为很软的水，4° ～ 8°的水称为软水，8° ～ 16°的水称为中等硬水，16° ～ 32°的水称为硬水，大于 32°的水称为超硬水。生活用水的总硬度一般不超过 25°。

$$\text{硬度}(°) = \frac{c_{EDTA} V_{EDTA} M_{CaO} \times 1000}{V_{\text{水}} \times 10}$$

式中 c_{EDTA}——EDTA 标准溶液的准确浓度，$mol \cdot L^{-1}$；

V_{EDTA}——消耗 EDTA 标准溶液的体积，mL，若此量为滴定总硬度时所消耗的，则所得硬度为总硬度，若此量为滴定钙硬时所消耗的，则所得硬度为钙硬度；

$V_{\text{水}}$——水样体积，mL；

M_{CaO}——CaO 的摩尔质量，$g \cdot mol^{-1}$。

四、仪器与试剂

1. 仪器

台秤、分析天平、酸式滴定管（50mL）、锥形瓶（250mL）、移液管（25mL）、容量瓶（250mL）、烧杯、试剂瓶、量筒（100mL）、表面皿、移液管（100mL）。

2. 试剂

① 0.020mol·L^{-1} EDTA；

② NH_3-NH_4Cl 缓冲溶液（pH=10）：称取 20g NH_4Cl 溶解于适量水中，加入 100mL 浓氨水，用水稀至 1L；

③ 5g·L^{-1}铬黑 T、6mol·L^{-1} HCl、1∶1 三乙醇胺、20g·L^{-1} Na_2S 溶液；

④ 钙指示剂（s）：与 NaCl 粉末 1∶100 混匀。

五、实验内容

1. 总硬度的测定

打开水龙头，放水数分钟，用已洗干净的试剂瓶承接水样约 1000mL，盖上瓶盖备用。用 100mL 移液管移取水样 100.0mL 于 250mL 锥形瓶中，加入 5mL 1∶1 三乙醇胺（若水样中含有重金属离子，则加入 1mL 2% Na_2S 溶液掩蔽），5mL 氨性缓冲溶液，2～3 滴铬黑 T(EBT)指示剂，用 0.020mol·L^{-1} EDTA 标准溶液滴定至溶液由紫红色变为纯蓝色，即为终点。注意接近终点时应慢滴多摇。至少平行测定三次，检查有无可疑数据，计算水的总硬度，并判断是否能当作生活用水。求算结果的精密度。

2. 钙硬度和镁硬度的测定

取上述水样 100mL 于 250mL 锥形瓶中，加入 2mL 6mol·L^{-1} NaOH 溶液，摇匀，再加入 0.01g 钙指示剂，摇匀后用 0.020mol·L^{-1} EDTA 标准溶液滴定至溶液由酒红色变为纯蓝色即为终点。至少平行测定三次，检查有无可疑数据，计算钙硬度。由总硬度和钙硬度求出镁硬度。

六、注意事项

1. 铬黑 T 与 Mg^{2+} 显色灵敏度高，与 Ca^{2+} 显色灵敏度低，当水样中 Ca^{2+} 含量高而 Mg^{2+} 很低时，用铬黑 T 作指示剂得到不敏锐的终点，可在水样中加入一定量的 Mg^{2+}-EDTA 或采用 K-B 混合指示剂。

2. 氨性缓冲溶液（pH=10）的配制：称取 1g NH_4Cl，加入少量水使其溶解后，加入浓 $NH_3\cdot H_2O$ 5mL，加入一定量 Mg^{2+}-EDTA 盐，用水稀释至 50mL。

Mg^{2+}-EDTA 盐溶液的配制：称取 0.13g $MgCl_2\cdot 6H_2O$ 于 50mL 烧杯中，加少量水溶解后转入 50mL 容量瓶中，用水稀释至刻度，用干燥的 25.00mL 移液管移取 25.00mL，加 5mL pH=10 的 NH_3-NH_4Cl 缓冲溶液，3～4 滴铬黑 T 指示剂，用 0.1mol·L^{-1} EDTA 滴定至溶液由紫红色变为蓝紫色，即为终点，取此同量的 EDTA 溶液加入容量瓶剩余的镁溶液中，即成 Mg^{2+}-EDTA 盐溶液。将此溶液全部倾放至上述缓冲溶液中。此缓冲溶液适用于镁盐含量低的水样。

3. 水样中含铁量超过 10mg·mL^{-1}时用三乙醇胺掩蔽有困难，需用蒸馏水将水样稀释到 Fe^{3+} 不超过 10mg·mL^{-1}即可。

4. 水样中 HCO^{3-}、H_2CO_3 含量高时，会影响终点变色观察，应加入适量的 HCl，使水样酸化，加热煮沸去除 CO_2。

七、思考题

1. 什么叫水的总硬度？怎样计算水的总硬度？

2. 为什么滴定 Ca^{2+}、Mg^{2+} 总量时要控制 pH≈10，而滴定 Ca^{2+} 分量时要控制 pH 值为 12～13？若 pH＞13 时测 Ca^{2+} 对结果有何影响？

3. 如果只有铬黑 T 指示剂，能否测定 Ca^{2+} 的含量？如何测定？

4. 什么样的水样应加含 Mg^{2+}-EDTA 的氨性缓冲溶液，Mg^{2+}-EDTA 盐的作用是什么？对测定结果有没有影响？

实验十三 溶液中铋和铅的连续滴定

一、预习提要

1. 二甲酚橙指示剂使用的 pH 范围。

2. 试分析本实验中，金属指示剂从滴定 Bi^{3+} 到调节 pH=5～6，又滴定 Pb^{2+} 后，整个过程颜色的变化和原因。

3. 滴定 Bi^{3+} 时，pH 值需控制在 1，用什么溶液控制？

4. 了解通过控制溶液的酸度对 Bi^{3+} 和 Pb^{2+} 进行连续滴定的原理和方法。

5. 了解二甲酚橙指示剂的性质及在混合液中应用的 pH 值范围和滴定终点的确定。

二、实验目的

1. 掌握借助控制溶液的酸度，进行多种金属离子连续滴定的配位滴定方法和原理。

2. 了解配位滴定中缓冲溶液的作用。

3. 掌握二甲酚橙指示剂的使用条件及性质。

4. 掌握铅、铋测定的原理、方法和计算。

三、实验原理

Bi^{3+}、Pb^{2+} 均能与 EDTA 形成稳定的配合物，其 $\lg K$ 值分别为 27.94 和 18.04，两者稳定性相差很大，$\Delta pK=9.90>6$。因此可以用控制酸度的方法在一份试液中连续滴定 Bi^{3+} 和 Pb^{2+}。

在测定中，均以二甲酚橙作指示剂，XO 在 pH＜6 时呈黄色，在 pH＞6.3 时呈红色，而它与 Bi^{3+}、Pb^{2+} 所形成的配合物呈紫红色，它们的稳定性与 Bi^{3+}、Pb^{2+} 和 EDTA 所形成的配合物相比要低，而 $K_{\text{Bi-XO}}>K_{\text{Pb-XO}}$。

测定时，先用硝酸调节溶液 pH=1.0，进行 Bi^{3+} 的测定，用 EDTA 标准溶液滴定溶液由紫红色突变为亮黄色，即为滴定终点。然后加入六亚甲基四胺缓冲溶液，使溶液 pH=5～6，此时，Pb^{2+} 与 XO 形成紫红色配合物，继续用 EDTA 标准溶液滴定至溶液由紫红色变为亮黄色，即为滴定 Pb^{2+} 的终点。

四、仪器与试剂

1. 仪器

碱式滴定管或酸式滴定管、锥形瓶、移液管（25mL）、容量瓶（250mL）、烧杯、试剂瓶、量筒（100mL）、表面皿、洗瓶、洗耳球。

2. 试剂

① 0.02mol·L^{-1} EDTA 标准溶液（同实验十一）；

② 200g·L^{-1}六亚甲基四胺溶液：试剂 20g 溶于水，加 4mL 浓 HCl，稀释至 100mL；

③ Bi^{3+}、Pb^{2+} 混合液（含 Bi^{3+}、Pb^{2+} 各约为 0.01mol·L^{-1}，含硝酸 0.15mol·L^{-1}）；

④ 2g·L^{-1}二甲酚橙、0.10mol·L^{-1}硝酸、0.5mol·l^{-1} NaOH、精密 pH（0.5～6.0）试纸。

五、实验内容

1. Bi^{3+}的滴定

用移液管移取 25.00mL Bi^{3+}、Pb^{2+}混合液于锥形瓶中，加入 0.10mol·L^{-1} HNO_3 10mL 和二甲酚橙指示剂 1～2 滴。用 EDTA 标准溶液滴定，当溶液由紫红色恰变为亮黄色，即为 Bi^{3+}的终点。记录消耗 EDTA 的体积 V_1，计算混合液中 Bi^{3+}的含量（以 g·L^{-1}表示）。

2. Pb^{2+}的滴定

在滴定 Bi^{3+}后的溶液中，补加 1～2 滴二甲酚橙指示剂，滴加六亚甲基四胺溶液，至呈稳定的紫红色后，再过量加入 5mL，此时溶液的 pH 值约为 5～6。继续用 EDTA 溶液滴定，当溶液由紫红色恰转变为黄色，即为终点。记录消耗 EDTA 的体积 V_2，计算混合液中 Pb^{2+}的含量（以 g·L^{-1}表示）。

按上述过程再做两次平行实验，计算试液中 Bi^{3+}、Pb^{2+}的浓度（以 g·L^{-1}表示）。

六、注意事项

1. Bi^{3+}易水解，开始配制混合液时，所含 HNO_3浓度较高，临使用前加水样稀释至 0.15mol·L^{-1}左右。

2. Bi^{3+}与 EDTA 反应的速率较慢，滴 Bi^{3+}时不宜过快，且要激烈摇动。

3. 如果试样为 Pb^{2+}-Bi^{3+}合金时，溶样方法如下：称 0.5～0.6g 合金试样于小烧杯中，加入 1∶2 HNO_3 7mL，盖上表面皿，微沸溶解，然后用洗瓶吹洗表面皿与杯壁，将溶液转入 100mL 容量瓶中，用 0.1mol·L^{-1} HNO_3稀释至刻度，摇匀。

4. 如 pH<0.4，加入二甲酚橙后溶液呈黄色，此时可补加 NaOH 溶液直至溶液转紫红色为止。

5. 如 pH 调节不准，滴定过程不断出现终点褪色现象，此时可适当补加几滴 NaOH。

七、思考题

1. 按本实验操作，滴定 Bi^{3+}的起始酸度是否超过滴定 Bi^{3+}的最高酸度？滴定至 Bi^{3+}的终点时，溶液中酸度为多少？此时在加入 10mL 200g·L^{-1}六亚四基四胺后，溶液 pH 值约为多少？

2. 能否取等量混合试液两份，一份控制 pH≈1.0 滴定 Bi^{3+}，另一份控制 pH 值为 5～6 滴定 Bi^{3+}、Pb^{2+}总量？为什么？

3. 滴定 Pb^{2+}时要调节溶液 pH 值为 5～6，为什么加入六亚四基四胺而不加入乙酸钠？

4. 能否在同一份试液中先滴定 Pb^{2+}，而后滴定 Bi^{3+}？

5. 描述连续滴定 Pb^{2+}、Bi^{3+}过程中，锥形瓶中颜色变化的情形以及颜色变化的原因。

6. 为什么不用 NaOH、NaAc 或 $NH_3·H_2O$，而用六亚甲基四胺调节 pH 值到 5～6？

7. 如果滴定至 Bi^{3+}终点时，滴定过量，会对测定结果产生什么影响？

实验十四　铝合金中铝含量的测定

一、预习提要

1. 滴定方式有几种？

2. 返滴定原理和置换滴定原理分别是什么？它们的适用范围各是什么？

二、实验目的

1. 了解返滴定原理。

2. 掌握置换滴定原理。

3. 学会铝合金的溶样方法。

4. 接触复杂试样，以提高分析问题、解决问题的能力。

三、实验原理

铝合金中含有 Si、Mg、Cu、Mn、Fe、Zn，个别还含有 Ti、Ni、Ca 等杂质元素，返滴定测定铝含量时，所有能与 EDTA 形成稳定配合物的离子都产生干扰，缺乏选择性，仅适用于简单试样如明矾、复方氢氧化铝片等中 Al^{3+} 的测定。对于复杂物质中的铝，须在返滴定的基础上结合置换滴定法测定。即利用 F^- 与 Al^{3+} 生成更稳定的 AlF_3^- 的性质，加入 NH_4F，置换出与 Al^{3+} 等物质的量的 EDTA，再用 Zn^{2+} 标准溶液滴定之，从而精确计算 Al^{3+} 的含量。

先调节溶液 pH 值为 3～4，加入过量 EDTA 标准溶液，煮沸，使 Al^{3+} 与 EDTA 配合完全，冷却后，再调节溶液的 pH 值为 5～6，以二甲酚橙为指示剂，用 Zn^{2+} 标准溶液滴定过量的 EDTA（不计体积）。然后，加入过量 NH_4F，加热至沸，使 AlY^- 与 F^- 之间发生置换反应，并释放出与 Al^{3+} 等物质的量的 EDTA：

$$AlY^- + 6F^- + 2H^+ = AlF_6^{3-} + H_2Y^{2-}$$

释放出来的 EDTA，再用 Zn^{2+} 标准溶液滴定至紫红色，即为终点。铝合金中杂质元素较多，通常可用 NaOH 分解法或 HNO_3- HCl 混合溶液进行溶样。

四、仪器与试剂

1. 仪器

分析天平、移液管（25.00mL）、容量瓶（250mL）、酸式滴定管（50.00mL）、250mL 锥形瓶、烧杯。

2. 试剂

$2g \cdot L^{-1}$ 二甲酚橙（XO）、$5mol \cdot L^{-1}$ NaOH（储于塑料瓶中）、$6mol \cdot L^{-1}$ HCl、$3mol \cdot L^{-1}$ HCl、1∶1 $NH_3 \cdot H_2O$、$200g \cdot L^{-1}$ 六亚甲基四胺、$0.02mol \cdot L^{-1}$ Zn^{2+} 标准溶液（见实验十一）、$0.02mol \cdot L^{-1}$ EDTA 标准溶液（见实验十一）、$200g \cdot L^{-1}$ NH_4F 溶液（储于塑料瓶中）、铝合金试样。

五、实验内容

1. 样品的预处理

用分析天平准确称取 0.10～0.12g 铝合金于 50mL 塑料烧杯中，加入 10mL $5mol \cdot L^{-1}$ NaOH 溶液，沸水浴上加热溶解，待样品大部分溶解（有少许黑渣为碱不溶物），加入 $6mol \cdot L^{-1}$ HCl 10mL，少许黑渣溶解后，冷却到室温后将上述溶液定量转至 250mL 容量瓶中，稀释至刻度，摇匀。

2. 铝合金中铝含量的测定

(1) 铝与 EDTA 定量反应

用移液管准确移取上述试液 25.00mL 于 250mL 锥形瓶中，加入 $0.020mol \cdot L^{-1}$ EDTA 标准溶液 30.00mL，2 滴二甲酚橙，此时溶液呈黄色，滴加 1∶1 氨水调至溶液恰好出现红色即 pH=7～8，再滴加 $6mol \cdot L^{-1}$ HCl 溶液至试液呈黄色。煮沸 3min，冷却。加入 $200g \cdot L^{-1}$ 六亚甲基四胺 20mL，此时溶液应为黄色，如果溶液呈红色，还需滴加 6mol ·

L^{-1} HCl溶液，使其变黄。

(2) 过量EDTA的滴定

用0.01mol·L^{-1} Zn^{2+}标准溶液滴定至溶液由黄色变为紫红色（不计滴定的体积）。

(3) 置换测定Al的含量

加入200g·L^{-1} NH_4F溶液10mL，将溶液加热至微沸，流水冷却。再补加2滴二甲酚橙指示剂，用6mol·L^{-1} HCl溶液调节溶液呈黄色后，再用0.01mol·L^{-1} Zn^{2+}标准溶液滴定至溶液由黄色变为紫红色，即为终点。根据消耗Zn^{2+}标准溶液的体积，计算试样中Al的质量分数。平行测定三份，计算相对标准偏差，要求相对平均偏差不大于0.2%。

六、注意事项

1. 预处理时，在水浴中加热溶解，若有黑色碳化物颗粒，则滴加300g·L^{-1} H_2O_2破坏之。

2. 将含有六亚甲基四胺的溶液加热时，由于六亚甲基四胺的部分水解，而使溶液pH值升高，致使二甲酚橙显红色，此时应补加HCl使溶液呈黄色后，再进行滴定：

$$(CH_2)_6N_4 + 6H_2O = 6HCHO + 4NH_3$$

3. 由于NH_4F会腐蚀玻璃，实验完毕后应尽快弃去废液，清洗仪器。

七、思考题

1. 为什么测定简单试样中Al^{3+}的含量用返滴定法即可，而测定复杂试样中的则必须采用置换滴定法？

2. 用返滴定法测定简单试样中Al^{3+}含量时，所加入过量EDTA溶液的浓度是否必须准确？为什么？

3. 本实验中使用的EDTA溶液要不要标定？

4. 为什么加入过量的EDTA后，第一次用Zn^{2+}标准溶液滴定时，可以不计所消耗的体积？但此时是否须准确滴定溶液由黄色变为紫红色？为什么？

5. 能否采用EDTA直接滴定方法测定铝？

实验十五 多种金属离子溶液中铜、锡、镍含量的测定

一、预习提要

1. 配位滴定中利用掩蔽消除干扰的原理和方法。
2. EDTA的物理性质和化学性质。
3. 明确滴定过程中溶液的颜色变化是由哪些物质所决定的。

二、实验目的

1. 掌握配位滴定中利用掩蔽消除干扰的原理和方法。
2. 掌握置换滴定法的原理及方法。

三、实验原理

在pH<6的条件下，以二甲酚橙为指示剂，Fe^{3+}、Ni^{2+}、Co^{2+}、Cu^{2+}等离子则使指示剂僵化，所以二甲酚橙（XO）作指示剂滴定这些离子时，常采用返滴定法，即在溶液中加入过量EDTA，再用Zn^{2+}或Pb^{2+}标准溶液返滴定。

铜、锡、镍都能与EDTA生成稳定的配合物，它们的$\lg K$值分别为：18.80，22.11，18.62。共存时均能被EDTA滴定。取相同两份试样，分别向溶液中先加入等量的过量EDTA，其中一份加热煮沸2～3min，使Cu^{2+}、Sn^{2+}、Ni^{2+}与EDTA完全配合。然后加入硫

脲使与 Cu 配合的 EDTA 全部释放出来（其中包括过量的 EDTA），Cu^{2+} 被掩蔽，此时 Sn^{2+}、Ni^{2+} 与 EDTA 的配合物不受影响。再用六亚甲基四胺溶液调节 pH=5～6，以 XO 为指示剂，以锌标准溶液滴定全部释放出来的 EDTA，此时滴定用去锌标准溶液的体积为 V_1。然后加入 NH_4F 使与锡配合的 EDTA 释放出来，再用锌标准溶液滴定 EDTA，此时，消耗锌标准溶液的体积为 V_2。

另一份试剂中，不加任何掩蔽剂和解蔽剂，调节试液 pH=5～6，以 XO 为指示剂，用锌标准溶液滴定过量的 EDTA，用差减法求出 Cu、Ni 的含量。

另外，如溶液中含有 Al^{3+}，它与 EDTA 的配合不完全，所以在加入 EDTA 之前两份溶液中均应加入酒石酸钾钠以掩蔽 Al^{3+}，消除干扰。

四、仪器与试剂

1. 仪器

分析天平、台秤、烧杯、试剂瓶、锥形瓶（250mL）、碱式滴定管（50mL）、量筒、容量瓶（100mL）、移液管（10mL、5mL）。

2. 试剂

① 0.02mol・L^{-1} EDTA 标准溶液（配制及标定参见实验十一）；

② 0.01mol・L^{-1}锌标准溶液（配制参见实验十一）；

③ 200g・L^{-1}六亚甲基四胺溶液、200g・L^{-1} NH_4F 溶液、2g・L^{-1}二甲酚橙、2mol・L^{-1} HCl、硫脲饱和溶液、KCl（固体）、合金试液。

五、实验内容

1. 用移液管移取 10.00mL 合金试液于 100mL 容量瓶中，加蒸馏水稀释至刻度，摇匀。准确移取上述试液 5.00mL 两份，分别置于 250mL 锥形瓶中，加入固体 KCl 0.5g 左右，2mol・L^{-1} HCl 10mL，加热煮沸 2～3min，趁热加入 0.02mol・L^{-1} EDTA 标准溶液 20.00mL（记为 V），加热至沸，保温 2～3min，流水冷却至室温。

2. 一份试液中滴加饱和硫脲溶液至蓝色褪尽，再过量 5～10mL，加入蒸馏水 20mL，六亚甲基四胺 20mL，二甲酚橙指示剂 2～3 滴，用 0.01mol・L^{-1}锌标准溶液滴至溶液由黄色变为红色，即为终点，记下消耗锌标准溶液的毫升数 V_1。继续加 NH_4F 溶液 10mL，摇匀，放置片刻，试液又变为黄色。继续用锌标准溶液滴定至溶液由黄色变为红色，即为终点，记下消耗锌标准溶液的毫升数 V_2（不包括 V_1）。

3. 另一份试液，加入蒸馏水 20mL 及六亚甲基四胺 20mL，二甲酚橙 2～3 滴，用 0.01mol・L^{-1}锌标准溶液滴定至溶液由草绿色变为蓝紫色即为终点，记下消耗的锌标准溶液的毫升数 V_3。

平行测定三次，各取平均值，然后计算试液中铜、锡、镍的质量浓度，以 g・L^{-1}表示。

六、注意事项

加入硫脲后，应立即滴定，否则在调节 pH=5～6 以后，由于硫的析出，使溶液逐渐浑浊，影响准确度。

七、思考题

1. 什么是返滴定法？

2. 本实验中测定 Cu^{2+} 含量的原理是什么？

3. 本实验中测定金属离子，采用了哪几种滴定方法？

4. 加入硫脲的作用是什么？掩蔽 Cu^{2+} 的条件是什么？

5. NH_4F 的作用是什么？加入 NH_4F 溶液颜色为什么由红色变为黄色？

实验十六　配位滴定设计实验

一、实验目的

1. 培养学生查阅参考资料的能力，提高学生的设计水平和独立完成实验报告的能力。

2. 培养学生利用配位滴定的方法解决实际问题的能力。

3. 加深学生对理论课程的理解，使其掌握返滴定、置换滴定等技巧以及对分离掩蔽理论的理解。

二、设计内容

根据自己在理论课学到的知识和查阅的有关资料，针对具体的问题，做出总体设想。设计内容正文包括：

1. 实验题目
2. 姓名、班级
3. 方法原理
4. 主要仪器和试剂
5. 实验步骤

包括标定、测定及其他步骤。最好写成详细的流程图的形式。

三、设计实验报告的要求

1.～5. 同设计内容部分

6. 原始数据记录要全

7. 结果与数据处理

要求列出表格，表序、表头、表注等均应表达清楚，并写出相关公式。

8. 结果与讨论

四、实验方案设计选题参考

1. Bi^{3+}-Fe^{3+} 混合溶液中各组分含量的测定
2. Zn^{2+}-Cd^{2+} 混合溶液中各组分含量的测定
3. Cu^{2+}-Zn^{2+} 混合溶液中各组分含量的测定
4. Mg^{2+}-Ca^{2+} 混合溶液中各组分含量的测定
5. Pb^{2+}-Al^{3+} 混合溶液中各组分含量的测定
6. Zn^{2+}-Mg^{2+} 混合溶液中各组分含量的测定
7. Zn^{2+}-Ca^{2+} 混合溶液中各组分含量的测定
8. Pb^{2+}-Zn^{2+} 混合溶液中各组分含量的测定
9. Al^{3+}-Zn^{2+}-Mg^{2+} 混合溶液中各组分含量的测定
10. Pb^{2+}-Bi^{3+}-Cd^{2+} 混合溶液中各组分含量的测定
11. 炉甘石中 $ZnCO_3$、ZnO、$PbCO_3$、Fe_2O_3 及（$CaCO_3$＋$MgCO_3$）含量测定
12. 合金中铅、镍、镧的连续测定
13. 酸雨中硫酸根的测定
14. 铁、铝混合液中各组分的连续测定
15. 黄铜中铜、锌含量的测定
16. 保险丝中铅含量的测定

17. 钙制剂中钙含量的测定
18. 胃舒平药片中铝和镁的测定

第四节 氧化还原滴定实验

实验十七 高锰酸钾溶液的配制和标定

一、预习提要

1. 高锰酸钾溶液的配制为何采用间接法配制?
2. 哪些因素加快 $KMnO_4$ 的自身分解?
3. 标定 $KMnO_4$ 的基准物质有哪些?
4. 简述配制 $KMnO_4$ 标准溶液的步骤。
5. 玻璃砂芯滤器规格及使用操作。
6. 高锰酸钾标准溶液的标定反应及标定条件。
7. 本实验应如何准确读取滴定管中高锰酸钾溶液的液面读数。

二、实验目的

1. 了解 $KMnO_4$ 溶液的配制方法及保存条件;对自动催化反应有所了解。
2. 掌握用 $Na_2C_2O_4$ 作基准物标定 $KMnO_4$ 溶液的原理、方法及滴定条件。
3. 对高锰酸钾自身指示剂的特点有所体会。
4. 学习玻璃砂芯漏斗的使用。
5. 进一步掌握滴定分析的操作,巩固减量法称量、滴定等基本操作。

三、实验原理

$KMnO_4$ 试剂常含有少量 MnO_2 和其他杂质,如硫酸盐、氯化物及硝酸盐等,因此高锰酸钾不能直接配制准确浓度的溶液。$KMnO_4$ 具有强氧化性,还易和水中的有机物、空气中的尘埃及氨等还原性物质作用,另外,$KMnO_4$ 还能自行分解,其分解反应如下:

$$4KMnO_4 + 2H_2O = 4MnO_2\downarrow + 4KOH + 3O_2\uparrow$$

分解速率还随溶液的 pH 值而变化。在中性溶液中,分解很慢,但 Mn^{2+} 和 MnO_2 的存在能加速 $KMnO_4$ 的分解,见光分解则更快。由此可见,$KMnO_4$ 溶液的浓度容易改变,必须正确配制和保存。正确配制和保存的 $KMnO_4$ 溶液应呈中性,不含有 MnO_2,这样,浓度就比较稳定,放置数月后浓度大约降低 0.5%。但如果长期使用,仍应定期标定。

为了配制较稳定的 $KMnO_4$ 溶液,可称取稍多于理论量的 $KMnO_4$ 固体,溶解在一定体积的蒸馏水中,加热微沸约 1h,冷却后储于棕色瓶中,于暗处放置数天后,使溶液中可能存在的还原性物质完全氧化。然后使用微孔玻璃砂芯漏斗过滤,除去析出的 MnO_2。将过滤的 $KMnO_4$ 溶液放置于暗处,以待标定。

标定 $KMnO_4$ 的基准物质很多,有 $H_2C_2O_4\cdot 2H_2O$、$Na_2C_2O_4$、$(NH_4)_2Fe(SO_4)_2\cdot 6H_2O$、$As_2O_3$、纯铁丝等。其中最常用的是 $Na_2C_2O_4$,因为它易提纯、性质稳定,不含结晶水,在 105~110℃烘干 2h,放入干燥器中冷却后,即可使用。在 H_2SO_4 介质中,MnO_4^- 与 $C_2O_4^{2-}$ 的反应为:

$$2MnO_4^- + 5C_2O_4^{2-} + 16H^+ = 2Mn^{2+} + 10CO_2\uparrow + 8H_2O$$

为了使上述反应能快速定量地进行，应注意以下条件。

（1）温度

在室温下，上述反应速率缓慢，因此常需将溶液加热至75～85℃时进行滴定。滴定完毕时溶液的温度也不应低于60℃。而且滴定时溶液的温度也不宜太高，超过90℃，部分$H_2C_2O_4$会发生分解：

$$H_2C_2O_4 = CO_2\uparrow + CO\uparrow + H_2O$$

（2）酸度

溶液应保持足够的酸度，一般在开始滴定时，溶液的酸度为0.5～1mol·L^{-1}。酸度过低，$KMnO_4$易分解为MnO_2；酸度过高，会促使$H_2C_2O_4$分解。

（3）滴定速度

由于MnO_4^-与$C_2O_4^{2-}$的反应是一个自动催化反应，随着Mn^{2+}的产生，反应速率逐渐加快。特别是滴定开始时，加入第一滴$KMnO_4$时，不要摇动锥形瓶（因为局部$KMnO_4$的浓度大，反应速率可加快），等$KMnO_4$的红色褪色之后，再加入第二滴。待几滴$KMnO_4$溶液加入，反应迅速之后，滴定速度就可以稍快些。如果开始滴定就快，加入的$KMnO_4$溶液来不及与$C_2O_4^{2-}$反应，就会在热的酸性溶液中按下式分解：

$$4MnO_4^- + 4H^+ = 4MnO_2 + 3O_2\uparrow + 2H_2O$$

导致标定结果偏低。若滴定前加入少量的$MnSO_4$作催化剂，则滴定一开始，反应就能迅速进行，在接近终点时，滴定速度要缓慢，逐滴加入。

（4）滴定终点

用$KMnO_4$溶液滴定至终点后，溶液中出现的粉红色不能持久。因为空气中的还原性物质和灰尘等能与$KMnO_4$缓慢作用使其分解，故溶液的粉红色逐渐褪去。所以，滴定至溶液出现粉红色且半分钟内不褪色，即可认为达到了滴定终点。

四、仪器与试剂

1. 仪器

表面皿、微孔玻璃漏斗、锥形瓶（250mL）、酸式滴定管（50mL）、分析天平、台秤、移液管（25mL）、容量瓶（250mL）、烧杯、试剂瓶、量筒（100mL）、电炉或电热板。

2. 试剂

$KMnO_4$固体、$Na_2C_2O_4$基准试剂、3mol·L^{-1} H_2SO_4溶液。

五、实验内容

1. 0.02mol·L^{-1} $KMnO_4$溶液的配制（提前一周进行）

用表面皿在台秤上称取约1.6g $KMnO_4$溶于500mL蒸馏水中，盖上表面皿，加热至沸并保持微沸状态1h，冷却后于室温下放置2～3天后，用微孔玻璃漏斗或玻璃棉过滤，将过滤的$KMnO_4$溶液储于棕色瓶中，贴上标签，放置于暗处，以待标定。

2. 0.02mol·L^{-1} $KMnO_4$溶液的标定

准确称取0.13～0.16g基准物质$Na_2C_2O_4$三份，分别置于250mL的锥形瓶中，加约30mL水和3mol·L^{-1} H_2SO_4 10mL，盖上表面皿，加热至75～85℃（即开始冒蒸汽时的温度），趁热用$KMnO_4$溶液进行滴定。由于开始时滴定反应速率较慢，滴定的速度也要慢。随着滴定的进行，反应速率加快，滴定的速度也可适当加快。直至滴定的溶液呈微红色，半分钟内不褪色即为终点。注意终点时溶液的温度应保持在60℃以上，计算$KMnO_4$溶液的浓度。用同样方法滴定其他两份$Na_2C_2O_4$溶液，要求相对平均偏差应在0.2%以内。

六、注意事项

1. 草酸钠溶液的酸度在开始滴定时约为 $1mol \cdot L^{-1}$，滴定终了时约为 $0.5mol \cdot L^{-1}$，这样能促使反应正常进行，并且防止 MnO_2 的形成。滴定过程中如果发生棕色浑浊（MnO_2），应立即加入 H_2SO_4 补救，使棕色浑浊消失。

2. $KMnO_4$ 标准溶液应放在酸式滴定管中，由于 $KMnO_4$ 溶液颜色很深，液面凹下弧线不易看出，因此，应该从液面最高边上读数。

七、思考题

1. 配制 $KMnO_4$ 标准溶液时应注意些什么？

2. 配制 $KMnO_4$ 标准溶液时，为什么要将 $KMnO_4$ 溶液煮沸一定时间并放置数天？配好的 $KMnO_4$ 溶液为什么要过滤后才能保存？过滤时是否可以用滤纸？

3. 配制好的 $KMnO_4$ 溶液为什么要盛放在棕色瓶中保存？如果没有棕色瓶怎么办？

4. 在滴定时，$KMnO_4$ 溶液为什么要放在酸式滴定管中？

5. 用 $Na_2C_2O_4$ 标定 $KMnO_4$ 时候，为什么必须在 H_2SO_4 介质中进行？酸度过高或过低有何影响？可以用 HNO_3 或 HCl 调节酸度吗？为什么要加热到 70～80℃？溶液温度过高或过低有何影响？

6. 用 $Na_2C_2O_4$ 标定 $KMnO_4$ 溶液时，为什么开始滴入的紫色消失缓慢，后来却消失得越来越快，直至滴定终点出现稳定的紫红色？

7. 盛放 $KMnO_4$ 溶液的烧杯或锥形瓶等容器放置较久后，其壁上常有棕色沉淀物，此沉淀物是什么？此棕色沉淀物用通常方法不容易洗净，应怎样洗涤才能除去此沉淀？

8. 高锰酸钾法常用什么作指示剂？如何指示终点？

实验十八 高锰酸钾法测定过氧化氢的含量

一、预习提要

1. 高锰酸钾法测定过氧化氢的原理和方法。

2. 用高锰酸钾法测定 H_2O_2 时，用什么来控制酸度？

3. 用高锰酸钾法测定 H_2O_2 时，是否需要加热？

二、实验目的

1. 掌握高锰酸钾法测定过氧化氢的原理和方法。

2. 学会正确使用吸量管。

三、实验原理

H_2O_2 是一种常用的消毒剂，在医药上使用较为广泛。H_2O_2 分子中含有一个过氧键，在酸性溶液中是一个强氧化剂，但遇 $KMnO_4$ 时则表现为还原剂，故可用 $KMnO_4$ 标准溶液直接测定 H_2O_2，其反应如下：

$$2MnO_4^- + 5H_2O_2 + 6H^+ = 2Mn^{2+} + 5O_2\uparrow + 8H_2O$$

该反应在开始时比较缓慢，滴入的第一滴 $KMnO_4$ 溶液不容易褪色，待生成少量 Mn^{2+} 后，由于 Mn^{2+} 的催化作用，反应速率逐渐加快。因为 H_2O_2 不稳定，反应不能加热，滴定时的速度仍不能太快。化学计量点后，稍微过量的滴定剂 $KMnO_4$（约 $10^{-6}mol \cdot L^{-1}$）呈现微红色，指示终点的到达。根据 $KMnO_4$ 标准溶液的浓度和滴定所消耗的体积，可算出 H_2O_2 的含量。

若 H_2O_2 试样中含有乙酰苯胺等稳定剂，则不宜用 $KMnO_4$ 法测定，因为此类稳定剂也

消耗 $KMnO_4$。这时可采用碘量法测定，利用 H_2O_2 与 KI 作用析出 I_2，然后用标准硫代硫酸钠溶液滴定生成的 I_2。

四、仪器与试剂

1. 仪器

容量瓶（250mL）、移液管（20mL、25mL）、吸量管（2mL）、酸式滴定管（50mL）、烧杯、锥形瓶（250mL）。

2. 试剂

$3mol \cdot L^{-1}$ H_2SO_4 溶液、$0.02mol \cdot L^{-1}$ $KMnO_4$ 标准溶液（用上次标定的）、$1mol \cdot L^{-1}$ $MnSO_4$；H_2O_2 试样：市售质量分数约为 30% 的 H_2O_2 水溶液。

五、实验内容

吸量管吸取 2.00mL H_2O_2 试样溶液，置于 250mL 容量瓶中，加蒸馏水稀释至刻度，充分摇匀后备用。用移液管吸取 25.00mL 稀释后的 H_2O_2 溶液，放入 250mL 锥形瓶中，加 5mL $3mol \cdot L^{-1}$ H_2SO_4。用 $KMnO_4$ 标准溶液滴定溶液呈粉红色（30s 不褪色即为终点）。平行测定 3 次，计算试样中 H_2O_2 的质量浓度和相对平均偏差。

六、注意事项

1. 过氧化氢具有强氧化性，移取时绝对不能接触皮肤，否则皮肤被氧化，疼痛难忍。若不小心接触皮肤，应立即用大量水冲洗，用少量 $KMnO_4$ 洗涤。

2. 因 H_2O_2 与 $KMnO_4$ 溶液开始反应速率很慢，可滴加 2～3 滴 $MnSO_4$ 作为催化剂，以加快反应速率。

七、思考题

1. H_2O_2 有什么重要性质？使用时应注意些什么？

2. 用 $KMnO_4$ 法测定 H_2O_2 溶液时，能否用 HNO_3、HCl 和 HAc 控制酸度？为什么？

3. 用高锰酸钾法测定 H_2O_2 时，为何不能通过加热来加速反应？

实验十九 软锰矿中 MnO_2 含量的测定

一、预习提要

1. 该实验应用哪种滴定方式？

2. 为什么不能用直接滴定法测定 MnO_2 的含量？

3. 反应在什么条件下进行？室温？还是其他条件下？实验为什么在此条件下进行？

二、实验目的

1. 理解返滴定法的基本原理。

2. 掌握用 $KMnO_4$ 返滴定法测定软锰矿中 MnO_2 的原理和方法。

三、实验原理

软锰矿的主要成分是二氧化锰，由于 MnO_2 是一种较强的氧化剂，无法用 $KMnO_4$ 法直接滴定。在没有还原剂的条件下，MnO_2 难溶于酸或碱，因此也不能直接用还原剂进行滴定。所以通常采用返滴定法测定。即在酸性溶液中使之与过量的还原剂 $Na_2C_2O_4$ 作用，剩余的 $Na_2C_2O_4$ 用 $KMnO_4$ 标准溶液滴定，利用 $KMnO_4$ 的自身指示剂作用，判断滴定终点，反应如下：

$$MnO_2 + C_2O_4^{2-} + 4H^+ = Mn^{2+} + 2CO_2\uparrow + 2H_2O$$

$$2MnO_4^- + 5C_2O_4^{2-} + 16H^+ = 2Mn^{2+} + 10CO_2\uparrow + 8H_2O$$

根据 $Na_2C_2O_4$ 的质量和所消耗的 $KMnO_4$ 的物质的量以及上述关系可以求得软锰矿中 MnO_2 的含量为：

$$w_{MnO_2}=\frac{\left(\frac{m_{Na_2C_2O_4}}{M_{Na_2C_2O_4}}-\frac{5}{2}c_{KMnO_4}V_{KMnO_4}\times 10^{-3}\right)M_{MnO_2}}{m_{软锰矿}}$$

四、仪器与试剂

1. 仪器

分析天平、酸式滴定管、表面皿、锥形瓶（250mL）、移液管（20mL、25mL）、烧杯。

2. 试剂

3mol·L^{-1} H_2SO_4 溶液、0.02mol·L^{-1} $KMnO_4$ 标准溶液（已标定好的）、$Na_2C_2O_4$、软锰矿试样。

五、实验内容

1. 分析天平准确称取 0.2～0.25g 软锰矿试样三份，置于 250mL 锥形瓶中。根据 MnO_2 的大概含量，再准确称取较理论计量约多 0.13g 的 $Na_2C_2O_4$，置于上述锥形瓶中。

2. 在上述溶液中加入 3mol·L^{-1} H_2SO_4 20mL 和蒸馏水 20mL，盖上表面皿，在 70～80℃水浴上加热溶解，直至不放出 CO_2 气泡，且残渣无黑色颗粒为止。一般溶样时间最长不应超过 30min，以避免或减少草酸的损失。

3. 以水淋洗锥形瓶内壁及表面皿，将溶液稀释至 100mL，水浴加热至 70～80℃或沸水稀释。趁热用 $KMnO_4$ 标准溶液滴定至微红色半分钟不褪即为终点。

平行测定三次，计算软锰矿中 MnO_2 的质量分数和相对平均偏差。

六、注意事项

1. 如果不知软锰矿中锰的大概含量，应首先作初步测定。初步测定的方法和手续与精确测定相同，只是加入的量只能估计，且在操作上可粗略一些。

2. 为了促进 MnO_2 的溶解，$Na_2C_2O_4$ 的用量须比还原 MnO_2 所需用量多一些，但 $C_2O_4^{2-}$ 剩余量太多，消耗标准溶液的量太大，也会影响测定的准确度，故要预先作近似测定，以确定称取软锰矿以及 $Na_2C_2O_4$ 的量。

3. 在室温下，MnO_2 与 $Na_2C_2O_4$ 之间的反应速率缓慢，故需将溶液加热。但温度不能太高，若超过 90℃，易引起 $H_2C_2O_4$ 分解。

4. 沸水稀释后应立即滴定，若溶液反复加热，易使 Mn（Ⅱ）氧化成 Mn（Ⅳ）。

七、思考题

1. 为什么 MnO_2 不能用 $KMnO_4$ 标准溶液直接滴定？

2. 用高锰酸钾法测定软锰矿中 MnO_2 的含量时，应注意控制哪些实验条件？如控制不好，将会引起什么后果？

实验二十 水样中化学耗氧量（COD）的测定（高锰酸钾法）

一、预习提要

1. 化学耗氧量的定义及其测定方法。

2. 高锰酸钾法的应用。

二、实验目的

1. 掌握高锰酸钾法测定化学耗氧量的原理及方法。

2. 对水中化学耗氧量与水体污染的关系有所了解。

三、实验原理

水样的耗氧量是水质污染程度的主要指标之一，它分为生物耗氧量（简称 BOD）和化学耗氧量（简称 COD）两种。BOD 是指水中有机物质发生生物过程时所需要氧的量；COD 是指在特定条件下，用强氧化剂处理水样时，水样所消耗的氧化剂的量，换算成氧的含量（以 $mg \cdot L^{-1}$ 表示）。水样中的化学耗氧量与测试条件有关，因此应严格控制反应条件，按规定的操作步骤进行测定。

测定化学耗氧量的方法有重铬酸钾法、酸性高锰酸钾法和碱性高锰酸钾法。重铬酸钾法是指在强酸性条件下，向水样中加入过量的 $K_2Cr_2O_7$，让其与水样中的还原性物质充分反应，剩余的 $K_2Cr_2O_7$ 以邻菲罗啉为指示剂，用硫酸亚铁铵标准溶液返滴定。根据消耗的 $K_2Cr_2O_7$ 溶液的体积和浓度，计算水样的耗氧量。氯离子干扰测定，可在回流前加硫酸银除去。该法适用于工业污水及生活污水等含有较多复杂污染物的水样的测定。其滴定反应式为：

$$Cr_2O_7^{2-} + 6Fe^{2+} + 14H^+ = 2Cr^{3+} + 6Fe^{3+} + 7H_2O$$

酸性高锰酸钾法测定水样的化学耗氧量是指在酸性条件下，向水样中加入过量的 $KMnO_4$ 溶液，置沸水浴中加热，使其中的还原性物质充分反应，剩余的 $KMnO_4$ 用一定的过量的 $Na_2C_2O_4$ 标准溶液还原，再以 $KMnO_4$ 标准溶液返滴定过量的 $Na_2C_2O_4$。根据 $KMnO_4$ 的浓度和水样所消耗的 $KMnO_4$ 溶液体积，计算水样的耗氧量。该法适用于污染不十分严重的地面水和河水等的化学耗氧量的测定。若水样中 Cl^- 含量较高，可加入 Ag_2SO_4 消除干扰，也可改用碱性高锰酸钾法进行测定。有关反应如下：

$$4MnO_4^- + 5C + 12H^+ = 4Mn^{2+} + 5CO_2\uparrow + 6H_2O$$

$$2MnO_4^- + 5C_2O_4^{2-} + 16H^+ = 2Mn^{2+} + 10CO_2\uparrow + 8H_2O$$

这里，C 泛指水中的还原性物质或耗氧物质，主要为有机物。本实验应用高锰酸钾法进行测定。

四、仪器与试剂

1. 仪器

分析天平、锥形瓶（250mL）、酸式滴定管（50mL）、沸水浴装置、试剂瓶、容量瓶、移液管。

2. 试剂

$0.005mol \cdot L^{-1}$ $Na_2C_2O_4$ 标准溶液、$6mol \cdot L^{-1}$ H_2SO_4 溶液、水样、$0.002mol \cdot L^{-1}$ $KMnO_4$ 标准溶液（配制及标定见实验十七）。

五、实验内容

1. 视水样污染程度准确量取 10.00～100.00mL 水样置于 250mL 锥形瓶中，加 5mL $6mol \cdot L^{-1}$ H_2SO_4 溶液，再用滴定管或移液管准确加入 10.00mL $0.002mol \cdot L^{-1}$ $KMnO_4$ 标准溶液，然后尽快加热溶液至沸，并准确煮沸 10min。此时紫红色不应褪去，若褪去则说明水样中污染程度大，应增加 $KMnO_4$ 溶液的量。

2. 取下锥形瓶，冷却 1min 后，准确加入 10.00mL $0.005mol \cdot L^{-1}$ $Na_2C_2O_4$ 标准溶液，充分摇匀（此时溶液应为无色，否则应增加 $Na_2C_2O_4$ 的用量）。趁热用 $KMnO_4$ 标准溶液滴定至溶液呈微红色，记下 $KMnO_4$ 溶液的体积 V_1。如此平行测定三份。

3. 同时另取与水样体积相同的蒸馏水代替水样，进行空白试验，消耗高锰酸钾溶液的

体积为 V_2，按下列公式计算水样的化学耗氧量。

$$COD=\frac{c_{KMnO_4}(V_1-V_2)\times\frac{5}{4}M_{O_2}\times1000}{V_{水样}}\ (O_2 mg\cdot L^{-1})$$

六、注意事项

1. 水样采集后，应加入 H_2SO_4 使 $pH<12$，抑制微生物繁殖。试样尽快分析，必要时在 0～5℃保存，应在 48h 内测定。取水样的量由外观可初步判断：洁净透明的水样取 100mL，污染严重、浑浊的水样取 10～30mL，补加蒸馏水至 100mL。

2. 在酸性条件下，草酸钠和高锰酸钾的反应温度应保持在 70～80℃，所以滴定操作必须趁热进行，若溶液温度过低，需适当加热，否则反应不完全。

七、思考题

1. 水样的采集与保存应当注意哪些事项？

2. 水样中加入 $KMnO_4$ 溶液煮沸后，若紫红色褪去，说明什么？应怎样处理？

3. 水样中氯离子的含量高时，为什么对测定有干扰？如何消除？

4. 水样的化学耗氧量的测定有何意义？

实验二十一　铁矿石中全铁含量的测定

一、预习提要

1. 有毒元素汞在使用时的注意事项。

2. 有汞法测定全铁含量的原理。

二、实验目的

1. 学会重铬酸钾标准溶液的配制方法。

2. 掌握用重铬酸钾法测定铁矿石中铁的原理和方法。

3. 了解氧化还原滴定前预处理的目的和方法。

4. 了解二苯胺磺酸钠指示剂的作用原理。

三、实验原理

矿样用盐酸溶解后，在热、浓的溶液中用 $SnCl_2$ 还原 Fe^{3+} 为 Fe^{2+}，过量的 $SnCl_2$ 用 $HgCl_2$ 氧化除去，然后在硫酸-磷酸介质中，以二苯胺磺酸钠为指示剂，用 $K_2Cr_2O_7$ 标准溶液滴定，主要反应如下：

$$2FeCl_4^- + SnCl_4^{2-} + 2Cl^- = 2FeCl_4^{2-} + SnCl_6^{2-}$$

$$SnCl_4^{2-}(过量) + 2HgCl_2 = SnCl_6^{2-} + Hg_2Cl_2\downarrow(白色丝状)$$

$$6Fe^{2+} + Cr_2O_7^{2-} + 14H^+ = 6Fe^{3+} + 2Cr^{3+} + 7H_2O$$

在滴定过程中，黄色 Fe^{3+} 的生成不利于终点观察，可借加入的 H_3PO_4 与 Fe^{3+} 生成无色的 $Fe(HPO_4)_2^-$ 配离子而消除。同时，由于 $Fe(HPO_4)_2^-$ 配离子的生成，使三价铁离子浓度大大降低，从而降低了 Fe^{3+}/Fe^2 电对的电位，使滴定突跃增大，避免二苯胺磺酸钠指示剂过早变色，提高了分析的准确度。

该方法成熟、准确度高，但由于使用了 $HgCl_2$，引进了有害元素 Hg，造成了环境污染。也有实验采用甲基橙作为指示剂除去过量的 $SnCl_2$，避免了使用 $HgCl_2$，但准确度不如该方法。

四、仪器与试剂

1. 仪器

分析天平、酸式滴定管（50mL）、烧杯（100mL）、容量瓶（250mL）、锥形瓶（250mL）、表面皿、量筒、移液管。

2. 试剂

50g・L^{-1} $HgCl_2$溶液、2g・L^{-1}二苯胺磺酸钠指示剂、$K_2Cr_2O_7$（s）、浓 HCl、铁矿石试样；50g・L^{-1} $SnCl_2$溶液：5g $SnCl_2 \cdot 2H_2O$ 固体溶于 100mL 1∶1 盐酸中，使用前一天配制；1∶1 硫-磷混酸：将 150mL 浓硫酸缓缓加入 700mL 水中，冷却后再加入 150mL 浓磷酸。

五、实验内容

1. 0.02mol・L^{-1} $K_2Cr_2O_7$标准溶液的配制

用分析天平准确称取已在 150～180℃烘干 2h，放在干燥器中冷却至室温的 $K_2Cr_2O_7$ 1.4～1.5g 于 100mL 烧杯中，加去离子水溶解后，定量转移到 250mL 容量瓶中，用水稀释至刻度，混匀。

2. 试样中铁含量的测定

① 准确称取 0.2g 铁矿石试样三份，分别置于 250mL 锥形瓶中，用少量水润湿，加入浓盐酸溶液 10mL，并滴加 8～10 滴 $SnCl_2$溶液助溶。盖上表面皿，在近沸的水浴中（或低温电热板）加热至残渣变为白色，用少量水洗表面皿及瓶壁。

② 趁热滴加 $SnCl_2$，边加边摇动直到溶液的黄色褪去，再多加 1～2 滴。加入 20mL 水，并将溶液流水冷却到室温，立即加入 50g・L^{-1} $HgCl_2$溶液 10mL，摇匀，此时有白色丝状 Hg_2Cl_2沉淀生成，放置 2～3min，使反应完全。

③ 加水稀释至 150mL，加入 15mL 硫-磷混酸，二苯胺磺酸钠指示剂 5～6 滴，摇匀，立即用重铬酸钾标准溶液滴定至紫色即为终点。

④ 根据滴定结果，计算铁矿石中铁的含量。

六、注意事项

1. 白色残渣为 SiO_2，若试样溶解不完全，可加 NaF 助溶。
2. 加 $HgCl_2$前要冷却，否则 Hg^{2+}可能氧化溶液中的 Fe^{2+}，使结果偏低。
3. 在酸性溶液中，Fe^{2+}易被氧化，所以加入硫-磷混酸后要立即滴定。
4. 由于二苯胺磺酸钠也要消耗一定量的 $K_2Cr_2O_7$，故不能多加。
5. 在硫-磷混酸中铁电对的电极电位降低，Fe^{2+}更易被氧化，故不应放置而应立即滴定。

七、思考题

1. 用重铬酸钾法测定铁矿石中铁时，滴定前为什么要加硫-磷混酸？
2. 用 $SnCl_2$还原 Fe^{3+}为 Fe^{2+}时，为什么 $SnCl_2$过量不可太多？
3. 加入 $HgCl_2$后为什么要放置几分钟？
4. 在预处理时，为什么 $SnCl_2$溶液要趁热逐滴加入，而 $HgCl_2$溶液却要冷却后一次加入？

实验二十二　I_2和 $Na_2S_2O_3$标准溶液的配制及标定

一、预习提要

1. 如何配制 100mL 0.02mol・L^{-1} $K_2Cr_2O_7$？

2. $Na_2S_2O_3$溶液分解的原因有哪些？在配制 $Na_2S_2O_3$溶液时，应采取哪些措施？

3. 标定 I_2和 $Na_2S_2O_3$溶液的基准物质有哪些？

4. 写出计算硫代硫酸钠、碘溶液浓度的表达式。

5. 如何使用碘量瓶？

6. 滴定远离终点、接近终点、到达终点的标志是什么？

二、实验目的

1. 掌握 I_2和 $Na_2S_2O_3$标准溶液的配制、标定方法及其保存条件。

2. 掌握直接碘量法和间接碘量法的测定条件。

3. 了解 $K_2Cr_2O_7$标定 $Na_2S_2O_3$溶液及 $Na_2S_2O_3$标定 I_2溶液的原理和方法。

4. 学会碘量瓶的使用和熟悉淀粉指示剂正确判断终点的方法。

三、实验原理

碘量法使用的标准溶液主要有 I_2标准溶液和 $Na_2S_2O_3$标准溶液两种，现分别介绍如下。

1. I_2标准溶液的配制和标定

I_2易升华，故用升华法可以制得纯度很高的 I_2作为基准物质，直接配制标准溶液。但由于 I_2的挥发性和对天平的腐蚀，不宜在分析天平上称量。通常使用的市售 I_2试剂纯度不高，需先配成近似浓度，然后再标定。

I_2微溶于水而易溶于 KI 溶液中，但在稀的 KI 溶液中溶解得很慢，故配制 I_2溶液时应先在较浓的 KI 溶液中进行，待溶解完全后再稀释到所需浓度。I_2与 KI 之间存在下列平衡：

$$I_2 + I^- \rightleftharpoons I_3^-$$

游离 I_2易挥发，因此溶液应维持适当过量的 I^-，以减少 I_2的挥发。另外，空气能氧化 I^-，引起 I_2浓度增加，反应如下：

$$4I^- + O_2 + 4H^+ \rightleftharpoons 2I_2 + 2H_2O$$

此氧化作用缓慢，但能被光、热、酸的作用而加速，因此 I_2溶液一般储存于棕色瓶中且置冷暗处保存。

I_2溶液可以用 As_2O_3为基准物质进行标定，但 As_2O_3（俗称砒霜）有剧毒，故更常用 $Na_2S_2O_3$标准溶液进行标定。

2. $Na_2S_2O_3$标准溶液的配制和标定

固体试剂 $Na_2S_2O_3 \cdot 5H_2O$ 通常含有一些 S、Na_2SO_4、Na_2CO_3及 NaCl 等杂质，且易风化和潮解。因此，$Na_2S_2O_3$标准溶液采用间接法配制。

配制好的 $Na_2S_2O_3$溶液不够稳定，易分解。水中的 CO_2、细菌和光照都能使其分解，水中的 O_2还能将其氧化。反应如下：

$$Na_2S_2O_3 \xrightarrow{\text{微生物}} Na_2SO_3 + S\downarrow$$

$$S_2O_3^{2-} + CO_2 + H_2O \longrightarrow HSO_3^- + HCO_3^- + S\downarrow$$

$$S_2O_3^{2-} + \frac{1}{2}O_2 \longrightarrow SO_4^{2-} + S\downarrow$$

故配制 $Na_2S_2O_3$溶液时，最好采用新煮沸并冷却的蒸馏水，以除去水中的 CO_2和 O_2，并杀死细菌；$Na_2S_2O_3$在中性或碱性溶液中较稳定，当 $pH<4.6$ 时不稳定，在 pH 9～10 时 $Na_2S_2O_3$ 最为稳定，故在 $Na_2S_2O_3$ 溶液中加入少量 Na_2CO_3 使溶液呈弱碱性以抑制 $Na_2S_2O_3$ 的分解，储于棕色瓶中，放置几天后再进行标定。长期使用的溶液应定期标定，

如果发现溶液变浑或析出硫，应该过滤后再标定或者另配溶液。

$K_2Cr_2O_7$、KIO_3等基准物都可用来标定$Na_2S_2O_3$溶液，一般的实验室用$K_2Cr_2O_7$来标定，以淀粉为指示剂。因为$K_2Cr_2O_7$与$Na_2S_2O_3$的反应产物有多种，不能按确定的反应式进行，故不能用$K_2Cr_2O_7$直接滴定$Na_2S_2O_3$。而应先使$K_2Cr_2O_7$与过量的KI反应，析出与$K_2Cr_2O_7$计量相当的I_2，再用$Na_2S_2O_3$溶液滴定。滴定反应方程式如下：

$$Cr_2O_7^{2-}+6I^-+14H^+ \xlongequal{} 2Cr^{3+}+3I_2+7H_2O$$

$$2S_2O_3^{2-}+I_2 \xlongequal{} 2I^-+S_4O_6^{2-}$$

$Cr_2O_7^{2-}$与I^-的反应速率较慢，为了加快反应速率，可控制溶液酸度为0.2～0.4mol·L^{-1}，同时加入过量的KI，并在暗处放置一定时间。但在滴定前须将溶液稀释以降低酸度，以防止$Na_2S_2O_3$在滴定过程中遇强酸而分解。

四、仪器与试剂

1. 仪器

烧杯、酸式滴定管、锥形瓶、棕色瓶、容量瓶（250mL）、移液管、碱式滴定管。

2. 试剂

0.02mol·L^{-1} $K_2Cr_2O_7$标准溶液（见实验二十一）、$Na_2S_2O_3\cdot5H_2O$、I_2、KI、100g·L^{-1} KI溶液（使用前配制）、5g·L^{-1}淀粉指示剂、Na_2CO_3、6mol·L^{-1} HCl溶液。

五、实验内容

1. 配制0.1mol·L^{-1} $Na_2S_2O_3$溶液500mL（提前一周配制）

称取分析纯$Na_2S_2O_3\cdot5H_2O$ 25g，溶解于1000mL新煮沸并冷却的蒸馏水中，加入0.2g Na_2CO_3使溶液呈弱碱性，以防止分解，保存在棕色瓶中，放置一周后进行标定。用过后长时间放置，再用前应重新标定。

2. 0.1mol·L^{-1} $Na_2S_2O_3$溶液的标定

移取$K_2Cr_2O_7$标准溶液25.00mL三份，分别置于250mL锥形瓶中，加入8mL 6mol·L^{-1} HCl溶液和10mL 100g·L^{-1}的KI溶液加盖，放在暗处5min。然后加入蒸馏水100mL，以$Na_2S_2O_3$溶液标定，滴至浅黄色加5g·L^{-1}淀粉指示剂2mL，继续滴至蓝色刚好消失，溶液呈Cr^{3+}的绿色即为终点。记下消耗的$Na_2S_2O_3$溶液的体积，三次滴定所用$Na_2S_2O_3$溶液的体积之差小于0.04mL，否则再补做一份，计算$Na_2S_2O_3$溶液的浓度及精密度。

3. 0.05mol·L^{-1}碘标准溶液的配制和标定

（1）配制0.05mol·L^{-1}碘溶液300mL

称取4.0g I_2放入小烧杯中，加入8g KI，加蒸馏水少许，用玻璃棒搅拌至I_2全部溶解后，转入500mL烧杯，加蒸馏水稀释至300mL。摇匀，储存于棕色瓶中，放于暗处保存。

（2）0.05mol·L^{-1}碘标准溶液的标定

准确移取25.00mL碘溶液于250mL锥形瓶或碘量瓶中，加蒸馏水至100mL，用$Na_2S_2O_3$标准溶液滴至浅黄色，加3mL淀粉溶液，继续滴定至蓝色消失为终点。平行滴定三次，计算碘标准溶液浓度及精密度。

六、注意事项

1. $K_2Cr_2O_7$与KI反应较慢，所以要放在暗处5min再进行滴定。

2. 滴定前稀释溶液，一是为了得到适宜$Na_2S_2O_3$滴定I_2的酸度，酸度太大I^-易被空气氧化，$Na_2S_2O_3$易因局部过浓而遇酸分解，二是使 Cr^{3+} 浓度降低，颜色变浅，使终点溶液由蓝色变到绿色容易观察。

3. I_2能与橡胶发生反应，因此 I_2溶液不能装在碱式滴定管中。

4. 淀粉溶液必须在接近终点时加入，否则容易引起淀粉溶液凝聚，而且吸附在淀粉中的 I_2不易释出，影响测定（第二、三份标定可根据第一份消耗 $Na_2S_2O_3$的体积，提前 0.5～1mL 加入淀粉）。

七、思考题

1. 如何配制和保存 I_2溶液？配制 I_2溶液时为什么要滴加 KI？

2. 如何配制和保存 $Na_2S_2O_3$溶液？

3. 用 $K_2Cr_2O_7$作基准物质标定 $Na_2S_2O_3$溶液时，为什么要加入过量的 KI 和 HCl 溶液？为什么要放置一定时间后才能加水稀释？为什么在滴定前还要加水稀释？

4. 标定 I_2溶液时，既可以用 $Na_2S_2O_3$滴定 I_2溶液，也可以用 I_2滴定 $Na_2S_2O_3$溶液，且都采用淀粉指示剂，在两种情况下加入淀粉指示剂的时间是否相同？为什么？

实验二十三　间接碘量法测定铜盐中铜的含量

一、预习提要

1. 该方法的滴定原理是什么？

2. 还有哪些实验采用间接法？举例说明。

3. 本实验为什么不加 NH_4HF_2？

4. 哪些因素使测定结果偏高？哪些因素使测定结果偏低？

5. 反应应控制在哪个酸度条件下进行？

6. 预习实验内容，注意何时加入淀粉指示剂。

二、实验目的

1. 学习铜盐的分解方法。

2. 掌握间接碘量法测定铜的原理和方法。

3. 掌握碘量法测定铜的操作过程。

4. 了解淀粉指示剂的作用原理。

三、实验原理

在弱酸性的条件下，Cu^{2+} 可以被 KI 还原为 CuI，同时释放出等量的 I_2，用 $Na_2S_2O_3$标准溶液滴定释放出的 I_2，以淀粉为指示剂，即可求出铜含量。反应式为：

$$2Cu^{2+} + 5I^- = 2CuI\downarrow + I_3^-$$

$$I_2 + 2S_2O_3^{2-} = 2I^- + S_4O_6^{2-}$$

在上述反应中，KI 不仅是 Cu^{2+} 的还原剂，还是它的沉淀剂和 I_2的络合剂。

反应需加入过量的 KI，一方面可促使反应进行完全，另一方面使形成 I_3^-，以增加 I_2的溶解度。但是，CuI 沉淀表面强烈吸附 I_2，这部分 I_2不与淀粉作用，从而使终点提前，结果偏低。通常的办法是在临近终点时加入硫氰酸盐，将 CuI（$K_{sp}=1.1\times10^{-12}$）转化为溶解度更小的 CuSCN 沉淀（$K_{sp}=4.8\times10^{-15}$）。在沉淀的转化过程中，吸附的碘被释放出来，从而被 $Na_2S_2O_3$溶液滴定，使分析结果的准确度得到提高。

$$CuI + SCN^- = CuSCN\downarrow + I^-$$

硫氰酸盐应在接近终点时加入，否则 SCN^-会还原大量存在的 I_2，致使测定结果偏低。

间接碘量法必须在弱酸性或中性溶液中进行，在测定 Cu^{2+} 时，通常用 NH_4HF_2 控制溶液的酸度为 pH 3～4。酸度过低，Cu^{2+} 易水解，使反应不完全，结果偏低，而且反应速率慢，终点拖长；酸度过高，则 I^- 被空气中的氧氧化为 I_2（Cu^{2+} 催化此反应），使结果偏高。同时这种缓冲溶液也提供了 F^- 作为掩蔽剂，可以使共存的 Fe^{3+} 转化为 FeF_6^{3-} 以消除其对 Cu^{2+} 测定的干扰。若试样中不含 Fe^{3+} 则不加 NH_4HF_2。

用碘量法测定铜时，最好用纯铜标定 $Na_2S_2O_3$ 溶液，以抵消方法的系统误差。

四、仪器与试剂

1. 仪器

分析天平、酸式滴定管（50mL）、锥形瓶（250mL）、容量瓶（250mL）。

2. 试剂

0.10mol·L^{-1} $Na_2S_2O_3$ 标准溶液（用实验二十二标定好的）、30% H_2O_2、6mol·L^{-1} HCl、7mol·L^{-1} 氨水、7mol·L^{-1} HAc、100g·L^{-1} NH_4SCN 溶液、Na_2CO_3（固体）、纯铜（w>9.9%）、100g·L^{-1} KI 溶液（使用前配制）、200g·L^{-1} NH_4HF_2、100g·L^{-1} KSCN 溶液、1mol·L^{-1} H_2SO_4 溶液、5g·L^{-1} 淀粉溶液、$CuSO_4\cdot5H_2O$。

五、实验内容

1. 0.10mol·L^{-1} $Na_2S_2O_3$ 溶液的标定（用纯铜标定）

准确称取 0.2g 左右纯铜，置于 250mL 烧杯中，加入约 10mL 6mol·L^{-1} 盐酸，在摇动条件下逐滴加入 2～3mL 30% H_2O_2，至金属铜分解完全（H_2O_2 不应过量太多）。加热，将多余的 H_2O_2 分解赶尽，然后定量转入 250mL 容量瓶中，加水稀释至刻度线，摇匀。准确移取 25.00mL 纯铜溶液于 250mL 锥形瓶中，滴加 7mol·L^{-1} 氨水至刚好产生沉淀，然后依次加入 8mL 7mol·L^{-1} HAc 溶液，10mL 200g·L^{-1} NH_4HF_2 溶液，10mL 100g·L^{-1} KI 溶液，用 $Na_2S_2O_3$ 溶液滴定至淡黄色，再加入 3mL 5g·L^{-1} 淀粉溶液，继续滴定至浅蓝色。再加入 10mL NH_4SCN 溶液，继续滴定至溶液的蓝色消失即为终点，记下所消耗的 $Na_2S_2O_3$ 溶液的体积，计算 $Na_2S_2O_3$ 溶液的浓度。

2. 铜盐中铜含量的测定

① 用分析天平准确称取 $CuSO_4\cdot5H_2O$ 0.5～0.6g，置于 250mL 锥形瓶中，加 5mL 1mol·L^{-1} H_2SO_4 和 100mL 蒸馏水使其溶解。

② 加入 10mL 100g·L^{-1} KI 立即用 $Na_2S_2O_3$ 标准溶液滴定至呈黄色，加入 2mL 淀粉指示剂，继续滴定至浅蓝色，再加入 10mL 100g·L^{-1} KSCN，溶液蓝色转深，再继续用 $Na_2S_2O_3$ 标准溶液滴定至蓝色刚好消失为终点。

平行测定三次，计算 $CuSO_4\cdot5H_2O$ 中的 Cu 的质量分数，并计算精密度和准确度。

六、注意事项

1. 滴加 1∶1 氨水至溶液有稳定的沉淀，沉淀为白色，不可过量，否则生成铜氨配离子，就看不见沉淀了。

2. NH_4HF_2 有一定毒性和化学腐蚀性，应避免与皮肤接触，若接触必须用水冲洗，另外，滴定后，废液应及时倒掉。

3. NH_4SCN 溶液只能在临近终点时加入，否则大量的 I_2 的存在有可能氧化 SCN^-，从而影响测定的准确度。

4. 淀粉指示剂最好在终点前约 0.5mL 时加入。加入太早，大量碘与淀粉结合成不再与 $Na_2S_2O_3$ 反应的蓝色物质，使滴定产生误差。

5. 此法适用于测定铜矿、炉渣、电镀液等铜合金中铜的测定。试样可以用 HNO_3 分解，但低价氮的氧化物能氧化 I^- 从而干扰测定，故需用浓 H_2SO_4 蒸发将它们除去。也可用 H_2O_2 和 HCl 分解样品。

$$Cu+2HCl+H_2O_2 \longrightarrow CuCl_2+2H_2O$$

分解完成后煮沸除去 H_2O_2（溶液冒大泡）。

七、思考题

1. 本实验加入 KI 的作用是什么？
2. 本实验为什么要加入 NH_4SCN？为什么不能过早地加入？
3. 若试样中含有铁，则加入何种试剂以消除铁对测定铜的干扰并控制溶液 pH 值。
4. I_2 在淀粉溶液中呈什么颜色？I^- 在淀粉溶液中呈什么颜色？
5. 加入 NH_4SCN 溶液混合后，溶液又转为蓝色，为什么？
6. 测定为什么一定要在弱酸性溶液中进行？
7. 如果用 $Na_2S_2O_3$ 溶液测定铜矿或铜合金中的铜，最好用什么基准物质标定 $Na_2S_2O_3$ 溶液的浓度？
8. 为什么加了碘化钾后，需立即用硫代硫酸钠标准液滴定？
9. 为什么要加过量的碘化钾，它有哪些作用？

实验二十四　葡萄糖含量的测定

一、预习提要

1. 该实验采用了哪种滴定方式？
2. I_2 和 $Na_2S_2O_3$ 标准溶液各应装在哪种滴定管中？
3. 注意为什么要缓慢地加入 NaOH 溶液？
4. 为什么在接近滴定终点时，才加入淀粉指示剂？
5. 试想该反应能否在酸性条件下进行？

二、实验目的

1. 学会间接碘量法测定葡萄糖含量的方法与原理，进一步掌握返滴定法技能。
2. 进一步熟悉酸式滴定管的操作，掌握有色溶液滴定时体积的正确读法。
3. 掌握间接碘量法的实际应用。

三、实验原理

向待测葡萄糖溶液中加入过量的 I_2 标准溶液和 NaOH 溶液，葡萄糖将被 I_2 与 NaOH 的反应产物 NaIO 定量氧化为葡萄糖酸，而未反应的 NaIO 在碱性介质中进一步歧化为 IO_3^- 和 I^-，它们在酸化时又反应生成 I_2，然后以淀粉为指示剂，用 $Na_2S_2O_3$ 标准溶液滴定生成的 I_2。有关反应如下：

$$I_2+2OH^- \longrightarrow IO^-+I^-+H_2O$$

$$CH_2OH(CHOH)_4CHO+IO^-+OH^- \longrightarrow CH_2OH(CHOH)_4COO^-+I^-+H_2O$$

$$3IO^- \longrightarrow IO_3^-+2I^-$$

$$IO_3^-+5I^-+6H^+ \longrightarrow 3I_2+3H_2O$$

$$2S_2O_3^{2-}+I_2 \longrightarrow 2I^-+S_4O_6^{2-}$$

根据所加入 I_2 标准溶液的物质的量和滴定所消耗 $Na_2S_2O_3$ 标准溶液的物质的量，以及上述反应所反映的各个物质之间的计量关系，便可以计算出葡萄糖的含量。

四、仪器与试剂

1. 仪器

分析天平、台秤、烧杯、酸式滴定管、碱式滴定管、容量瓶（100mL、250mL）、移液管（25mL）、锥形瓶（250mL）、碘量瓶（250mL）、洗瓶。

2. 试剂

0.05mol · L^{-1} I_2标准溶液（用实验二十二标定好的）；0.1mol · L^{-1} $Na_2S_2O_3$标准溶液（用实验二十二标定好的）；1mol · L^{-1} NaOH 溶液、1 ∶ 1 HCl 溶液、5g · L^{-1}淀粉溶液、葡萄糖或葡萄糖试液。

五、实验内容

1. 葡萄糖的溶解

用分析天平准确称取约 0.5g 葡萄糖试样于 100mL 烧杯中，加少量水溶解后定量转移至 100mL 容量瓶中，定容并摇匀。

2. 葡萄糖含量的测定

① 用移液管准确移取上述葡萄糖试液 20.00mL 于 250mL 锥形瓶或碘量瓶中，由酸式滴定管准确加入 20.00mL I_2标准溶液。慢慢滴加 1.0mol · L^{-1} NaOH 溶液，边加边摇，直至溶液变成浅黄色。滴加 NaOH 的速度要慢。否则过量的 IO^- 还来不及和葡萄糖反应就歧化为氧化性较差的 IO_3^-，可能导致葡萄糖不能完全被氧化，结果偏低。盖上表面皿，放置 10～15min，使之反应完全。

② 用少量水冲洗表面皿和锥形瓶内壁，然后加入 2mL HCl，立即用 $Na_2S_2O_3$标准溶液滴定至浅黄色。加 2mL 淀粉指示剂，继续滴定至蓝色恰好消失即为终点。平行测定三份，计算试样中葡萄糖的质量分数和相对平均偏差。

六、注意事项

1. 若试样为葡萄糖溶液则试样溶液中葡萄糖含量以质量浓度 g · L^{-1}表示。葡萄糖（$C_6H_{12}O_6 \cdot H_2O$），M＝198.2g · mol^{-1}。

2. 本方法可视为葡萄糖注射液中葡萄糖含量的测定。测定时可视注射液的浓度将其适当稀释。

七、思考题

1. 为什么在氧化葡萄糖时滴加 NaOH 溶液的速度要慢，且加完后要放置一段时间？而在酸化后则要立即用 $Na_2S_2O_3$标准溶液滴定？

2. 碘量法主要误差有哪些？应如何避免？

实验二十五　水果中抗坏血酸含量的测定

一、预习提要

1. 溶解 I_2时，加入过量的 KI 的作用是什么？

2. 本实验采用哪种滴定方式？为什么？

3. 滴定时为什么在弱酸性条件下进行？

二、实验目的

1. 掌握直接碘量法测定抗坏血酸的原理及操作过程。

2. 理解淀粉指示剂的作用原理。

三、实验原理

维生素 C 是一种已糖醛基酸，分子式为 $C_6H_8O_6$，有抗坏血病的作用，所以又称为抗坏血酸。新鲜的水果蔬菜，特别是枣、辣椒、苦瓜、猕猴桃、柑橘等食品中含量尤为丰富。

由于分子中的烯二醇基具有还原性，可被 I_2 定量氧化成二酮基，因此可用 I_2 标准溶液直接滴定。其滴定反应式为：

$$C_6H_8O_6 + I_2 = C_6H_6O_6 + 2HI$$

1mol 维生素 C 与 1mol I_2 定量反应，维生素 C 的摩尔质量为 176.12g·mol^{-1}。该反应可以用于测定药片、注射液、饮料、蔬菜、水果等中的维生素 C 含量。

由于维生素 C 的还原性很强，在空气中极易被氧化，尤其是在碱性介质中，这种氧化作用更强，因此滴定易在酸性介质中进行，以减少副反应的发生。考虑到 I^- 在强酸性溶液中也易被氧化，故一般选在 pH=3～4 的弱酸性溶液中进行。

维生素 C 在医药和化学上应用非常广泛。在分析化学中常用于光度法和配位滴定法中作为还原剂，如使 Fe^{3+} 还原为 Fe^{2+}，Cu^{2+} 还原为 Cu^+，硒（Ⅲ）还原为硒等。

四、仪器与试剂

1. 仪器

分析天平、研钵、棕色试剂瓶、锥形瓶、容量瓶、酸式滴定管、碱式滴定管、烧杯。

2. 试剂

0.05mol·L^{-1} I_2溶液标准、5g·L^{-1}淀粉溶液、2mol·L^{-1} HAc、果浆。

五、实验内容

用 100mL 小烧杯准确称取研碎的果浆 30～50g，立即加入 10mL 2mol·L^{-1} HAc，转入 250mL 的锥形瓶中，加入 2mL 5g·L^{-1}淀粉溶液，立即用 I_2 标准溶液滴定至呈现稳定的蓝色。且在 30s 内不褪色即为终点，记下消耗的 I_2溶液体积。平行滴定三份，计算果浆中维生素 C 的含量。

六、注意事项

1. 碘易受有机物的影响，不可与软木塞、橡胶等接触，应用酸式滴定管进行滴定。

2. 配制淀粉指示液时的加热时间不宜过长，并应快速冷却，以免降低其灵敏度；所配制的淀粉指示液遇碘应显纯蓝色，如显红色，即不宜使用；此指示液应临时配制。

七、思考题

1. 果浆中加入乙酸的作用是什么？

2. 碘量法的误差来源有哪些？应采取哪些措施减小误差？

实验二十六 氧化还原滴定设计实验

一、实验目的

1. 巩固理论课中学过的重要氧化还原反应的知识。

2. 对滴定前预先氧化还原处理过程有所了解。

3. 对较复杂的氧化还原体系的组分测定能设计出可行的方案。

二、实验方案设计选题参考

1. 含有 Cr-Mn 的矿石中各组分含量的测定

2. 含有 KI-KIO_3混合液中各组分含量的测定

3. 二草酸合铜中草酸根和铜含量的测定

4. 三草酸合铁中草酸根和铁含量的测定
5. 石灰石中钙含量的测定
6. 葡萄糖注射液中葡萄糖含量的测定
7. 胱氨酸纯度的测定
8. H_2SO_4-$H_2C_2O_4$混合液中各组分浓度测定
9. HCOOH 与 HAc 混合溶液中各组分浓度测定
10. 含有 Mn 和 V 的混合试样中 Mn、V 含量的测定
11. PbO-PbO_2混合物中 Pb 含量的测定
12. 含 Cr_2O_3和 MnO 矿石中 Cr 和 Mn 含量的测定
13. Fe_2O_3与 Al_2O_3混合物中各组分含量的测定
14. 漂白粉中有效氯的测定

第五节　沉淀滴定法实验

实验二十七　氯化物中氯含量的测定

一、预习提要

1. 如何配制 $AgNO_3$标准溶液？
2. 什么是沉淀滴定法，它的适用范围是什么？
3. 较常用的沉淀滴定法是什么？其原理和方法又是什么？

二、实验目的

1. 掌握 $AgNO_3$标准溶液的配制和标定方法。
2. 掌握沉淀滴定法中以 K_2CrO_4为指示剂测定氯离子的方法和原理。
3. 掌握铬酸钾指示剂的正确使用方法。

三、实验原理

莫尔法测定可溶性氯化物中氯含量是在中性或弱碱性溶液中，以 K_2CrO_4为指示剂，用 $AgNO_3$标准溶液进行滴定。由于 AgCl 的溶解度比 Ag_2CrO_4的小，在用 $AgNO_3$溶液滴定过程中，AgCl 首先沉淀，待 AgCl 定量沉淀后，过量一滴 $AgNO_3$溶液即与 CrO_4^{2-} 生成砖红色 Ag_2CrO_4沉淀，指示终点的到达。反应式如下：

$$Ag^+ + Cl^- \longrightarrow AgCl\downarrow\text{（白色）}\qquad K_{sp}=1.8\times10^{-10}$$

$$2Ag^+ + CrO_4^{2-} \longrightarrow Ag_2CrO_4\downarrow\text{（砖红色）}\qquad K_{sp}=2.0\times10^{-12}$$

显然，指示剂 K_2CrO_4的用量对于指示终点有较大的影响。CrO_4^{2-}浓度过高或过低，沉淀的析出就会过早或过迟，因而产生一定的终点误差。一般 CrO_4^{2-} 用量以 $5\times10^{-3}\text{mol}\cdot L^{-1}$为宜。

滴定必须在中性或弱碱性溶液中进行，最适宜的 pH 值范围为 6.5～10.5。酸度过高，不产生 Ag_2CrO_4沉淀，过低，则形成 Ag_2O 沉淀。

凡是能与 Ag^+ 或 CrO_4^{2-} 生成难溶化合物或配合物的阴离子都干扰测定。Al^{3+}、Fe^{3+}、Bi^{3+}、Sn^{4+}等高价金属离子在中性或弱碱性溶液中易水解产生沉淀，也不应存在。若存在，改用佛尔哈德法测定氯含量。

四、仪器与试剂

1. 仪器

台秤、分析天平、烧杯、锥形瓶、棕色试剂瓶、移液管（25mL）、容量瓶（100mL、250mL）、酸式滴定管（50mL）、干燥器、带盖的瓷坩埚、蒸馏水。

2. 试剂

$AgNO_3$、NaCl（基准试剂）、$50g \cdot L^{-1}$ K_2CrO_4溶液、氯化物试样。

五、实验内容

1. $0.05mol \cdot L^{-1}$ $AgNO_3$溶液的配制

在台秤上称取$AgNO_3$晶体4.2～4.3g于小烧杯中，用少量不含Cl^-的蒸馏水溶解后，将溶液转入棕色试剂瓶中，稀释至500mL左右，摇匀置暗处保存备用。

2. $0.05mol \cdot L^{-1}$ $AgNO_3$溶液的标定

用分析天平准确称取所需基准试剂NaCl 0.3g左右置于烧杯中，用水溶解，转入100mL容量瓶中，加水稀释至刻度，摇匀。用移液管准确移取25.00mL NaCl标准溶液（也可以直接称取一定量NaCl基准试剂）于锥形瓶中，加25mL水、1mL $50g \cdot L^{-1}$ K_2CrO_4溶液，在不断摇动下用$AgNO_3$溶液滴定，至白色沉淀中出现砖红色，即为终点。根据NaCl标准溶液的浓度和滴定所消耗的$AgNO_3$标准溶液体积，计算$AgNO_3$标准溶液的浓度。

平行测定三份，计算$AgNO_3$溶液的准确浓度。

3. 试样中Cl^-含量的测定

用分析天平准确称取氯化物试样（学生自行计算）于小烧杯中，加水溶解后，定量地转入250mL容量瓶中，加水稀释至刻度，摇匀。

用移液管准确移取25.00mL氯化物试液三份，分别置于250mL锥形瓶中，加入25mL水，1mL $50g \cdot L^{-1}$ K_2CrO_4溶液，在不断摇动下，用$AgNO_3$标准溶液滴定，至白色沉淀中呈现砖红色即为终点。根据试样质量，$AgNO_3$标准溶液的浓度和滴定中消耗的体积，计算试样中Cl^-的含量。并计算出平均偏差及相对平均偏差。

六、注意事项

1. 最适宜的pH值范围为6.5～10.5；若有铵盐存在，为了避免$Ag(NH_3)_2^+$生成，溶液pH值范围应控制在6.5～7.2为宜。

2. $AgNO_3$见光析出金属银 $2AgNO_3 \xrightarrow{光照} 2Ag + 2NO_2\uparrow + O_2\uparrow$，故需保存在棕色瓶中；$AgNO_3$若与有机物接触，则起还原作用，加热颜色变黑，故勿使$AgNO_3$与皮肤接触。

3. 实验结束后，盛装$AgNO_3$溶液的滴定管应先用蒸馏水冲洗2～3次，再用自来水冲洗，以免产生AgCl沉淀，难以洗净。含银废液应予以回收，切不能随意倒入水槽。

4. NaCl基准试剂，在500～600℃灼烧半小时后，放置于干燥器中冷却。也可将NaCl置于带盖的瓷坩埚中，加热，并不断搅拌，待爆炸声停止后，将坩埚放入干燥器中冷却后使用。

5. 凡是能与Ag^+生成难溶化合物或配合物的阴离子都干扰测定。如AsO_4^{3-}、AsO_3^{3-}、S^{2-}、CO_3^{2-}、$C_2O_4^{2-}$等，其中H_2S可加热煮沸除去，将SO_3^{2-}氧化成SO_4^{2-}后不再干扰测定。大量Cu^{2+}、Ni^{2+}、Co^{2+}等有色离子将影响终点的观察。

6. 凡是能与CrO_4^{2-}指示剂生成难溶化合物的阳离子也干扰测定，如Ba^{2+}、Pb^{2+}能与

CrO_4^{2-} 分别生成 $BaCrO_4$ 和 $PbCrO_4$ 沉淀。Ba^{2+} 的干扰可加入过量 $Na_2S_2O_3$ 消除。

七、思考题

1. 配制好的 $AgNO_3$ 溶液要储于棕色瓶中，并置于暗处，为什么？

2. 莫尔法测氯时，为什么溶液的 pH 值须控制在 6.5～10.5？

3. $AgNO_3$ 溶液应装在酸式滴定管还是碱式滴定管中？为什么？

4. 以 K_2CrO_4 作为指示剂时，指示剂浓度过大或过小对测定结果有何影响？

5. 能否用莫尔法以 NaCl 标准溶液直接滴定 Ag^+？为什么？

6. NaCl 基准物为什么要灼烧处理？如用未处理的 NaCl 来标定 $AgNO_3$ 溶液，将产生什么影响？

实验二十八　银合金中银含量的测定

一、预习提要

1. 如何用佛尔哈德法测定试样中银的含量？

2. 银含量的测定还可应用什么方法？

二、实验目的

1. 掌握佛尔哈德法测定银离子的原理及方法。

2. 掌握铁铵矾指示剂的正确使用方法。

3. 掌握试样中银含量的测定方法。

三、实验原理

银合金用硝酸溶解后，以铁铵矾为指示剂，用 NH_4SCN 标准溶液滴定，可以直接测定合金中的银含量。溶液中首先析出 AgSCN 沉淀，当 Ag^+ 定量沉淀后，过量的 SCN^- 与 Fe^{3+} 生成红色的配合物 $FeSCN^{2+}$ 即为终点。滴定反应和指示反应为：

$$Ag^+ + SCN^- \longrightarrow AgSCN\downarrow(白色) \qquad K_{sp}=10\times10^{-12}$$

$$Fe^{3+} + SCN^- \longrightarrow FeSCN^{2+}\downarrow(红色) \qquad K=138$$

在滴定过程中，不断有 AgSCN 沉淀形成，由于它具有强烈的吸附作用，所以有部分 Ag^+ 被吸附于其表面上，因此往往产生终点出现过早的情况，使结果偏低。所以滴定时，必须充分摇动溶液，使吸附的 Ag^+ 及时地释放出来。

四、仪器与试剂

1. 仪器

移液管、锥形瓶（250mL）、分析天平、酒精灯、酸式滴定管（50mL）。

2. 试剂

① 0.05mol·L^{-1} $AgNO_3$ 标准溶液（见实验二十七）；

② 0.05mol·L^{-1} NH_4SCN 标准溶液；

③ 铁铵矾指示剂溶液（400g·L^{-1}）：40g $NH_4Fe(SO_4)_2\cdot12H_2O$ 溶于适量水中，然后用 1mol·L^{-1} HNO_3 稀释至 100mL；

④ 1∶1 HNO_3：若含有氮的氧化物而呈黄色时，应煮沸去除氮化合物；

⑤ 银合金试样、NaCl（基准试剂）、水。

五、实验内容

1. 试样的溶解

准确称取银合金试样 0.3g，置于 250mL 锥形瓶中，加入 10mL 1∶1 HNO_3，慢慢加热溶解后，加水 50mL，煮沸除去氮的氧化物，冷却。

2. NH_4SCN 标准溶液的标定

用移液管移取 20.00mL $AgNO_3$ 标准溶液于 250mL 锥形瓶中，加入 4mL 1∶1 HNO_3，铁铵矾指示剂 1mL，充分摇动下，用 NH_4SCN 溶液滴定，直至溶液呈现稳定的浅红色即为终点。平行三份，计算 NH_4SCN 溶液的准确浓度。

3. 试样中银含量的测定

在上述冷却试样中加入 2mL 铁铵矾溶液，在充分剧烈摇动下，用 NH_4SCN 标准溶液滴定至溶液呈稳定的浅红色，即为终点。根据试样质量、NH_4SCN 标准溶液的浓度以及滴定用去的体积，计算试样中银的质量分数。

平行测定三份，计算银合金中银的含量，并求相对标准偏差。

六、注意事项

滴定应在酸性介质中进行，如果在中性或碱性介质中，则指示剂水解而析出 $Fe(OH)_3$ 沉淀，Ag^+ 在碱性溶液中会生成 Ag_2O 沉淀；滴定时 HNO_3 的浓度以 0.2～0.5mol·L^{-1} 为宜。

七、思考题

1. 用佛尔哈德法测定 Ag^+，滴定时为什么必须剧烈摇动？
2. 佛尔哈德法能否采用 $FeCl_3$ 作为指示剂？
3. 用返滴定法测定 Cl^- 时，是否应该剧烈摇动？为什么？

实验二十九　沉淀滴定设计实验

一、实验目的

1. 巩固理论课中学过的重要沉淀滴定反应的知识。
2. 掌握沉淀滴定中多种离子分别进行滴定的条件。
3. 对所研究体系能够设计出可行的方案。

二、实验方案设计选题参考

1. 酱油中氯化钠含量的测定
2. 法扬司法测定氯化物中氯含量
3. 硫酸盐中硫含量的测定
4. 乙酸银溶度积的测定

第六节　重量分析法实验

实验三十　氯化钙中结晶水含量的测定（气化法）

一、预习提要

1. 用气化法测定化合物中结晶水含量的原理。
2. 什么是恒重？如何将氯化钙中的结晶水除去？
3. 干燥器在使用前应做哪些准备工作？如何挪动干燥器？

二、实验目的

1. 学习用气化法测定化合物中结晶水含量的原理并掌握其操作技术。

2. 掌握干燥器、坩埚钳的正确使用方法。

三、实验原理

结晶水是结晶水合物质中结构内部的水，当加热到一定温度时结晶水可完全失去，根据失去结晶水前后结晶物质质量之差即可求出其中结晶水的含量。温度的高低与化合物本身的性质有关。失去结晶水必须在一定的温度，所以需要加热一定的时间。$CaCl_2 \cdot 2H_2O$ 完全失去结晶水的温度是 120～125℃，可用加热气化法进行测定。

四、仪器与试剂

1. 仪器

台秤，分析天平，称量瓶，坩埚钳，电烘箱，表面皿，电子天平，干燥器。

2. 试剂

氯化钙固体。

五、实验内容

1. 称量瓶的恒重

将三个洗净的称量瓶进行编号，置于洁净的表面皿上，瓶盖斜支在瓶边上，放入电烘箱内在 125℃加热 1.5～2h。待完全干燥后取出称量瓶盖好，用坩埚钳夹取将其放进干燥器中，冷却至室温，准确称出其质量。重复上述干燥过程，第二次以后加热 0.5h，至称量瓶恒重为止，记为 W_0。

2. 准确称取氯化钙

在台秤上粗称 1.4～1.5g 氯化钙三份，分别放入上述已恒重的称量瓶内，盖好盖子，在分析天平上准确称出其质量，记为 W_1。

3. 除去氯化钙中结晶水

将盛有氯化钙的称量瓶，斜盖盖子置于表面皿上，放入 125℃的烘箱内，加热约 2h。用坩埚钳将称量瓶移入干燥器内，使其冷却至室温，盖好盖子，在分析天平上准确称出其质量，将称量瓶再次移入电烘箱内加热 0.5h，重复上述操作，直至恒重为止，记为 W_2。

六、注意事项

称量瓶要预先加热到恒重。

七、数据记录及处理

数据 项目 \ 序号		1	2	3
称量瓶的恒重	第一次读数 第二次读数 第三次读数 W_0/g			
氯化钙的质量 W_1/g				
除去氯化钙中结晶水，干燥至恒重	第一次读数 第二次读数 第三次读数 W_2/g			

续表

数据 \ 序号 / 项目	1	2	3
$n=\dfrac{\dfrac{(W_2-W_1)}{M_{H_2O}}}{\dfrac{(W_1-W_0)}{M_{CaCl_2}}}$			
$\overline{n}$			
$\lvert d_i \rvert$			
平均偏差 $\overline{d}$			
相对平均偏差/%			

八、思考题

1. 本实验中称量瓶为什么要预先加热使其恒重?
2. 空称量瓶的恒重可否在100℃左右进行?为什么?

实验三十一　硝酸镍中镍含量的测定——丁二酮肟重量法

一、预习提要

1. 丁二酮肟法测定镍的原理和方法。
2. 循环水泵及抽滤瓶的使用方法。
3. 沉淀的过滤、洗涤、烘干操作。
4. 有机沉淀形式重量分析的基本操作主要包括哪些步骤?

二、实验目的

1. 了解有机试剂丁二酮肟在重量分析中的应用以及丁二酮肟法测定镍的原理和方法。
2. 熟悉在沉淀时,如何调节溶液的pH值和掌握循环水泵及抽滤瓶的使用方法。
3. 掌握沉淀的过滤、洗涤、转移的操作。

三、实验原理

丁二酮肟是二元弱酸(以 H_2D 表示),离解平衡为:

$$H_2D \underset{+H^+}{\overset{-H^+}{\rightleftharpoons}} HD^- \underset{+H^+}{\overset{-H^+}{\rightleftharpoons}} D^{2-}$$

研究表明,它只有在 HD^- 形式下才能与 Ni^{2+} 配合生成鲜红色沉淀,故通常在pH 8~9的氨性溶液中进行沉淀。Ni^{2+} 与丁二酮肟生成的沉淀的组成恒定,经过滤、洗涤、烘干后即可称量。

丁二酮肟选择性极高,只与 Ni^{2+}、Fe^{2+} 生成沉淀,此外,丁二酮肟还能与 Cu^{2+}、Co^{2+}、Fe^{3+} 生成水溶液配合物。Fe^{3+}、Al^{3+}、Cr^{3+}、Zn^{2+}、Ca^{2+}、Mg^{2+} 等在氨性溶液中生成氢氧化物沉淀,因此pH调至碱性前,需加入柠檬酸或酒石酸,使这些金属离子与之生成稳定配合物以消除干扰。

四、仪器与试剂

1. 仪器

烧杯、表面皿、移液管、锥形瓶(250mL)、分析天平、酸式滴定管(50mL)、烘箱、水浴锅、干燥器、G4微孔玻璃坩埚、循环水泵及抽滤瓶。

2. 试剂

① $10g \cdot L^{-1}$丁二酮肟乙醇溶液、3∶1∶2 HCl∶HNO_3∶H_2O混合酸、1∶1氨水、$500g \cdot L^{-1}$酒石酸或柠檬酸溶液、$20g \cdot L^{-1}$酒石酸溶液、1∶1盐酸、$0.1mol \cdot L^{-1}$ $AgNO_3$溶液、$2mol \cdot L^{-1}$ HNO_3溶液、镍试样；

② NH_3-NH_4Cl洗涤液：每100mL水中加1mL氨水和1g NH_4Cl。

五、实验内容

1. 玻璃坩埚的准备

洗净两个玻璃坩埚，晾干或烘干，随即在坩埚和盖上进行编号。将洗净、编号的空坩埚放入烘箱中110～120℃烘干1h至恒重，冷却，称重，再烘至恒重。空坩埚恒重的温度和时间，冷却的时间，干燥剂的种类以及称量的时间等条件，应与装有沉淀时相同。

2. 沉淀及称量形式的获得

(1) 准确称取试样（含镍30～80mg）两份，分别置于500mL烧杯中，盖上表面皿，从杯嘴处加入混合酸20～40mL，于通风橱内低温加热溶解，再煮沸除去氮的氧化物。

(2) 在上述溶液中加入$500g \cdot L^{-1}$酒石酸溶液5～10mL，在不断搅拌下滴加1∶1氨水至弱碱性pH值为8～9，此时溶液转变为蓝绿色；如有少量白色沉淀，应过滤除去，并用热的NH_3-NH_4Cl洗涤液洗涤沉淀数次，残渣除去。

(3) 不断搅拌下，滤液用1∶1盐酸酸化至溶液变为棕绿色，用热水稀释至300mL左右，加热至70～80℃，在不断搅拌下加入$10g \cdot L^{-1}$丁二酮肟乙醇溶液以沉淀Ni^{2+}（每毫升Ni^{2+}约需1mL丁二酮肟），最后再多加20～30mL。丁二酮肟在水中溶解度很小，沉淀剂加入量不能过量太多，以免沉淀剂从溶液中析出，所加沉淀剂总量不超过试液体积的1/3。然后在不断搅拌下滴加1∶1氨水使溶液pH值为8～9，于60～70℃水浴保温30～40min。

(4) 稍冷后，用已恒重的微孔玻璃坩埚进行减压过滤，用微氨性的$20g \cdot L^{-1}$的酒石酸溶液洗涤7～10次。再用热水洗涤沉淀至无Cl^-为止。坩埚同沉淀在110～120℃烘干1h，冷却，称重，再烘干至恒重，根据沉淀质量及试样质量计算镍的含量。

六、注意事项

1. 检查Cl^-时，先将滤液用HNO_3酸化，再用$AgNO_3$检验之。

2. Ni量要适当，不能太多，否则沉淀过多，操作不便。

3. 滴加丁二酮肟溶液时溶液的温度不能太高，否则乙醇挥发太多，引起丁二酮肟本身的沉淀，且高温下柠檬酸或酒石酸能部分还原Fe^{3+}为Fe^{2+}，对测定有干扰。

七、思考题

1. 丁二酮肟重量法测定镍时，应注意哪些沉淀条件？为什么？本实验与$BaSO_4$重量法有哪些不同之处？通过本实验，你对有机沉淀剂的特点有哪些认识？

2. 加入酒石酸的作用是什么？加入过量沉淀剂并稀释的目的何在？

3. 溶解试样时加入HNO_3的作用是什么？

4. 重量法测定镍，也可将丁二酮肟镍灼烧成氧化镍称量（至恒重）。这与本方法相比较，哪种方法较为优越？为什么？

实验三十二 钡盐中钡含量的测定（沉淀重量法）

一、预习提要

1. 预习第三章第三节相关内容。

2. 晶形沉淀重量分析的基本操作主要包括哪些步骤？

3. 在进行沉淀时，晶形沉淀的操作方法是什么？

4. 如何检验沉淀是否完全？

5. 在实验室里，什么情况下用滤纸过滤？什么情况下用微孔玻璃漏斗或微孔玻璃坩埚过滤？

6. 如何折叠滤纸？如何形成水柱？其作用是什么？

7. 讲述倾泻法过滤的简要步骤。

8. 过滤时，怎样将沉淀转移到漏斗内？

9. 在漏斗内，洗涤沉淀的目的是什么？如何操作？

10. 了解干燥器的结构，掌握干燥器的使用方法。

11. 掌握瓷坩埚的使用及其恒重方法。

二、实验目的

1. 理解沉淀重量法测定 Ba^{2+} 的基本原理。

2. 掌握重量法的一般分析步骤和基本操作技术。

三、实验原理

重量分析法不需要基准物质，通过直接沉淀和称量而测得物质的含量，其测定结果的准确度很高。尽管其操作过程较长，但它在定量分析中经常使用。

Ba^{2+}能生成一系列难溶化合物，如 $BaCO_3$、BaC_2O_4、$BaCrO_4$和 $BaSO_4$等，其中以$BaSO_4$的溶解度最小（$K_{sp}=1.1\times10^{-10}$），并且很稳定，其组成与化学式相符，符合重量分析对沉淀的要求。所以通常以 $BaSO_4$为沉淀形式和称量形式测定 Ba^{2+}或 SO_4^{2-}。反应方程式为：

$$Ba^{2+}+SO_4^{2-} \xlongequal{} BaSO_4\downarrow$$

为了得到粗大的 $BaSO_4$晶形沉淀，将钡盐溶液用稀 HCl 酸化，加热至微沸，在不断搅动的条件下，慢慢地加入稀、热的 H_2SO_4，Ba^{2+}与 SO_4^{2-} 反应，形成沉淀。沉淀经陈化、过滤、洗涤、烘干、炭化、灰化、灼烧后，以 $BaSO_4$形式称量，即可求得试样中 Ba^{2+}的含量。

硫酸钡重量法一般在 0.05mol·L^{-1}左右盐酸介质中进行沉淀，这是为了防止产生$BaCO_3$、$BaHPO_4$、$BaHAsO_4$沉淀以及防止生成 $Ba(OH)_2$共沉淀。同时，适当提高酸度，增加 $BaSO_4$在沉淀过程中的溶解度，以降低其相对过饱和度，有利于获得较好的晶形沉淀。用 $BaSO_4$重量法测定 Ba^{2+}时，一般用稀 H_2SO_4作为沉淀剂。为了使 $BaSO_4$沉淀完全，H_2SO_4必须过量。由于 H_2SO_4在高温下可挥发除去，故沉淀带下的 H_2SO_4不会引起误差，因此沉淀剂可过量 50%～100%。如果用 $BaSO_4$重量法测定 SO_4^{2-} 时，沉淀剂 $BaCl_2$只允许过量 20%～30%。

四、仪器与试剂

1. 仪器

分析天平、玻璃漏斗、瓷坩埚、马弗炉、干燥器、慢速定量滤纸、烧杯、玻璃棒等。

2. 试剂

$BaCl_2\cdot2H_2O$、2mol·L^{-1} HCl 溶液、1mol·L^{-1} H_2SO_4溶液、0.1mol·L^{-1} H_2SO_4溶液、0.1mol·L^{-1} $AgNO_3$溶液、2mol·L^{-1} HNO_3溶液。

五、实验内容

1. 瓷坩埚的准备

洗净两个瓷坩埚，晾干或烘干，随即在坩埚和盖上进行编号。将洗净、编号的空坩埚放入马弗炉中800～850℃灼烧至恒重。空坩埚灼烧的温度和时间，冷却的时间，干燥剂的种类以及称量的时间等条件，应与装有沉淀时相同。第一次灼烧半小时左右，灼烧后的坩埚取出，放在空气中冷却至红热稍退后，放入干燥器中，冷至室温（需30～60min），冷却应在天平室中进行，与天平温度相同时在分析天平上准确称量。为了防止受潮，称量速度要快，平衡后马上读数。然后进行第二次灼烧，灼烧20min左右，稍冷后，再转入干燥器中，冷至室温，再称量。如此重复灼烧，直到连续两次称重，质量相差不大于0.2mg，此时认为坩埚已达到恒重。否则还要再灼烧15min，冷却、称量，直至恒重。

2. 沉淀的制备

① 准确称取 $BaCl_2 \cdot 2H_2O$ 0.4～0.5g两份，分别置于250mL烧杯中，各加蒸馏水约100mL，搅拌溶解（注意：玻璃棒用于过滤、洗涤完毕后才取出）。加入 $2mol \cdot L^{-1}$ HCl溶液4mL，在石棉网上加热近沸（勿使沸腾溅失）。

② 另取 $1mol \cdot L^{-1}$ H_2SO_4溶液4mL两份，分别置于两个100mL烧杯中，加水30mL，加热至沸，趁热将稀 H_2SO_4用滴管逐滴加入到试样溶液中，并不断搅拌。沉淀作用完毕，待 $BaSO_4$沉淀下沉，于上层清液中加入 $0.1mol \cdot L^{-1}$ H_2SO_4 1～2滴，观察沉淀是否完全。若清液没有变化，则说明沉淀完全；若清液变浊，说明沉淀不完全，应补加一些沉淀剂，再同上检查沉淀是否完全。盖上表面皿，将沉淀在沸腾的水浴上陈化0.5～1h，期间要搅动几次，放置冷却后过滤。

3. 称量形式的获得

① 沉淀自然冷却后，取慢速定量滤纸两张，按漏斗角度的大小折好滤纸，使其与漏斗很好地贴合，以蒸馏水润湿，并使漏斗颈内保持水柱；将漏斗放置于漏斗架上，漏斗下面各放一只清洁的烧杯。小心地把沉淀上面清液沿玻璃棒倾入漏斗中，再用倾泻法洗涤沉淀3～4次，每次用20～30mL洗涤液（3mL $1mol \cdot L^{-1}$ H_2SO_4，用200mL蒸馏水稀释即成）。最后，小心、定量地将沉淀转移至滤纸上，以洗涤液洗涤沉淀，直到洗液不含 Cl^- 为止（收集数滴于表面皿上，加稀 HNO_3（$2mol \cdot L^{-1}$）1滴，用 $AgNO_3$检验）。

② 将盛有沉淀的滤纸取出并按照图3-43或图3-44折成小包，放入已恒重的坩埚中，经小火烘干，中火炭化和大火灰化后放入800～850℃的马弗炉中灼烧半小时，取出置于干燥器内冷却、称量；再灼烧10～15min，冷却，称量，直至恒重。灼烧及冷却的条件要与空坩埚恒重时相同。计算两份 $BaCl_2 \cdot 2H_2O$ 中钡的含量，并计算其精密度及准确度。

六、注意事项

1. 加入稀HCl酸化，使部分 SO_4^{2-} 成为 HSO_4^-，稍微增大沉淀的溶解度，而降低溶液的过饱和度，同时可防止胶溶作用。

2. 在热溶液中进行沉淀，并不断搅拌，以降低过饱和度，避免局部浓度过高的现象，同时也减少杂质的吸附现象。

3. 盛滤液的烧杯必须洁净，因 $BaSO_4$沉淀易穿透滤纸，若遇此情况需重新过滤。

4. Cl^- 是混在沉淀中的主要杂质，当其完全除去时，可认为其他杂质已完全除去。检验的方法是，用表面皿收集数滴滤液，以 $AgNO_3$溶液检验。

5. $BaCl_2 \cdot 2H_2O$ 是毒品，剩余样品应倒入回收瓶中。

七、思考题

1. 重量沉淀法中，沉淀剂一般过量多少？

2. 沉淀 $BaSO_4$时，为什么要在热的稀溶液中进行？不断搅拌的目的是什么？

3. 洗涤 $BaSO_4$沉淀时，为什么要用洗涤液洗，而不直接用蒸馏水洗？

4. 为什么沉淀 $BaSO_4$时要在热溶液中进行，而在自然冷却后进行过滤？趁热过滤或强制冷却好不好？

5. 洗涤沉淀时，为什么用洗涤液要少量、多次？为保证 $BaSO_4$沉淀的溶解损失不超过 0.1%，洗涤沉淀用水量最多不超过多少毫升？

6. 本实验中为什么称取 0.4～0.5g $BaCl_2 \cdot 2H_2O$ 试样？称样过多或过少有什么影响？

第七节　紫外-可见分光光度法实验

实验三十三　邻二氮菲分光光度法测定微量铁的条件实验

一、预习提要

1. 预习第三章第四节相关内容。

2. 学习如何选择吸光光度法的实验条件。

3. 复习邻二氮菲测定铁的基本原理。

二、实验目的

1. 掌握分光光度法的基本原理及操作。

2. 通过测定铁的条件实验，掌握分光光度法实验条件和实验方案的拟定方法。

3. 通过邻二氮菲法测定微量铁的条件实验掌握分光光度法的应用。

三、实验原理

在可见的吸光光度法测量中，若被测组分本身有色，则不用显色剂即可直接测量；若被测组分本身无色或颜色很浅，则需用显色剂与其反应（即显色反应），生成有色化合物，再进行吸光度的测量。

大多数显色反应是络合反应，对显色反应的要求是：灵敏度足够高，一般选择反应生成物的摩尔吸光系数（ε）大的显色反应以适于微量组分的测定；选择性好，干扰少或容易消除；生成的有色化合物组成恒定，化学性质稳定，与显色剂有较大的颜色区别。

显色反应和其他化学反应一样，受溶液的酸度、显色剂的用量、温度、溶剂和干扰离子等的影响，而且将显色反应用于比色分析时还需考虑显色后有色溶液的稳定性等。铁的显色剂很多，如硫氰酸铵、巯基乙酸、磺基水杨酸钠和邻二氮菲等。本实验以邻二氮菲为显色剂，测定铁的几个条件实验，学习确定分析条件的方法。

1. 溶液的酸度

固定显色反应浓度和其他实验条件不变，改变体系的酸度，使显色反应在不同的 pH 条件下进行，然后测定溶液的吸光度，绘制吸光度 A-pH 值曲线，选择吸光度稳定的曲线部分所对应的 pH 值范围作为实验的酸度范围。

2. 显色剂用量

固定显色反应被测组分的浓度和其他实验条件，加入不同量的显色剂，然后测定溶液的吸光度，绘制吸光度 $A\text{-}V_{显色剂}$ 用量曲线，根据曲线确定显色剂的最佳用量。

3. 有色溶液的稳定性

配制一份显色溶液，从溶液被稀释至刻度开始计时，每隔一定时间测定一次溶液的吸光度，绘制吸光度 $A\text{-}t$ 曲线，由曲线确定测定的最佳时间范围。

四、仪器与试剂

1. 仪器

722 型分光光度计、容量瓶（50mL 20 个）、滴定管（50mL 1 支）、移液管（1mL 2 支、2mL 1 支、5mL 1 支）、量筒（10mL 1 个）。

2. 试剂

① 铁标准溶液 $100\mu g \cdot mL^{-1}$：准确称取 0.8634g $NH_4Fe(SO_4)_2$ 置于大烧杯中，加入 20mL 1∶1 的 HCl 和少量的水。溶解后，转移至 1L 容量瓶中，用水稀释至刻度，摇匀。

② 邻二氮菲溶液 0.15%（临时配用）：应先用少量酒精溶解，再用水稀释。

③ 盐酸羟胺溶液 10%（临时配用）、乙酸钠溶液 $1mol \cdot L^{-1}$、氢氧化钠溶液 $0.1mol \cdot L^{-1}$、精密 pH 试纸。

五、实验内容

1. 吸收曲线的制作

用吸量管吸取 $100\mu g \cdot L^{-1}$ 铁标准溶液 0.00mL、0.60mL 分别置于 50mL 比色管中，各加入 1mL 盐酸羟胺溶液，摇匀后，再加入 5mL 乙酸钠溶液、2mL 邻二氮菲溶液，以蒸馏水稀释至刻度，摇匀。放置 10min 后，在分光光度计上，用 1cm 比色皿，以试剂空白溶液为参比溶液，在 440～560nm，每隔 10nm 测定一次吸光度，在最大吸收波长附近，每隔 5nm 测定一次吸光度。以波长 λ 为横坐标，吸光度 A 为纵坐标，绘制吸收曲线，从而选择测量铁的适宜波长，一般选用最大吸收波长 λ_{max}。

2. 有色溶液稳定性的实验

取 50mL 容量瓶 1 个，加入 0.60mL $100\mu g \cdot mL^{-1}$ 的铁标准溶液，再加入 1mL 10%盐酸羟胺溶液、5mL $1mol \cdot L^{-1}$ 乙酸钠溶液、约 40mL 蒸馏水，最后加入 2mL 0.15%邻二氮菲溶液，并记下此时的时间，迅速摇匀。取适量于 1cm 比色皿中，以不含铁的相应试剂溶液作参比溶液，立即在上面步骤所选的波长条件下进行测定，读得吸光度，并记下读得吸光度的时间，以后每隔 1min、2min、3min、5min、10min、30min、60min、120min、180min 各测定一次。所得数据以时间为横坐标、吸光度为纵坐标绘制曲线，并选择最佳的测定时间。

3. 显色剂用量的试验

取 10 个 50mL 容量瓶，每个容量瓶都加入 $100\mu g \cdot mL^{-1}$ 的铁标准溶液 0.60mL，再加入 10% 的盐酸羟胺 1mL，然后分别加入 0.00、0.10mL、0.20mL、0.40mL、0.60mL、0.80mL、1.00mL、1.50mL、2.50mL、4.00mL 的邻二氮菲溶液，最后都加入 5mL $1mol \cdot L^{-1}$ 乙酸钠溶液，定容至刻度，摇匀。以不含显色剂的溶液为参比，在选定的波长下分别测量其吸光度。以 $V_{显色剂}$ 为横坐标、吸光度 A 为纵坐标绘图，绘制 $A\text{-}V_{显色剂}$ 曲线，确定测定时显色剂的合适用量。

4. pH 值的影响

取 50mL 容量瓶 9 个，每个加入 0.60mL $100\mu g \cdot mL^{-1}$ 的铁标准溶液，再加入 1mL 10%盐酸羟胺溶液，最后加入 2mL 0.15%邻二氮菲溶液，然后用滴定管依此加入 0.00、

2.00、5.00、8.00、10.00、20.00、22.00、25.00、30.00（mL）0.1mol·L^{-1}氢氧化钠溶液，定容至刻度，摇匀。用精密 pH 试纸测定以上溶液的 pH 值。以不含铁的各自相应的试剂溶液作参比溶液，在所选定的波长下测量吸光度，以 pH 值为横坐标、吸光度为纵坐标绘制 A-pH 曲线图，从图中找出合适的 pH 值范围。

六、基本操作达标考核

比色皿使用的操作考核项目

考核项目	分值	得分
1. 比色皿的清洗	10	
2. 比色皿持法，手指接触透光面	10	
3. 比色皿的润洗，用待测溶液润洗 2～3 次	15	
4. 溶液注入量(2/3～4/5)	15	
5. 比色皿透光面外溶液用擦镜纸处理	15	
6. 同组比色皿的校正	20	
7. 测定后，比色皿洗净，控干保存	15	

紫外-可见分光光度计操作考核项目

项目	评分要点	评分标准	配分	得分
一、开机操作(16 分)	打开样品室盖(或插入挡光杆)	挡光杆放入光路	4	
	选择为 T 挡	选择 T 挡正确	4	
	开启电源，预热 25min	电源开关位置	4	
	选择所需的波长	慢慢转动波长选择旋钮	4	
二、调 $T=0\%$(6 分)	调整 T 为 0%	调节 $T=0\%$按键(光路插入挡光杆)	6	
三、调 $T=100\%$(12 分)	用参比溶液	润洗吸收池、装液高度同“测定”	4	
	擦干比色皿表面溶液	用擦镜纸	2	
	调整 T 为 100%	调节 $T=100\%$按键	2	
	将测量方式选择由 T 转至 A	仪器显示 0.000	4	
四、选择测量波长(10 分)	选择适当溶液，在一定波段内，测定吸光度随波长的变化	每选择一个波长都要重新调 $0\%T$～$100\%T$	5	
		选择最大吸光度所对应的波长为测定波长	5	
五、测定(25 分)	用待装溶液润洗吸收池	润洗吸收池(已配套)三次	5	
	装溶液	液高为吸收池的 2/3～4/5，吸收池内无气泡	5	
	标准系列溶液的测定	用上述选定的波长；顺序由低浓度到高浓度	5	
	试样溶液的测定	用蒸馏水将吸收池清洗干净，再用试样溶液润洗三次后装液	5	
	记录各溶液吸光度	记录正确	5	
六、关机(10 分)	关闭电源	电源开关位置	2	
	清洗比色皿	洗净，入盒	4	
	整理实验物品	实验台整洁	4	

续表

项目	评分要点	评分标准	配分	得分
七、数据处理(21分)	根据数据绘制吸收光谱曲线	坐标设定合理	5	
	根据数据作标准工作曲线	坐标设定合理,坐标点线性关系好	5	
	根据标准曲线求试样质量	公式应用正确	5	
	计算试样百分含量	结果表示正确	6	

七、数据记录及处理

1. 记录吸光度随波长变化，从而确定溶液的最大吸收波长。
2. 记录吸光度随时间变化，从而确定溶液的显色时间，讨论有色配合物的稳定性。
3. 记录显色剂用量与吸光度的关系，绘制相应的曲线，确定实验应选择的显色剂用量。
4. 记录不同 pH 值溶液的吸光度，并绘制相应的曲线，从中确定适宜的 pH 值范围。

八、思考题

1. 实验中，盐酸羟胺、乙酸钠的作用是什么？若用氢氧化钠代替乙酸钠有什么影响？
2. 显色剂加入量过多或过少对测定的吸光度有何影响？

实验三十四　邻二氮菲分光光度法测定石灰石中的微量铁

一、预习提要

1. 配制溶液时，用到盐酸羟胺、乙酸钠、邻二氮菲溶液，分别起什么作用？加入的顺序是什么？顺序能颠倒吗？
2. 吸收曲线与标准曲线的意义是什么？分别如何绘制？
3. 什么是参比溶液？其作用是什么？
4. 复习分光光度计的构造及使用方法。

二、实验目的

1. 掌握邻二氮菲分光光度法测定铁的原理和方法。
2. 了解分光光度计的构造并掌握其使用方法。
3. 掌握吸收曲线的绘制方法，并选择测量铁的适宜波长。
4. 掌握标准曲线的绘制方法。

三、实验原理

邻二氮菲（phen）分光光度法灵敏度高，稳定性好，干扰容易消除，是目前测定微量铁的一种较好方法。

在测量微量铁时，通常以盐酸羟胺还原 Fe^{3+} 为 Fe^{2+}，在 pH 2～9 的溶液中，邻二氮菲与 Fe^{2+} 生成稳定的橙红色配合物 $[Fe(phen)_3]^{2+}$，其 $\lg K_{稳} = 21.3$，橙红色配合物的最大吸收峰在 510nm 波长处，摩尔吸光系数 $\varepsilon_{510} = 1.1\times10^4 L \cdot mol^{-1} \cdot cm^{-1}$。反应如下：

$$2Fe^{3+} + 2NH_2OH \cdot HCl = 2Fe^{2+} + N_2\uparrow + 2H_2O + 4H^+ + 2Cl^-$$

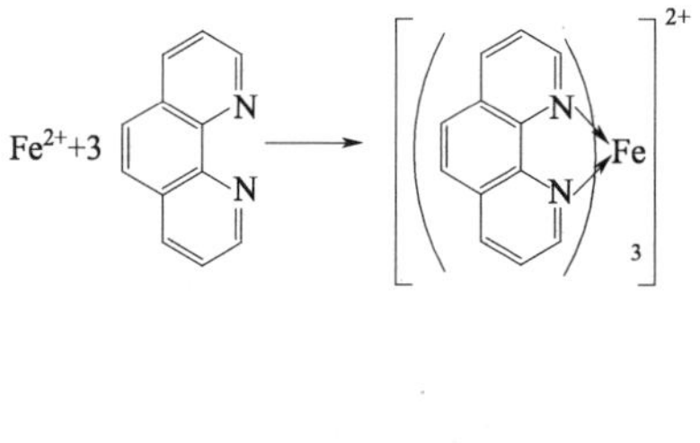

显色反应的适宜 pH 值范围很宽（2～9），酸度过高（pH＜2）反应进行较慢；若酸度过低，Fe^{2+} 将水解，通常在 pH 值 5 左右的 HAc-NaAc 缓冲介质中测定。

本方法的选择性很高，相当于 Fe^{2+} 含量 40 倍的 Sn^{2+}、Al^{3+}、Ga^{2+}、Mg^{2+}、Zn^{2+}、SiO_3^{2-}，20 倍的 Cr^{3+}、Mn^{2+}、V(Ⅴ)、PO_4^{3-}，5 倍的 Co^{2+}、Cu^{2+} 等均不干扰测定。

用分光光度法测定物质的含量，一般采用标准曲线法，即配制一系列浓度的标准溶液，在实验条件下依次测量各种标准溶液的吸光度（A），以溶液的浓度为横坐标，相应的吸光度为纵坐标，绘制标准曲线。在同样实验条件下，测定待测溶液的吸光度，根据测得吸光度值从标准曲线上查出相应的浓度值，即可计算试样中被测物质的质量浓度。

由于邻二氮菲与 Fe^{2+} 的反应选择性高，显色反应所生成的有色配合物的稳定性好，重现性也好，因此在我国的国家标准（GB）中，测定钢铁、锡、铅焊料、铅锭等冶金产品和工业硫酸、工业碳酸钠、氧化铝等化工产品中的铁含量，都采用邻二氮菲显色的分光光度法。

四、仪器与试剂

1. 仪器

分光光度计、pH 计、比色管（50mL）、吸量管（1mL、2mL、5mL）。

2. 试剂

① 标准铁溶液：准确称取 0.8634g A. R. 级的 $NH_4Fe(SO_4)_2 \cdot 12H_2O$，置于烧杯中，加入 20mL 6mol·$L^{-1}$ HCl 和少量蒸馏水，溶解后，定量地转移至 1L 容量瓶中，用蒸馏水稀释至刻度，摇匀，所得溶液含铁 100μg·L^{-1}。然后用移液管吸取上述溶液 25.00mL 置于 250mL 容量瓶中，加入 5mL 1∶1 HCl 溶液，用蒸馏水稀释至刻度，摇匀，所得溶液含铁 10μg·L^{-1}。

② 邻二氮菲：新配制的 1.5g·L^{-1} 水溶液。两周内有效。

③ 盐酸羟胺：100g·L^{-1} 水溶液。临用时配制，两周内有效。

④ 1mol·L^{-1} NaAc 溶液、1mol·L^{-1} NaOH 溶液、3mol·L^{-1} HCl 溶液、6mol·L^{-1} HCl 溶液。

⑤ pH＝4.6 HAc-NaAc 缓冲溶液：称取 136g 乙酸钠，加 120mL 冰醋酸，加蒸馏水溶解后，稀释至 500mL。

五、实验内容

1. 吸收曲线的制作

参见实验三十三。

2. 标准曲线的绘制

分别准确吸取 10μg·L^{-1} 铁标准溶液 0.00、2.00、4.00、6.00、8.00、10.00(mL) 于 6 支已编号的 50mL 比色管中，各加入 1mL 盐酸羟胺溶液，摇匀后，再分别加入 5mL 乙酸钠溶液、2mL 邻二氮菲溶液，以蒸馏水稀释至刻度，摇匀。放置 10min 后，在分光光度计上，用 1cm 比色皿，以试剂空白溶液为参比溶液，在所选定的波长下，分别测定各溶液的吸光度。以铁含量为横坐标，吸光度为纵坐标，绘制标准曲线。

3. 石灰石试样中微量铁的测定

准确称取试样 0.4～0.5g（如铁含量较高，则适当减少称样量）于小烧杯中，加少量蒸馏水润湿，盖上表面皿，滴加 3mol·L^{-1} HCl 溶液至试样溶解，转移试样至 50mL 比色管中，用少量蒸馏水淋洗烧杯，一并转移至比色管中。然后加入 1mL 盐酸羟胺，摇匀后，再分别加入 HAc-NaAc 缓冲溶液、2mL 邻二氮菲溶液，以蒸馏水稀释至刻度，摇匀。放置 10min 后，以试剂空白溶液作参比溶液，用 1cm 比色皿，在所选定的波长下，测量吸光度。在标准曲线上查出相应的浓度，计算石灰石试样中微量铁的含量。

六、注意事项

1. 邻二氮菲水溶液应避光保存，溶液颜色变暗时即不能使用，最好现用现配。
2. 盐酸羟胺不稳定，需临用时配制。
3. 操作上，注意吸收池的配对及遵守平行原则。
4. 盛标准溶液及水样的比色管应做标记，以免混淆。
5. 在测定标准系列各溶液吸光度时，要从稀溶液至浓溶液进行测定。
6. 配制溶液时，必须先加盐酸羟胺溶液，后加邻二氮菲溶液，顺序不能颠倒。

七、数据记录及结果分析

1. 将测量结果填入表格

(1) 标准曲线

试液编号	1	2	3	4	5
$V_{铁标}$/mL	2.00	4.00	6.00	8.00	10.00
总含铁量/$\mu g \cdot L^{-1}$					
吸光度 A					

(2) 试样编号：________

试样的称量记录：

试样质量 (g)：

测得的吸光度：

2. 绘图及计算

用坐标纸绘图，或者用 Origin 等软件绘图。

① 以波长为横坐标，吸光度为纵坐标，绘制 Fe^{2+}-phen 吸收曲线，并求出最大吸收峰的波长 λ_{max}，一般选用 λ_{max} 作为分光光度法的测量波长。

② 以显色后的 50mL 溶液中的铁含量为横坐标，吸光度为纵坐标，绘制测定铁的标准曲线。

③ 根据试样的吸光度，从标准曲线上查出相应的浓度，计算试样中铁的质量分数。

八、思考题

1. 根据实验结果，计算在适宜波长下的摩尔吸光系数。
2. 本实验所用的参比溶液为什么选用试剂空白，而不用蒸馏水？
3. 若用吸光光度法测定水样中的全铁和亚铁含量，试拟出一简单实验步骤。

实验三十五 高锰酸钾和重铬酸钾混合物中各组分含量的测定

一、预习提要

1. 朗伯-比尔定律适用的前提是什么？吸光度具有加和性的前提是什么？
2. 如何制作吸收曲线？熟悉测绘吸收光谱的一般方法。
3. 学习标准曲线定量方法，并利用吸收曲线测定样品中两组分的含量。

二、实验目的

1. 掌握多组分体系中元素的测定方法。

2. 掌握用分光光度法同时测定铬、锰含量的原理和方法。

3. 学会用解联立方程组的方法，定量测定吸收曲线相互重叠的二元混合物。

三、实验原理

在多组分体系中，如果各种吸光物质之间不相互作用，此时体系的总吸光度等于各组分吸光度之和。在铬、锰两组分体系中，它们二者之间不相互作用，图 4-1 是在 H_2SO_4 溶液中 $Cr_2O_7^{2-}$ 和 MnO_4^- 的吸收曲线，表明它们的吸收曲线相互重叠，在进行分光光度法测定时，两组分彼此相互干扰，根据吸光度的加和性原理，可以通过求解方程组来分别求出各未知组分的含量。

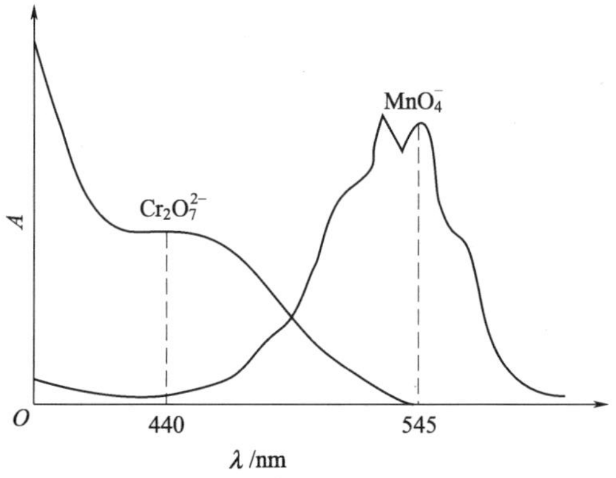

图 4-1 $Cr_2O_7^{2-}$ 和 MnO_4^- 的吸收曲线

首先用高锰酸钾和重铬酸钾标准溶液，分别测定两组分在波长 440nm 和 545nm 处的吸光度，计算出 ε_{440}^{Mn}、ε_{440}^{Cr}、ε_{545}^{Mn}、ε_{545}^{Cr}。然后测定混合溶液在波长 440nm 和 545nm 处的 A_{440}^{Cr+Mn} 和 A_{545}^{Cr+Mn}，代入下式，就可以通过联立方程求出 c_{Cr} 和 c_{Mn}。

$$A_{\lambda_1}^{Cr+Mn}=A_{\lambda_1}^{Cr}+A_{\lambda_1}^{Mn}=\varepsilon_{\lambda_1}^{Cr}bc_{Cr}+\varepsilon_{\lambda_1}^{Mn}bc_{Mn}$$
$$A_{\lambda_2}^{Cr+Mn}=A_{\lambda_2}^{Cr}+A_{\lambda_2}^{Mn}=\varepsilon_{\lambda_2}^{Cr}bc_{Cr}+\varepsilon_{\lambda_2}^{Mn}bc_{Mn}$$

四、仪器与试剂

1. 仪器

721 或 722 型分光光度计或 UV-2100 或 UV-1801 型分光光度计。

2. 试剂

0.0200mol · L^{-1} $KMnO_4$ 标准溶液（其中含 H_2SO_4 0.5mol · L^{-1}，含 KIO_4 2g · L^{-1}），0.0200mol · L^{-1} $K_2Cr_2O_7$ 标准溶液（其中含 H_2SO_4 0.5mol · L^{-1}，含 KIO_4 2g · L^{-1}），$KMnO_4$ 和 $K_2Cr_2O_7$ 混合溶液。

五、实验内容

1. 测绘 $KMnO_4$ 标准溶液的吸收曲线

吸取一定量的 0.0200mol · L^{-1} $KMnO_4$ 标准溶液，稀释配制成浓度为 0.0002mol · L^{-1}，绘制在 375～625nm 范围内的吸收光谱图。

2. 测绘 $K_2Cr_2O_7$ 标准溶液的吸收曲线

吸取一定量的 0.0200mol · L^{-1} $K_2Cr_2O_7$ 标准溶液，稀释配制成浓度为 0.0020mol · L^{-1}，绘

制在 375～625nm 范围内的吸收光谱图。

3. 混合溶液的同时测定

绘制混合溶液在 375～625nm 范围内的吸收光谱图。

4. 结果处理

从 $KMnO_4$ 和 $K_2Cr_2O_7$ 两标准溶液的吸收曲线上，查出波长 440nm 和 545nm 处 A_{440}^{Cr}、A_{545}^{Cr}、A_{440}^{Mn}、A_{545}^{Mn} 值，根据 $KMnO_4$ 和 $K_2Cr_2O_7$ 标准溶液的浓度，由 $A=\varepsilon bc$ 关系式，计算出 ε_{440}^{Mn}、ε_{440}^{Cr}、ε_{545}^{Mn}、ε_{545}^{Cr} 值。将各 ε 值和测定的 A_{440}^{Cr+Mn} 和 A_{545}^{Cr+Mn} 值代入方程组就可以通过联立方程求出 c_{Cr} 和 c_{Mn}。

六、注意事项

1. 正确选择测定波长。
2. 测定时应尽量使吸光度值在 0.2～0.8 的范围内进行，以获得较高的准确度。
3. 实验结束后，检查仪器是否正常，关闭是否正确。

七、数据记录和处理

项目	A_{440}^{Cr}	A_{545}^{Cr}	A_{440}^{Mn}	A_{545}^{Mn}	A_{440}^{Cr+Mn}	A_{545}^{Cr+Mn}
吸光度						
项目	ε_{440}^{Mn}	ε_{440}^{Cr}	ε_{545}^{Mn}	ε_{545}^{Cr}	c_{Cr}	c_{Mn}
计算值						

八、思考题

1. 为什么可用分光光度法同时测定混合物中铬和锰？
2. 根据吸收曲线，本实验可以选择测定波长为 420nm 和 500nm 吗？为什么？
3. 本实验中如何测定摩尔吸光系数 ε？
4. 在这个实验中，选用了哪一种参比溶液？

实验三十六　分光光度法测定邻二氮菲-铁（Ⅱ）配合物组成

一、预习提要

1. 什么叫摩尔比法？适用于测定哪些配合物的组成？
2. 什么叫等摩尔连续变化法？适用于测定哪些配合物的组成？

二、实验目的

1. 掌握分光光度法测定配合物组成的方法和原理。
2. 进一步熟悉分光光度计的使用。

三、实验原理

配合物组成的确定是研究络合反应平衡的基本问题之一。金属离子 M 和配合剂 L 形成配合物的反应为：

$$M+nL \longrightarrow ML_n \qquad \text{(忽略离子的电荷)}$$

式中，n 为配合物的配位数，在 pH 2～9 的溶液中，邻二氮菲与 Fe^{2+} 生成稳定的橙红色配合物 $[Fe(phen)_3]^{2+}$，最大吸收峰在 510nm 波长处。根据朗伯-比耳定律 $A=\varepsilon bc$ 可知，当波长、溶液的温度及比色皿的厚度 b 均一定时，溶液的吸光度 A 只与配合物的浓度 c 成正比。通过对溶液吸光度的测定，可以求出配合物的配位数 n。用光度法测定配离子的配位

数 n，通常有摩尔比法、等摩尔连续变化法等。

1. 摩尔比法

配制一系列溶液，维持各溶液的金属离子浓度、酸度、离子强度、温度恒定，只改变配位体的浓度，在配合物的最大吸收波长处测定各溶液的吸光度，以吸光度 A 对摩尔比 R（即 c_L/c_M）作图，如图 4-2 所示。由图可见，当 $R<n$ 时，L 全部转变为 ML_n，吸光度随 L 浓度的增大而增高，且与 R 呈线性关系；当 $R>n$ 时，M 全部转变成 ML_n，继续增大 L 的浓度，吸光度不再变化。将曲线的线性部分延长相交于一点，该点对应的 R 值即为配位数 n。

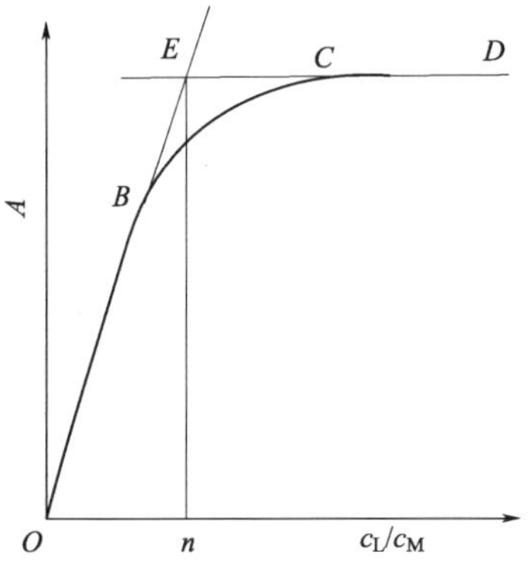

图 4-2 摩尔比法测定配合物的组成

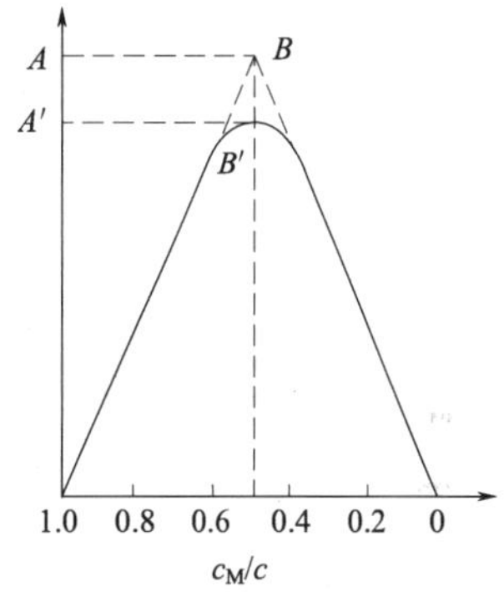

图 4-3 等摩尔连续变化法测定配合物的组成

摩尔比法适用于稳定性较高的配合物的组成测定。

2. 等摩尔连续变化法

配制一系列溶液，在保持实验条件相同的情况下，使所有溶液中 M 和 L 的总摩尔数不变，即：

$$c_M + c_L = c(\text{常数})$$

只改变 M 或 L 在总物质的量（mol）中所占的比例（即摩尔分数 c_M/c 或 c_L/c），在有色配合物的最大吸收波长处测定这一系列溶液的吸光度。以吸光度 A 对摩尔分数 c_M/c（或 c_L/c）作图，如图 4-3 所示。两曲线外推交于 B 点。显然，只有当配合剂和金属离子的浓度比合适时，生成配合物 ML_n 的浓度最大，因此吸光度最大点 A 所对应的横坐标就是配合物的组成比，此时配位数 n 可以从下式求得：

$$n = \frac{c_L}{c_M}$$

或者

$$n = \frac{c_L/c}{1 - c_L/c}$$

等摩尔连续变化法测定配合物的组成适用于只形成一种组成且稳定性较高的稳定配合物。

为方便起见，实验时配制浓度相同的 M 和 L 的溶液，在维持溶液总体积不变的条件下，按不同体积比配成一系列 M 和 L 的混合溶液，它们的体积比就是摩尔分数之比。

本实验应用摩尔比法测定邻二氮菲与铁的配合比。

四、仪器与试剂

1. 仪器

721 或 722 型分光光度计。

2. 试剂

10^{-3}mol·L^{-1}铁标准溶液；100g·L^{-1}盐酸羟胺溶液；10^{-3}mol·L^{-1}邻二氮菲水溶液；1.0mol·L^{-1}乙酸钠溶液。

五、实验内容

取 9 只 50mL 容量瓶，各加入 1.0mL 10^{-3}mol·L^{-1}铁标准溶液，1mL 100g·L^{-1}盐酸羟胺溶液，摇匀，放置 2min。依次加入 1.0、1.5、2.0、2.5、3.0、3.5、4.0、4.5、5.0(mL) 10^{-3}mol·L^{-1}邻二氮菲溶液，然后各加 5mL 1.0mol·L^{-1}乙酸钠溶液，以水稀释到刻度，摇匀。在 510nm 处，用 1cm 吸收池，以水为参比，测定各溶液的吸光度。以 A 对 c_L/c_M作图，将曲线直线部分延长并相交，根据交点位置确定配合物的配位数 n。

六、数据记录及处理

c_L/c_M	1.0	1.5	2.0	2.5	3.0	3.5	4.0	4.5	5.0
A									

将所测吸光度值填入上述表格，并用坐标纸绘图，或者用 Origin 等软件绘图，确定 n 值。

七、思考题

1. 在什么情况下，才可以使用摩尔比法、等摩尔连续变化法测定配合物的组成？
2. 在此实验中为什么可以用蒸馏水为参比，而不必用试剂空白溶液为参比？

实验三十七　有机化合物的紫外吸收光谱及溶剂性质对吸收光谱的影响

一、预习提要

1. 有机化合物结构与其紫外光谱之间的关系。
2. 不同极性溶剂对有机化合物紫外吸收带位置、形状及强度的影响。

二、实验目的

1. 掌握紫外-可见分光光度计的使用方法。
2. 学会利用紫外-可见分光光度计检验物质的纯度。
3. 掌握溶剂极性对 $n\rightarrow\pi^*$ 跃迁、$\pi\rightarrow\pi^*$ 跃迁的影响。

三、实验原理

具有不饱和结构的化合物，在紫外区（200～400nm）可能有特征吸收，为有机化合物的结构鉴定提供一定的信息。

紫外吸收光谱可用于某些物质的定性，定性的方法是比较未知物与已知纯物质在相同条件下的吸收光谱，如两物质的吸收光谱的形状一样，且λ_{max}和ε_{max}相同，表明它们是同一物质。溶剂的极性对有机化合物的吸收光谱的形状、λ_{max}和ε_{max}有一定的影响。溶剂极性增加，使 $n\rightarrow\pi^*$ 跃迁的吸收带蓝移，而 $\pi\rightarrow\pi^*$ 跃迁的吸收带红移。

四、仪器与试剂

1. 仪器

UV-2100 型分光光度计，带盖石英吸收池 1cm 2 只，比色管（5mL，10mL）。

2. 试剂

苯、乙醇、正己烷、氯仿、丁酮。

异亚丙基丙酮：分别用水、氯仿、正己烷配成浓度为 0.4g·L^{-1}溶液。

五、实验内容

1. 苯的吸收光谱的测绘

在 1cm 的石英吸收池中，加入两滴苯，加盖，用手心温热吸收池底部片刻，在紫外分光光度计上，以空白石英吸收池为参比，在 220～360nm 范围内进行波长扫描，绘制吸收光谱，确定峰值波长。

2. 乙醇中杂质苯的检查

用 1cm 石英吸收池，以乙醇为参比溶液，在 230～280nm 波长范围内测绘乙醇试样的吸收光谱，并确定是否存在苯的 B 吸收带。

3. 溶剂性质对紫外吸收光谱的影响

① 在 3 支 5mL 带塞比色管中，各加入 0.02mL 丁酮，分别用去离子水、乙醇、氯仿稀释至刻度，摇匀。用 1cm 的石英吸收池，以各自的溶剂为参比，在 220～350nm 波长范围内测绘各溶液的吸收光谱。比较它们的 λ_{max}的变化，并加以解释。

② 在 3 支 10mL 带塞比色管中，分别加入 0.02mL 异亚丙基丙酮，并分别用水、氯仿、正己烷稀释至刻度，摇匀。用 1cm 石英吸收池，以相应的溶剂为参比，测绘各溶液在 220～350nm 范围内的吸收光谱，比较各吸收光谱 λ_{max}的变化，并加以解释。

六、注意事项

1. 石英吸收池每一种溶液或溶剂必须清洗干净，并用被测溶液或参比液荡洗三次。

2. 本实验所用试剂均应为光谱纯或经提纯处理。

七、思考题

1. 有机物分子中有哪些电子跃迁类型？其中哪些类型的跃迁在近紫外区会产生吸收？

2. 为什么溶剂极性增加 $n\rightarrow\pi^*$ 跃迁向短波方向移动？而 $\pi\rightarrow\pi^*$ 跃迁向长波方向移动？

3. 在紫外光谱区，饱和烷烃为什么没有吸收峰？

实验三十八 食品中亚硝酸根含量的测定

一、预习提要

1. 食品中亚硝酸盐的卫生标准，食品中亚硝酸盐含量测定的基本方法。

2. 亚硝酸盐作为一种食品添加剂，有什么优缺点。

二、实验目的

1. 掌握样品制备、提取的基本操作技能。

2. 进一步学习并熟练地掌握分光光度计的使用方法和技能。

3. 掌握盐酸萘乙二胺比色法测定亚硝酸盐的原理及操作要点。

三、实验原理

亚硝酸盐是一类无机化合物的总称，主要指亚硝酸钠，是一种白色至淡黄色粉末或颗粒，味微咸，易溶于水。其外观及滋味都与食盐相似，作为一种食品添加剂，能够保持腌肉制品等的色香味，并具有一定的防腐性。同时也具有较强的致癌作用，过量食用会对人体产生危害。因此在食品加工中需严格控制亚硝酸盐的加入量。

在弱酸条件下，亚硝酸盐与对氨基苯磺酸发生重氮反应后，生成的重氮化合物再与盐酸萘乙二胺偶合形成紫红色染料，其最大吸收波长为 540nm，可用分光光度法测定，有关反应如下：

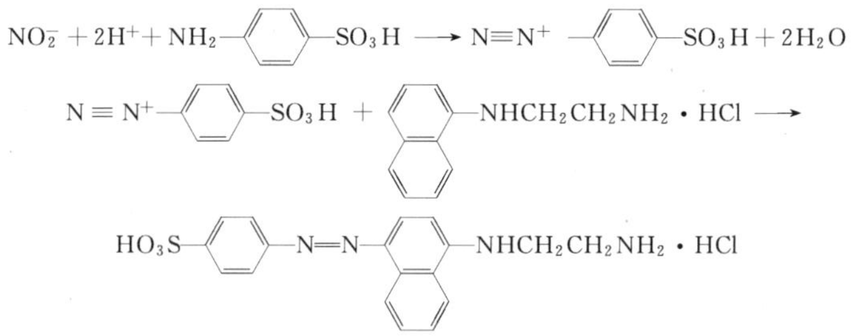

本实验以火腿肠为样品，熟悉食品中亚硝酸根含量的测定。

四、仪器与试剂

1. 仪器

可见分光光度计，容量瓶，移液管。

2. 试剂

① 亚铁氰化钾溶液：称取 106g $K_4Fe_9(CN)_5 \cdot 3H_2O$ 溶于水后，稀释至 1L。

② 乙酸锌溶液：称取 220g $Zn(CH_2COO)_2 \cdot 2H_2O$，加 30mL 冰醋酸溶于水，并稀释至 1L。

③ 饱和硼砂溶液：称取 5g $Na_2B_4O_7 \cdot 10H_2O$，溶于 100mL 热水中。

④ 0.4%对氨基苯磺酸溶液：称取 0.4g 对氨基苯磺酸，溶于 100mL 20%的盐酸中，避光保存。

⑤ 0.2%盐酸萘乙二胺溶液：称取 0.2g 盐酸萘乙二胺，溶于 100mL 水中，避光保存。

⑥ 亚硝酸钠标准溶液：准确称取 0.1000g 干燥 24h 的分析纯亚硝酸钠，水溶解后定量转入 500mL 容量瓶中，加水稀释至刻度，浓度为 $0.2g \cdot L^{-1}$。

⑦ 亚硝酸钠标准使用液：临用前，吸取亚硝酸钠标准溶液 5.00mL 于 100mL 容量瓶中，加水稀释至刻度，摇匀，浓度为 $10\mu g \cdot mL^{-1}$。

五、实验内容

1. 样品的预处理

称取 10.0g 经绞碎混匀的火腿肠，置于 50mL 烧杯中，加 8mL 饱和硼砂溶液，搅拌均匀，然后边摇边加入 3mL 亚铁氰化钾溶液，摇匀，再加入 3mL 乙酸锌溶液，然后用 70℃左右约 100mL 水将火腿肠全部洗入 500mL 容量瓶内，水浴 15min，冷却，加水至刻度，摇匀，放置 30min，用滤纸过滤清液，弃去初滤液 30mL，滤液备用。

2. 测定

(1) 标准曲线的绘制

准确移取 0.0、0.2mL、0.4mL、0.6mL、0.8mL、1.0mL、1.5mL、2.0mL、2.5mL 亚硝酸钠标准使用液（$10\mu g \cdot mL^{-1}$），分别置于 50mL 容量瓶中，各加水 20mL，然后分别加入 2mL 对氨基苯磺酸溶液，混匀，静置 4min 后再分别加入 1mL 盐酸萘乙二胺溶液，加水至刻度，摇匀，15min 后用 1cm 比色皿，以试剂空白为参比，于 540nm 处测定各试液的吸光度，以亚硝酸钠的加入量为横坐标，相应的吸光度为纵坐标，绘制标准曲线。

(2) 样品的测定

准确移取经处理的样品滤液 40mL 于 50mL 容量瓶中，按照同标准曲线的绘制操作（不需稀释），根据测定的吸光度，从标准曲线上查出相应的 $NaNO_2$ 的质量。最后计算试样中的质量分数（以 $mg \cdot kg^{-1}$ 表示）。

附：部分食品中亚硝酸盐的限量标准（以 $NaNO_2$ 计）

品名	限量标准/mg·kg^{-1}
食盐(精盐)、牛乳粉	≤2
香肠(腊肠)、香肚、酱腌菜、广式腊肉	≤20
鲜肉类、鲜鱼类、粮食	≤3
肉制品、火腿肠、灌肠类	≤30
蔬菜	≤4
其他肉类罐头、其他腌制罐头	≤50
婴儿配方乳粉、鲜蛋类	≤5
西式蒸煮、烟熏火腿及罐头、西式火腿罐头	≤70

六、注意事项

1. 亚铁氰化钾和乙酸锌的混合溶液作为蛋白质沉淀剂使用，利用产生的亚铁氰化锌与蛋白质共沉淀，也可用硫酸锌溶液。

2. 亚硝酸盐容易氧化为硝酸盐，处理试样时加热的时间和温度均要注意控制，配制的标准储备液不宜久存。

七、数据处理及记录

1. 亚硝酸钠标准曲线的绘制。

2. 依据标准曲线，样品（火腿肠）中亚硝酸根含量的计算。

八、思考题

1. 亚硝酸盐作为一种食品添加剂，具有哪些特点？能否找到一种优于亚硝酸盐的替代品？

2. 承接滤液时，为什么要弃去初滤液 30mL？

实验三十九　紫外吸收光谱测定蒽醌试样中蒽醌的摩尔吸收系数和含量

一、实验目的

1. 掌握测定蒽醌试样时波长的选择方法。

2. 学习应用紫外吸收光谱进行定量分析的方法及 ε 的测定方法。

二、实验原理

利用紫外吸收光谱进行定量分析时，必须选择合适的测定波长。在蒽醌试样中含有邻苯二甲酸酐，它们的紫外吸收光谱如图 4-4 所示。

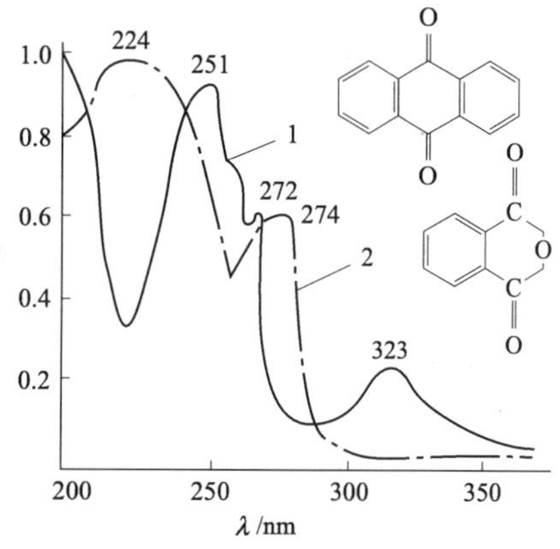

图 4-4　蒽醌（曲线 1）和邻苯二甲酸酐（曲线 2）在甲醇中的紫外吸收光谱

由于在蒽醌分子结构中的双键共轭体系大于邻苯二甲酸酐，因此蒽醌的吸收峰红移比邻苯二甲酸酐大，且两者的吸收峰形状及其最大吸收波长各不相同，蒽醌在波长 251nm 处有一强烈吸收峰（$\varepsilon=4.6\times10^4 L\cdot mol^{-1}\cdot cm^{-1}$），在波长 323nm 处有一中等强度的吸收峰（$\varepsilon=4.7\times10^3 L\cdot mol^{-1}\cdot$

cm^{-1})，而在 251nm 波长附近有一邻苯二甲酸酐的强烈吸收峰 λ_{max} ($\varepsilon=3.3\times10^4 L\cdot mol^{-1}\cdot cm^{-1}$)，为了避开其干扰，选用 323nm 波长作为测定蒽醌的工作波长。由于甲醇在 250～350nm 无吸收干扰，因此可用甲醇为参比溶液。

摩尔吸收系数 ε 是衡量吸光度定量分析方法灵敏度的重要指标，可利用求标准曲线斜率的方法求得。

三、仪器与试剂

1. 仪器

UV-1801 型或 UV-2100 型分光光度计。

2. 试剂

① 蒽醌、甲醇、邻苯二甲酸酐、蒽醌试样。

② 4.0g·L^{-1}蒽醌标准储备液：准确称取 0.4000g 蒽醌置于 100mL 烧杯中，用甲醇溶解后，转移到 100mL 容量瓶中，以甲醇稀释至刻度，摇匀。

③ 0.0400g·L^{-1}蒽醌标准溶液：吸取 1.0mL 上述蒽醌标准储备液于 100mL 容量瓶中，以甲醇稀释至刻度，摇匀。

四、实验内容

1. 溶液的配制

蒽醌标准溶液系列：在 5 只 10mL 容量瓶中，分别加入 2.00mL、4.00mL、6.00mL、8.00mL、10.00mL 蒽醌标准溶液（0.0400g·L^{-1}），然后用甲醇稀释到刻度，摇匀备用。

样品：称取 0.1000g 蒽醌试样于小烧杯中，用甲醇溶解后，转移至 50mL 容量瓶中，以甲醇稀释至刻度，摇匀备用。

2. 测定

用 1cm 石英吸收池，以甲醇作为参比溶液，在 200～350nm 波长范围内测定一份蒽醌标准溶液的紫外吸收光谱。

配制浓度为 0.1g·L^{-1}邻苯二甲酸酐的甲醇溶液，按上述方法测绘其紫外吸收光谱。

在选定波长下，以甲醇为参比溶液，测定蒽醌标准溶液系列及蒽醌试液的吸光度。以蒽醌标准溶液的吸光度为纵坐标，浓度为横坐标绘制标准曲线，根据蒽醌试液的吸光度，在标准曲线上查得其对应的浓度，并根据试样配制情况，计算蒽醌试样中蒽醌的含量，并计算此波长处的 ε 值。

五、思考题

1. 为什么选用 323nm 而不选用 251nm 作为蒽醌定量分析的测定波长？
2. 本实验为什么用甲醇作参比溶液，可否用其他溶剂（如水）来代替，为什么？
3. 在光度分析中测绘物质的吸收光谱有何意义？

第八节　原子吸收光谱法实验

实验四十　火焰原子吸收法最佳条件的选择和自来水中钠的测定（标准曲线法）

一、预习提要

1. 预习内容：第三章第五节原子吸收分光光度计。

2. 什么是原子吸收法？

3. 原子吸收分光光度计分几类？各自特点是什么？

4. 了解原子吸收的精密度和灵敏度。

5. 火焰原子化器的缺点是什么？

6. 标准曲线的制作方法及适用范围是什么？使用时应注意什么问题？

7. 测量过程中火焰颜色如何变化？

二、实验目的

1. 了解原子吸收光谱仪的原理和构造。

2. 掌握达到最佳测定条件的基本方法。

3. 掌握标准曲线法测定元素含量的操作。

三、实验原理

原子吸收分光光度分析法是根据物质产生的原子蒸气对特定波长的光的吸收作用来进行定量分析的。

与原子发射光谱相反，元素的基态原子可以吸收与其发射线波长相同的特征谱线。当光源发射的某一特征波长的光通过原子蒸气时，原子的外层电子将选择性地吸收该元素所能发射的特征波长的谱线，这时，通过原子蒸气的入射光将减弱，其减弱的程度与蒸气中该元素的浓度成正比，吸光度符合吸收定律：

$$A=\lg\frac{I_0}{I_v}=0.434K_v l$$

根据这一关系可以用工作曲线法或标准加入法来测定未知溶液中某元素的含量。在火焰原子吸收光谱分析中，分析方法的灵敏度、准确度、干扰情况和分析过程是否简便快速等，除与所用仪器有关外，在很大程度上取决于实验条件。因此最佳实验条件的选择是个重要的问题。本实验在对钠元素测定时，分别对灯电流、狭缝宽度、燃烧器高度、燃气和助燃气流量比（助燃比）等因素进行选择。

四、仪器与试剂

1. 仪器

容量瓶（50mL、100mL、500mL、1000mL）、吸量管（5mL）、原子吸收分光光度计。

2. 试剂

① 钠标准储备液（1000μg·mL^{-1}）：称取氯化钠约 2.5g（准确到 0.0001g），于 500～600℃灼烧至恒重。溶于少量去离子水中，移入 1000mL 容量瓶中，并用去离子水稀释至刻度，摇匀备用并计算溶液浓度。

② 未知试样：自来水。

五、实验内容

1. 最佳测定条件的选择

在进行原子吸收光谱测定时，仪器工作条件直接影响测定的灵敏度、精密度。不同的工作条件会得到不同的结果，也可能引起测定误差，所以要对工作条件进行优选。在条件优选时可以进行单个因素的选择，即先将其他因素固定在参考水平上，逐一改变所研究因素的条件，测定某一标准溶液的吸光度，选取吸光度大、稳定性好的条件作该因素的最佳工作条件。

测试溶液的配制：

1%（体积分数）HCl溶液：移取分析纯盐酸5mL置于500mL容量瓶中，用去离子水稀释至刻度。

取钠标准储备液（$1000\mu g \cdot mL^{-1}$）5mL，移入50mL容量瓶中，用1%（体积分数）盐酸溶液稀释至刻度，摇匀备用，此溶液Na含量为$100\mu g \cdot mL^{-1}$。

取配制好的钠标准溶液（$100\mu g \cdot mL^{-1}$）5mL，移入100mL容量瓶中，用1%（体积分数）HCl溶液稀释至刻度，摇匀备用，此溶液（含钠为$5\mu g \cdot mL^{-1}$）用于最佳测定条件选择实验。

打开仪器并设定好仪器条件：以GGX-1型原子吸收分光光度计为例，使用其他仪器，需根据具体仪器要求进行参数设定。

火焰：乙炔-空气

乙炔流量：$1L \cdot min^{-1}$

空气流量：$5L \cdot min^{-1}$

空心阴极灯电流：5mA

狭缝宽度：0.04mm

燃烧器高度：8mm

吸收线波长：589.0nm

灯电流的选择：在初步固定的测量条件下，先将灯电流调到5mA，测定钠标准溶液并读取吸光度数值，然后在4～12mA范围内依次改变灯电流，每次改变2mA，对所配制的钠标准溶液进行测定，每个条件测定3次，计算平均值，并绘制吸光度与灯电流的关系曲线，选取灵敏度高、稳定性好的条件为工作条件。

狭缝宽度调节：用以上选定的条件，分别在0.04mm、0.06mm、0.08mm、0.10mm、0.12mm、0.2mm的狭缝宽度对所配制的钠标准溶液进行测定，每个条件测定3次，计算平均值，并绘制吸光度与狭缝宽度的关系曲线。以不引起吸光度值减小的最大狭缝宽度为合适的狭缝宽度。

燃烧器高度的变化：用以上选定的条件，先将燃烧器的高度调节为8mm，喷入钠标准溶液并读取吸光度值，然后在2～12mm范围内依次改变燃烧器的高度，每次改变2mm，对所配制的钠标准溶液进行测定，每个条件测定3次，计算平均值，并绘制吸光度-燃烧器高度的影响曲线，选取最佳高度作为工作条件。

助燃比的选择：当火焰的种类确定后，助燃比的不同必然会影响火焰的性质、吸收灵敏度和干扰的消除等问题。同种火焰的不同燃烧状态，其温度与气氛也有所不同，实验分析中应选择适宜的火焰种类及燃烧状态。

在上述选定的条件下，固定助燃比（空气）的流量为$5L \cdot min^{-1}$，依次改变燃气（乙炔）流量（$L \cdot min^{-1}$）为0.8、1.0、1.2、1.4、1.5、1.8、2.0、2.5，对所配制的钠标准溶液进行3次测定，计算平均值，并绘制吸光度-气流量曲线，从曲线上选定最佳气流量。

进样量的选择：依次改变进样量（$mL \cdot min^{-1}$）分别为3、5、7、9、11，对所配制的钠标准溶液进行测定，并绘制吸光度-进样量变化的影响曲线，从曲线上选定最佳进样量。

2. 火焰原子吸收法测定自来水中的钠

标准溶液制备：取钠标准储备液，配制5个50mL的标准溶液，浓度范围为$1 \sim 10\mu g \cdot$

mL^{-1}，用上述1%的HCl溶液稀释至刻度，摇匀备用。

按照仪器操作说明打开仪器并根据所测得的最佳条件设定好各项参数，待火焰稳定后，喷入空白试剂，进行仪器零点和满度值的调节。将配制好的标准溶液由低到高依次进行测试并读出吸光度数值。再次用空白试剂清洗、调零，然后进行未知试样的测定，记录吸光度数值。

当待测试样的吸光度超出所配制标准溶液的最大吸光度时，可用溶剂对试样进行稀释。当待测试样的吸光度低于标准溶液最小吸光度时，可以在被测元素工作线性范围内，重新配制标准溶液，以减小其浓度，使未知试样的吸光度值位于标准溶液系列的吸光度值之间。

绘制工作曲线以及未知试样测定时，一般要进行多次平行实验。平行实验的测定一般是先将火焰关闭，按照仪器测定参数重新进行仪器调节，然后再次点燃火焰，进行标准样品和待测试样的测定。分别根据其测定数据绘制工作曲线，并求出未知试样浓度。最后将几次测定的结果进行平均。

六、注意事项

1. 在进行最佳测定条件的选择实验时，每改变一个条件都必须重复调零等步骤，在进行狭缝宽度和灯电流选择时还必须重复光能量调节步骤。

2. 乙炔为易燃、易爆气体，必须严格按照操作步骤进行。在点燃乙炔火焰之前，应先开空气，然后开乙炔气；结束或暂停实验时，应该先关乙炔气，再关空气。必须切记以保障安全。

3. 乙炔气钢瓶为左旋开启，开瓶时，出口处不准有人，要慢开启，不能过猛，否则冲击气流会使温度过高，易引起燃烧或爆炸。开瓶时，阀门不要充分打开，旋开不应超过1.5转。

七、基本操作达标考核

原子吸收分光光度计操作考核项目

项目	评分要点	评分标准	分值	得分
一、标样及试样制备(10分)	标准溶液的配制	移液枪、容量瓶的正确使用	5	
	试样的处理及配制	试样的处理方式；试剂的加入顺序	5	
二、开机操作(22分)	空心阴极灯选择及安装	正确选择空心阴极灯，并能将其安装牢固	5	
	检查气路	气路连接正确，燃气、助燃气流量计显示刻度为“零”	4	
	开机顺序	依次打开稳压电源开关、主机电源开关、空心阴极灯开关	5	
	相关参数的选择	调节灯位、燃烧器位置使光斑对入光路；调节波长至理论波长；调节灯电流，使能量在90～100；预热30min	8	
三、点火操作(16分)	检查废液排放管及毛细管	检查两根毛细管是否装好	3	
	打开空气压缩机，使出口压力稳定在2×10^5Pa左右	开空气压缩机顺序为先打开空气压缩机电源，待出口压力稳定后，打开出口开关	4	
	开乙炔钢瓶总阀调节出口压力为$0.8kgf\cdot cm^{-2}$	开乙炔气瓶及减压阀的正确顺序及操作	5	
	调乙炔、空气流量、点火	燃助比设为1∶4左右	4	

续表

项目	评分要点	评分标准	分值	得分
四、测量操作（26分）	输入标准曲线及样品测量的设置程序	正确输入所选择的定量分析的方法，并依次输入标准溶液的浓度等相关参数	6	
	吸入空白试剂调零	喷入空白试剂并调节“调零”旋钮，将吸光度调零	3	
	测量标准系列溶液	喷入标准溶液，进行测定，并读出吸光度值；浓度从低到高依次测量	5	
	读数	稳定后按“读数”键	2	
	清洗	每测完一个溶液后，都要调零、清洗；喷入去离子水清洗至火焰颜色变为蓝色透明	4	
	测量样品溶液	喷入试样溶液，进行样品测定，并读出吸光度值	4	
	清洗	测定结束后，用去离子水清洗至火焰颜色变为蓝色透明	2	
五、关机操作（10分）	测完后继续吸喷去离子水	吸喷去离子水约5min	2	
	关闭气路顺序	先关乙炔气，待管路内乙炔燃尽后，再关空气压缩机；然后关闭空心阴极灯的电源开关，并将仪器各个旋钮复位，最后关闭仪器电源开关	8	
六、数据处理（10分）	工作曲线的绘制及线性	正确绘制标准曲线；正确地判断其线性关系	5	
	计算公式	正确运用公式	3	
	计算结果及评价	准确表示结果	2	
七、实验结束（6分）	整理实验台面	实验后清洗各种容器；将所用试剂、容器放回原处；登记仪器使用记录	3	
	清理物品	废液、纸屑不乱扔乱倒	3	

八、数据记录与处理

1. 将测量结果填入各表

① 绘制吸光度与灯电流的关系曲线，选出最佳灯电流。

灯电流/mA	4	6	8	10	12
吸光度 A（平均值）					

② 绘制吸光度与狭缝宽度的关系曲线，选出合适的狭缝宽度。

狭缝宽度/mm	0.04	0.06	0.08	0.10	0.12	0.2
吸光度 A（平均值）						

③ 绘制吸光度与燃烧器高度的关系曲线，选出最佳燃烧器高度。

燃烧器高度/mm	2	4	6	8	10	12
吸光度 A（平均值）						

④ 绘制吸光度与燃气流量变化的关系曲线，选出最佳助燃比。

气流量/L·min^{-1}	0.8	1.0	1.2	1.4	1.5	1.8	2.0	2.5
吸光度 A（平均值）								

⑤ 绘制吸光度与进样量变化的关系曲线，选出合适的进样量。

进样量/mL·min^{-1}	3	5	7	9	11
吸光度 A(平均值)					

⑥ 在火焰原子吸收法测定自来水中的钠实验中，以测量的标准试样系列的吸光度值为纵坐标，以其浓度为横坐标，绘制工作曲线。在工作曲线中根据所测量待测试样的吸光度值查出其浓度，并根据试样稀释倍数进行计算。

钠标准溶液浓度/μg·mL^{-1}	2	4	6	8	10
吸光度 A(平均值)					

⑦ 自来水的吸光度的值（平均值）：

2. 绘图及计算

用坐标纸绘图，或者用 Origin 等软件绘图。

① 以吸光度的平均值为纵坐标，灯电流的值为横坐标，绘制吸光度-灯电流曲线，确定最佳灯电流值。

② 以吸光度的平均值为纵坐标，狭缝宽度为横坐标，绘制吸光度-狭缝宽度曲线，确定最佳的狭缝宽度。

③ 以吸光度的平均值为纵坐标，燃烧器高度为横坐标，绘制吸光度-燃烧器高度曲线，确定最佳的燃烧器高度。

④ 以吸光度的平均值为纵坐标，燃气流量为横坐标，绘制吸光度-燃气流量曲线，确定最佳的燃助比。

⑤ 以吸光度的平均值为纵坐标，进样量为横坐标，绘制吸光度-进样量曲线，确定最佳的进样量。

⑥ 以吸光度的平均值为纵坐标，钠标准溶液浓度为横坐标，绘制标准曲线，根据自来水的吸光度，从标准曲线上查出相应的浓度，计算试样中钠的含量。

九、思考题

1. 空白试剂的含义是什么？为什么在测定试样前要用空白试剂进行调零？用纯溶剂调零和用空白试剂调零对测定有什么影响？

2. 通过本次实验，试述仪器最佳条件的选择对实际测量的意义。

3. 使用空心阴极灯时应注意什么？

实验四十一　原子吸收光谱法测定水中钙的含量（标准加入法）

一、预习提要

1. 原子吸收的主要部件及作用分别是什么？

2. 火焰原子吸收中干扰的主要来源是什么？

3. 为什么每种元素都有自己的特征谱线？

4. 标准加入法的制作方法及适用范围是什么？

5. 采用标准加入法时应注意什么问题？

二、实验目的

1. 加强理解火焰原子吸收光谱法的原理。

2. 掌握火焰原子吸收光谱仪的操作技术。

3. 掌握标准加入法测定元素含量的操作。

三、实验原理

由于试样中基体成分比较复杂、配制的标准溶液与试样组成之间存在较大差别时，试样的基体效应对测定有影响，或干扰不易消除，分析样品数量少时，此时用标准加入法较好。该法是将已知不同浓度的几个标准溶液加入到几个相同量的待测样品溶液中去，用适当的溶剂稀释至一定体积后，依次测出它们的吸光度。以加入试样的质量为横坐标，相应的吸光度为纵坐标，绘制标准曲线。将绘制的直线延长，与横轴相交，交点至原点所对应的浓度即为待测试样的浓度。

本方法是一种成分分析法，常用于测定易挥发元素，可消除基体干扰和某些化学干扰。测定用于痕量分析，且精密度较高。

四、仪器与试剂

1. 仪器

原子吸收分光光度计、容量瓶（100mL、1000mL）、吸量管（10mL）。

2. 试剂

标准钙储备液（$1000\mu g \cdot mL^{-1}$）：准确称取 2.5000g（优级纯）$CaCO_3$（在 120℃，烘 2h），加去离子水 50mL，滴加 HCl 溶液（1∶2）至 $CaCO_3$完全溶解，移入 1000mL 容量瓶中，用去离子水稀释至刻度，摇匀。此溶液浓度为 $1000\mu g \cdot mL^{-1}$（以 Ca 计）。

五、实验内容

1. 标准溶液的配制

取 10.0mL 钙储备液于 100mL 容量瓶中，用去离子水稀释至刻度，摇匀备用。此时溶液中钙的含量为 $100\mu g \cdot mL^{-1}$。

2. 测定溶液的配制

取 5 个 100mL 容量瓶，依次加入 0.00、1.00、3.00、5.00、7.00(mL) $100\mu g \cdot mL^{-1}$ 钙的标准溶液，用去离子水稀释至刻度，摇匀。此标准系列钙的浓度为 0.00、1.00、3.00、5.00、7.00($\mu g \cdot mL^{-1}$)。

3. 实验步骤

打开仪器并设定好仪器条件：

火焰：乙炔-空气

乙炔流量：$1.5L \cdot min^{-1}$

空气流量：$6L \cdot min^{-1}$

空心阴极灯电流：5mA

狭缝宽度：0.04mm

燃烧器高度：8mm

吸收线波长：422.7nm

待仪器稳定后，用空白试剂调零，将配制好的标准溶液由低到高依次测试并读出吸光度数值。

六、注意事项

同实验四十中的注意事项。

七、数据记录及处理

1. 将测量结果填入表中

钙标准溶液浓度/$\mu g \cdot mL^{-1}$	0.00	1.00	3.00	5.00	7.00
吸光度 A（平均值）					

2. 绘图及计算

① 用坐标纸绘图，或者用 Origin 等软件绘图。

② 以所测溶液的吸光度值为纵坐标，以测量溶液中加入钙标准溶液的浓度为横坐标，绘制标准曲线，并将标准曲线延长交于横坐标轴，交点至原点的距离即为测量溶液中钙的浓度。根据稀释倍数即可求出自来水中钙的含量。

八、思考题

1. 标准加入法定量分析有哪些优点？在哪些情况下适宜采用？

2. 标准加入法为什么能够克服基体效应及某些干扰对测定结果的影响？

3. 原子吸收光谱分析为何要用待测元素的空心阴极灯作光源？能否用氢灯或钨灯代替？为什么？

实验四十二 原子吸收光谱法测定奶粉中的锌

一、预习提要

1. 综合复习有关火焰原子吸收的相关知识。

2. 一般样品的处理方法有哪些？

二、实验目的

1. 熟练使用原子吸收分光光度计。

2. 掌握原子吸收法测定锌的原理和方法。

3. 掌握实验方案的设计方法和步骤。

三、实验原理

样品经消化处理后，各种金属元素以离子状态存在。将试样溶液导入火焰原子化器中，利用火焰原子吸收光谱仪对奶粉中锌的含量进行测定。样品中锌离子被原子化后，吸收来自锌元素空心阴极灯发出的共振线，吸收共振线的量与该元素的含量成正比。根据这一原理，将测得的样品吸光度和标准系列溶液的吸光度进行比较，确定被测元素的含量。

四、仪器与试剂

1. 仪器

原子吸收分光光度计、容量瓶（50mL、100mL、1000mL)、吸量管（5mL、10mL)、烧杯（200mL)。

2. 试剂

锌标准储备液（1000$\mu g \cdot mL^{-1}$)：称取 1g 金属锌（精确到 0.0001g）置于 200mL 烧杯中，加入 30～40mL 1∶1 的盐酸，使其溶解，待溶解完全后，加热煮沸几分钟，冷却，然后移入 1000mL 容量瓶中，用去离子水稀释至刻度，摇匀。此溶液浓度为 1000$\mu g \cdot mL^{-1}$（以 Zn 计）。

五、实验内容

1. 奶粉样品预处理

准确称取 2.0000g 样品于坩埚中，在电炉或电热套上加热至不再冒烟，再移入马弗炉中升温至 500℃灰化至白色（约 2h），冷却至室温。

2. 标准溶液的配制

奶粉样品加锌标准工作液（100μg·mL^{-1}）的配制：将冷却后的奶粉样品加入 1∶4 的盐酸 5mL，充分溶解后（如有少许炭粒，加 1∶1 的硝酸，加热后放于马弗炉中加热）移入 100mL 容量瓶中，再准确移取锌标准储备液 10.00mL 于容量瓶中，用 1%的 HCl 溶液稀释至刻度，摇匀备用。

标准溶液的配制：分别移取锌标准工作液 0.0、1.0、2.0、3.0、4.0、5.0(mL) 于 6 个 50mL 容量瓶中，用 1%的 HCl 溶液稀释至刻度，配制成一系列浓度分别为 0.0、2.0、4.0、6.0、8.0、10.0(μg·mL^{-1}) 的锌标准溶液。

空白试剂的配制：取与样品处理相同量的酸配制。

3. 实验内容和步骤

打开仪器并设定好仪器条件：

火焰：乙炔-空气

乙炔流量：1L·min^{-1}

空气流量：6L·min^{-1}

空心阴极灯电流：10mA

狭缝宽度：0.04mm

燃烧器高度：8mm

吸收线波长：213.9nm

待仪器稳定后，用空白试剂调零，将配制好的标准溶液由低到高依次测定，读出吸光度值，然后进行奶粉样品的测试并读出吸光度数值。

六、注意事项

1. 试样的吸光度应在工作曲线中部，否则应改变取样体积。

2. 经常检查管道气密性，防止气体泄漏，严格遵守有关操作规定，注意安全。

七、数据记录及处理

1. 将测量结果填入下表

锌标准溶液浓度/μg·mL^{-1}	0	2.00	4.00	6.00	8.00	10.00
吸光度 *A*(平均值)						

未知样的吸光度值（平均值）：

2. 绘图及计算

用坐标纸绘图，或者用 Origin 等软件绘图。

① 根据所测标准溶液的吸光度值，绘制吸光度-浓度的工作曲线。

② 根据未知样所测得的吸光度值，从工作曲线上找出所测得的未知样相应的浓度，然后计算 Zn 的含量。

八、思考题

1. 标准加入法有什么特点？适用于何种情况下的分析？

2. 标准加入法对待测元素标准溶液加入量有何要求？

实验四十三　石墨炉原子吸收光谱法测定菜叶中铅的含量

一、预习提要

1. 石墨炉原子化器的优点有哪些？

2. 石墨炉原子化器的程序升温过程有哪些？各自作用是什么？

3. 比较石墨炉原子分析法与火焰原子吸收光谱分析法的优缺点，说明石墨炉原子吸收分析法绝对灵敏度较高的原因。

4. 菜叶采用原子吸收测量时预处理的方法是怎样的？

二、实验目的

1. 掌握石墨炉原子化器的基本构造及操作技术。

2. 掌握石墨炉原子吸收法测定水中痕量元素的分析过程和特点。

3. 熟练掌握移液枪的正确使用方法。

4. 掌握石墨炉原子吸收法测定铅的原理和方法。

三、实验原理

铅是一种对人体有害的物质，饮用水的铅含量是环保部门监测控制的重要指标，其测试手段有分光光度法、富集火焰原子吸收法、石墨炉原子吸收法及 ICP-MS 法等。

石墨炉法也叫电热原子吸收法，样品中铅离子被原子化后，吸收来自铅元素空心阴极灯发出的共振线，吸收共振线的量与该元素的含量成正比。根据这一原理，将测得的样品吸光度和标准系列溶液的吸光度进行比较，确定被测元素的含量。

四、仪器与试剂

1. 仪器

原子吸收光度计及石墨炉原子化器、容量瓶（50mL、100mL、1000mL）、吸量管（1mL、5mL、10mL）、烧杯（50mL）。

2. 试剂

铅标准储备液（$1000\mu g \cdot mL^{-1}$）：准确称取 1.0000g 金属铅（99.99%）分次加入少量硝酸（1：1）加热溶解，总量不超过 37mL，移入 1000mL 容量瓶中，加去离子水至刻度，摇匀备用。此溶液浓度为 $1000\mu g \cdot mL^{-1}$（以 Pb 计）。

五、实验内容

1. 标准溶液的配制

铅标准工作液（$1000\mu g \cdot L^{-1}$）的配制：准确移取铅标准储备液 1.0mL 于 1000mL 容量瓶中，用去离子水稀释至刻度，摇匀备用。

铅标准溶液的配制：分别移取铅标准工作液 1.0、2.0、4.0、6.0、8.0(mL) 于 5 个 100mL 容量瓶中，用去离子水稀释至刻度，配制成一系列浓度分别为 10、20、40、60、80（$\mu g \cdot L^{-1}$）的铅标准溶液。

2. 样品前处理

取一种新鲜菜叶适量，用水洗净，再用去离子水冲洗，然后放于干净的容器中，在恒温干燥箱中于 105℃下烘干，取出后研成粉末过 80 目筛，烘干至恒重，置于干燥器中备用。准确称取样品 0.5000g，加入 2mL $HClO_4$ 和 8mL HNO_3，盖好后用微波消解，无固体残留，冷却后取出，微热蒸干赶出多余的酸，用去离子水将样品定容于 50mL 容量瓶中，同时做样品空白。

3. 打开仪器并设定好仪器条件

空心阴极灯电流：10mA

狭缝宽度：0.04mm

进样量：25μL

保护气流量：3L・min^{-1}

载气流量：0.23L・min^{-1}

吸收线波长：283.3nm

根据以下参考条件，分别设计几个单因素试验，选择各自最佳条件。

干燥温度：80～120℃　　干燥时间：20s

灰化温度：200～1000℃　　灰化时间：20s

原子化温度：2200℃　　原子化时间：10s

除残温度：2500℃　　除残时间：3s

干燥温度和干燥时间的选择：干燥温度应根据溶剂或液体试样组分的沸点进行选择。一般选择的温度应低于溶剂沸点。干燥时间主要取决于进样量，一般进样量为20μL时，干燥时间大约为20s。条件选择是否得当可以用蒸馏水或者空白试剂进行检查。

灰化温度和灰化时间的选择：在确定灰化温度和灰化时间时，要充分考虑两个方面的因素。一方面在保证被测元素没有损失的前提下应尽可能使用较高的灰化温度，以便尽可能完全地去除干扰。另一方面，较低的灰化温度和较短的灰化时间有利于减少待测元素的损失。灰化温度和灰化时间应根据实验，制作灰化曲线来进行确定。

在初步选定的干燥温度和干燥时间条件下，取25μL铅标准溶液，先在200℃灰化30s或更长时间，然后根据初步选定的原子化温度和时间进行原子化。选择给出最小背景吸收信号的温度作为最低灰化温度。在选定的最低灰化温度下，连续递减灰化时间，观察背景吸收信号，确定最短灰化时间。在选择好灰化时间的情况下，每间隔100℃递增灰化温度，根据不同灰化温度与对应原子化信号绘制灰化曲线。选择直线部分所对应的最高温度作为最佳灰化温度。

原子化温度和时间的选择：原子化温度和时间的选择原则是，选用达到最大吸收信号的最低温度作为原子化温度，原子化时间是以保证完全原子化为准。最佳的原子化温度和时间由原子化曲线确定。

取25μL铅标准溶液，根据上述初步确定的干燥、灰化温度和时间的条件，进行干燥和灰化，并选择2200℃为原子化温度，时间为10s，观测原子化信号回到基线的时间，作为原子化时间。

选择高于灰化温度200℃作为原子化温度，测量吸收信号，然后每间隔100℃依次增加原子化温度。以原子化温度对吸光度信号绘制原子化曲线。将能给出最大吸收信号的最低温度选为最佳的原子化温度。

4. 工作曲线的绘制

用移液枪分别吸取25μL标准系列溶液注入石墨炉中，测量吸光度值，并以吸光度为纵坐标，标准溶液的浓度为横坐标，绘制标准工作曲线。

5. 菜叶中铅含量的测定

用移液枪吸取25μL试样注入到石墨炉中，进行吸光度值测定。

六、注意事项

1. 用无火焰原子吸收光谱法进行样品测定时，液体进样是采用微量可调移液枪，在使用时应注意根据不同样品和不同样品体系及时更换枪头，以免交叉污染。

2. 在用移液枪进样时，注意要快速一次性将移液枪中液体注入到石墨管中，以免枪头中有样品残留。

七、数据记录及处理

1. 将测量结果填入下表

铅标准溶液浓度/$\mu g \cdot L^{-1}$	10	20	40	60	80
吸光度 A(平均值)					

试样的吸光度的值（平均值）：

2. 绘图及计算

用坐标纸绘图，或者用 Origin 等软件绘图。

① 根据所测标准溶液的吸光度值，绘制吸光度-浓度的工作曲线。

② 根据未知样所测得的吸光度值，从工作曲线上找出所测得的未知样相应的浓度，然后计算 Pb 的含量。

八、思考题

1. 在石墨炉原子化法测定过程中，哪些条件对分析结果影响最大，为什么？

2. 试比较火焰和非火焰原子吸收光度法的优缺点。

实验四十四　冷原子吸收光谱法测定水样及人发中汞

一、预习提要

1. 预习内容：第三章第五节的相关内容。

2. 复习低温原子吸收的原理及特点。

3. 人发样品应该如何进行预处理？

4. 本实验中，要移取适量空白溶液，这里的空白溶液指哪种溶液？你准备移取几毫升？体积要准确吗？

5. 本实验中，要移取适量样品溶液，你准备移取几毫升？依据是什么？体积要准确吗？每种样品你准备配制几个样品溶液？

二、实验目的

1. 掌握冷原子吸收光谱法测汞的基本原理和方法。

2. 掌握冷原子测汞仪的操作规程。

3. 掌握人发样品预处理的方法。

4. 掌握水样的保存方法。

三、实验原理

汞蒸气对波长 253.7nm 的紫外光具有特征吸收。在一定的浓度范围内，吸收值与汞蒸气浓度成正比。样品经消解、还原处理将化合态的汞转化为元素汞，再以载气带入测汞仪，测定吸收值，与标准系列比较定量。

四、仪器与试剂

1. 仪器

冷原子吸收测汞仪、汞蒸气发生瓶、电子天平、水浴锅、烧杯（100mL、250mL）、容量瓶（25mL、100mL、1000mL）、移液管（1mL、2mL、5mL）、比色管（25mL）、移液枪。

2. 试剂

① 王水（HNO_3：HCl＝3：1）、硫酸（10%，体积比）。

② 氯化亚锡溶液（20%）：称取 20g 氯化亚锡（A. R.）置于 250mL 烧杯中，加入 20mL 浓盐酸，加水稀释至 100mL。

③ 重铬酸钾溶液（10%）：称取 10g 重铬酸钾（A. R.），用去离子水溶至 100mL 容量瓶中。

④ 重铬酸钾硝酸溶液：取 5mL 重铬酸钾溶液（10%），加入硝酸 50mL，用水稀释至 1000mL。

⑤ 100$\mu g \cdot mL^{-1}$汞标准储备溶液：称取 0.1354g 氯化汞，置 100mL 烧杯中，加入重铬酸钾硝酸溶液溶解。移入 1000mL 容量瓶中，再用重铬酸钾硝酸溶液稀释至刻度。

⑥ 0.10$\mu g \cdot mL^{-1}$汞标准溶液：用移液枪准确移取汞标准储备溶液（100$\mu g \cdot mL^{-1}$）0.1mL，置于 100mL 容量瓶中，用重铬酸钾硝酸溶液稀释至刻度。此溶液临用前配制。

五、实验内容

1. 人发样品溶液的制备

人发样品的预处理：称取已制备的发样 0.200g，于小烧杯中，加入王水 15mL，于沸水浴上消解，溶液消解到无色或亮黄色后，取出冷却。

样品溶液的制备：将冷却后的溶液定量转移到 25mL 容量瓶中，用去离子水定容，摇匀。取该发样溶液 5mL 于 25mL 的比色管中，用去离子水稀释至刻度，摇匀待测。

2. 水样的保存

将采集到的样品装入采样瓶，用双层保鲜袋装好，将其保存在冰箱中（0～4℃），且一定要在 24h 内在 60mL 水样中加入 3mL 浓 HNO_3，28 天内进行分析，避免汞的损失和形态转化。

3. 工作曲线的绘制及待测样的测试

分别取 0.10、0.30、0.50、0.70、1.00、2.00（mL）汞标准溶液（0.10$\mu g \cdot mL^{-1}$）、适量样品溶液和空白溶液，置于 100mL 容量瓶中，用 10%硫酸定容。

按仪器说明书调整好测汞仪。将空白溶液、标准系列和样品逐个倒入汞蒸气发生瓶加入 2mL 氯化亚锡溶液，迅速塞紧瓶塞。开启仪器气阀，待指针至最高读数时，记录其读数。

六、数据记录及处理

1. 将测量结果填入下表

汞标准溶液	空白	1	2	3	4	5	6
吸光度 A（平均值）							

人发试样的吸光度值（平均值）：

水样的吸光度值（平均值）：

2. 绘图及计算

用坐标纸绘图，或者用 Origin 等软件绘图。

① 根据所测标准溶液的吸光度值，绘制吸光度-浓度的工作曲线。

② 根据所测得的待测试样的吸光度值，从工作曲线上分别找出所测得试样的相应浓度，然后计算 Hg 的含量。

七、注意事项

1. 汞标准溶液通常配制成 $0.1\mu g \cdot mL^{-1}$左右使用，随着时间的变化其浓度将降低。因此前处理后的测定最好在尽量短的时间内做完。

2. 还原汞用的氯化亚锡溶液在酸浓度降低时会出现加水分解，随着沉淀的产生而附着在器壁上，在配制氯化亚锡时，应先加浓盐酸使固体溶解，然后再以水稀释。若出现白色氢氧化锡时，可在溶液中加数颗锡粒，然后加热煮沸呈透明。

八、思考题

如何使用冷原子测汞仪？测量过程中应注意哪些问题？

第九节　原子发射光谱法实验

实验四十五　原子发射光谱摄谱法定性分析合金中的元素（原子发射光谱定性分析）

一、预习提要

1. 预习内容：第三章第六节的相关内容。

2. 原子发射光谱法定性分析的原理是什么？定性分析的方法有哪些？

3. 本实验为什么要选择标准铁光谱图进行比较？

二、实验目的

1. 掌握原子发射光谱分析中所用仪器设备的基本结构及其使用方法。

2. 掌握原子发射光谱仪的摄谱过程。

3. 掌握用标准铁光谱图比较法进行光谱定性分析的方法。

三、实验原理

各种元素的原子受激发时发射出特征光谱，仅由该元素的原子结构而定，与该元素的化合形式和物理状态无关。定性分析就是根据试样光谱中某元素的特征光谱是否出现，来判断试样中该元素存在与否。

决定试样中有何种元素存在，不需要将该元素的所有谱线都找出来，一般只要找出 2～3 条灵敏线。所谓灵敏线也叫最后线，即随着试样中该元素的含量不断降低而最后消失的谱线。

用发射光谱进行定性分析，是在同一块感光板上并列摄取试样光谱和铁光谱，然后在光谱投影仪上将谱片上的光谱放大 20 倍，使感光板上的铁光谱与“元素光谱图”的铁光谱重合，此时，若感光板上的谱线与“元素光谱图”上的某元素的灵敏线相重合，则表示该元素存在。

四、仪器与试剂

1. 仪器

$31W_{ⅡA}$型平面光栅摄谱仪；8W 型光谱投影仪。

2. 试剂

天津紫外Ⅱ型感光板；光谱纯铜电极；光谱纯铁电极；显影液；停影液；定影液；定性分析试样（合金）；无水乙醇。

五、实验内容

1. 摄谱前的准备工作

电极的制备：用砂轮（或砂纸）打磨光电极，用无水乙醇棉球擦拭备用。

装感光板：在暗室红光灯下，启封感光板，取出一张。按暗盒大小裁割好感光板。将裁好的感光板乳剂面朝下放入暗盒并盖紧盒盖，检查板盒，切勿漏光。

2. 摄谱

将暗盒装在摄谱仪上，选好摄谱条件：光源（电弧或火花）、狭缝、板移、光阑、遮光板等。拉开暗盒挡板，准备摄谱。

将上、下电极装在电极架的电极夹上，用照明灯使上、下电极成像于遮光板孔的两侧。

将光阑放在狭缝前导槽内，移动光阑，截取狭缝不同部位，在感光板上摄得不同位置的九条光谱。光阑1、3、4、6、7、9位置用于摄取试样光谱，2、5、8用于拍摄铁光谱，并将摄谱情况记录于下。

光阑	试样号	狭缝/μm	遮光板	工作状态	电流/A	曝光时间/s
1	(1)					
3	(2)				5	30
4	(3)					
6	(4)					
7	(5)	10	3.2	电弧		
9	(6)					
2						
5	铁				4	10
8						

摄谱完毕，推进暗盒挡板，取下暗盒。

3. 感光板的冲洗

① 准备工作：准备3只搪瓷盘，分别倒入显影液、停影液、定影液。

② 显影、停影及定影：在红光灯下将感光板从暗盒中取出，乳剂面朝上放入显影液中，轻轻摇动瓷盘，显影3min，取出感光板，放在停影液中漂洗。然后放在定影液中定影10min，取出用自来水冲洗15min，放在感光板架上，晾干。

③ 译谱：开启光谱投影仪电源开关盒反射镜盖，将光谱板放在投影仪的谱片台上，使拍摄的铁谱与“元素光谱图”上的铁光谱重合，从短波到长波逐段查找。

熟悉元素光谱图中铁光谱特征谱线组，并与所摄铁谱进行对照。

根据元素灵敏线，找出试样光谱中哪些元素灵敏线出现2～3条，记录下谱线元素的名称和谱线的波长，根据灵敏线判断该元素是否存在于试样中。译谱完毕，关上电源及反射镜盖，收好光谱底板。

六、注意事项

1. 激发光源为高电压、高电流装置，实验时应遵守操作规程，注意安全。

2. 实验中使用的光学仪器，不能用手或布擦拭光学表面，室内应保持干燥、清洁。

七、基本操作达标考核

摄谱型原子发射光谱仪操作

项目	评分要点	评分标准	分值	得分
一、电极的准备（10分）	用砂轮（或砂纸）打磨光电极	打磨方法正确	5	
	用无水乙醇棉球擦拭电极	是否对电极进行清洗	5	
二、开机操作（50分）	开机	打开电源开关	3	
	设置光源参数	设置准确	2	
	设置狭缝参数	设置准确	2	
	设置板移参数	设置准确	2	
	设置光阑参数	设置准确	2	
	设置遮光板参数	设置准确	2	
	预热	预热时间	8	
	手轮调节	调节至谱线聚焦清晰	10	
	调节黑度标尺	调节黑度标尺的零点及无穷大	16	
	打开检流计	打开检流计开关	3	
三、测量操作（30分）	拉开暗盒挡板	操作正确	5	
	调节狭缝倾斜度	狭缝与待测谱线平行	15	
	调节黑度读数	黑度读数达到最大	5	
	记录黑度值	准确记录	5	
四、关机操作（10分）	关闭检流计	关闭检流计开关	3	
	关闭狭缝窗板	操作正确	4	
	关机	关闭电源开关	3	
总分			100	

八、结果处理

根据译谱结果，列出未知试样中的组分。

九、思考题

1. 光谱定性分析时采用何种光源较好，为什么？

2. 光谱板经放大后投影在投影屏上，在与标准谱线图对照时，为什么有时通过投影仪拍摄的谱图与标准谱图的波长相同的同一条谱线会出现微小的不重合现象？

实验四十六 ICP-AES 测定水样中的微量 Cu、Fe 和 Zn

一、预习提要

1. 预习内容：第三章第六节的相关内容。

2. 原子发射光谱法定量分析的原理是什么？

3. 电感耦合等离子体光源的工作原理是什么？

4. 电感耦合等离子体光源有哪些特点？其适用范围是什么？

二、实验目的

1. 掌握 ICP-AES 的测定方法原理和操作技术。

2. 评价 ICP-AES 测定水样中 Cu、Fe 和 Zn 的分析性能。

三、方法原理

ICP 光源具有环形通道、高温、惰性气氛等特点。因此，ICP-AES 具有检出限低、精密度高、线性范围宽、基体效应小等优点，可用于高、中、低含量的 70 个元素的同时测定。

其分析信号源于原子/离子发射谱线，液体试样由雾化器引入 Ar 等离子体（10000K 高温），经干燥、电离、激发产生具有特定波长的发射谱线，波长范围在 120～900nm，即位于近紫外、紫外、可见光区域。

发射光信号经过单色器分光、光电倍增管或其他固体检测器将信号转变为电流进行测定。此电流与分析物的浓度之间具有一定的线性关系，使用标准溶液制作工作曲线可以对某未知试样进行定量分析。

四、仪器与试剂

1. 仪器

原子发射光谱仪。

2. 试剂

$CuSO_4$(A. R.)、$ZnNO_3$(A. R.)、$Fe(NH_4)_2 \cdot 6H_2O$(A. R.)、HNO_3(G. R.)。

配制用水均为二次蒸馏水。

① 铜储备液：准确称取 0.126g $CuSO_4$ (F. W. 159.61g) 于 50mL 容量瓶，加入 1%（体积分数）硝酸定容至 50mL，配制 1mg・mL^{-1} Cu(Ⅱ) 储备液。

② 锌储备液：准确称取 0.097g $ZnNO_3$(A. R.) (F. W. 127.39g) 于 50mL 容量瓶，加入 1%（体积分数）硝酸定容至 50mL，配制 1mg・mL^{-1} Zn(Ⅱ) 储备液。

③ 铁储备液：准确称取 0.351g $Fe(NH_4)_2 \cdot (SO_4)_2 \cdot 6H_2O$ (A. R.) (F. W. 392.14g) 于 50mL 容量瓶，加入 1%（体积分数）硝酸定容至 50mL，配制 1mg・mL^{-1} Fe(Ⅱ) 储备液。

五、实验内容

1. ICP-AES 测定条件

工作气体：氩气；冷却气流量：14L・min^{-1}；载气流量：1.0L・min^{-1}；辅助气流量：0.5L/min；雾化器压力：30.06psi (1psi=6.895kPa)。

分析波长：Cu 324.754nm，Fe 259.940nm，Zn 334.502nm。

2. 标准溶液的配制

Cu(Ⅱ)、Fe(Ⅱ)、Zn(Ⅱ) 的混合标准溶液：取 1mg・mL^{-1} Cu(Ⅱ)、Fe(Ⅱ)、Zn(Ⅱ) 的标准溶液配制成浓度为 0.010、0.030、0.100、0.300、1.00、3.00、10.00、30.00、100.00(μg・mL^{-1}) 的混合标准系列溶液。

空白溶液：配制 1%（体积分数）硝酸溶液。

3. 试样制备

自来水、样品水经过滤处理后即可。

4. ICP-AES 仪器操作

(1) 开机程序

① 准备工作　接通冷却水；打开抽风机排气散热；打开氩气钢瓶及载气旋钮。

② 开机程序　开启稳压电源开关；检查氩气压力；检查单色仪真空状态；装好蠕动泵管子；开启 ICP 电源开关。检查蠕动泵、毛细管、雾化器等，有无堵塞、漏气现象。

③ 点燃 ICP 炬程序　打开气体控制开关，调节等离子体气体流量和辅助气体流量；按"POWER"键，调节反射功率、正向功率，接通高频火花，直至 ICP 炬点燃并稳定。打开载气，开启蠕动泵。将正向功率和反射功率调至最佳状态。

④ 开启计算机系统电源开关，校正单色仪波长。

⑤ 按单元素定量分析程序或多元素同时定量分析程序，输入分析元素、元素分析线波长及最佳工作条件，如功率、各种气体流量、狭缝宽度、光谱观测高度、光电倍增负高压、扫描起始波长、扫描波长范围、蠕动泵速度等。

(2) 工作曲线和试样分析

① 吸入空白溶液，得到空白溶液中 Cu(Ⅱ)、Zn(Ⅱ)、Fe(Ⅱ) 的发射信号。

② 由低浓度至高浓度分别吸入混合标准溶液，得到不同浓度所对应的 Cu(Ⅱ)、Zn(Ⅱ)、Fe(Ⅱ) 的发射信号强度。

③ 吸入空白溶液，冲洗进样系统。

④ 吸入样品溶液，分别得到 Cu(Ⅱ)、Zn(Ⅱ)、Fe(Ⅱ) 的发射信号强度。

⑤ 吸入自来水样品溶液，分别得到 Cu(Ⅱ)、Zn(Ⅱ)、Fe(Ⅱ) 的发射信号强度。

⑥ 吸入空白溶液，冲洗进样系统后，结束实验。

如果标准溶液和样品溶液分析间隔较长时间，测定一个中间浓度的标准溶液，以检查仪器信号漂移。

⑦ 检出限　重复 10 次测定空白溶液，计算相对于 Cu、Fe 和 Zn 的检出限。

⑧ 精密度　选择较低浓度的 Cu、Fe 和 Zn 溶液，重复测定 10 次，计算 ICP-AES 方法测定 Cu、Fe 和 Zn 的精密度。

(3) 关机程序

① 退出分析程序，进入主菜单。关蠕动泵和气路，关 ICP 电源，关真空泵阀门，关闭计算机系统，关冷却水。

② 进一步检查水、电、气开关是否全部关好。

③ 工作完毕，填写使用仪器记录。

六、基本操作达标考核

光电直读型原子发射光谱仪操作

项目	评分要点	评分标准	分值	得分
一、准备工作（10 分）	接通冷却水	操作正确	2	
	打开抽风机	打开抽风机开关检查是否排气散热	3	
	打开氩气钢瓶	打开氩气钢瓶减压阀	3	
	打开载气旋钮	操作正确	2	
二、开机操作（35 分）	开启稳压电源	打开稳压电源开关	2	
	检查氩气压力	压力达到要求	2	
	检查单色仪真空状态	检查单色仪是否处于真空状态	5	
	装好蠕动泵管子	安装完好	5	
	开启 ICP 电源	打开 ICP 电源	2	
	检查蠕动泵、毛细管、雾化器	是否堵塞、漏气	4	
	打开气路	打开气体控制开关	2	

续表

项目	评分要点	评分标准	分值	得分
二、开机操作（35分）	调节气体流量	调节等离子气体及辅助气体流量	4	
	接通高频火花	点燃 ICP 炬并达到稳定	2	
	打开载气，开启蠕动泵	调节正向、反射功率至最佳	2	
	开启计算机电源	打开计算机电源开关	2	
	校正单色仪	校正单色仪波长	3	
三、测量操作（20分）	选择定量分析程序	选择准确	5	
	设置最佳工作条件	根据分析元素进行条件设置	5	
	标准曲线的绘制	按正确顺序采集标准试样的元素含量值	5	
	采集空白试样	空白试样配制准确	2	
	采集试样元素含量值	采集顺序正确	3	
四、数据处理（10分）	在线结果处理	正确运用软件	5	
	结果记录	准确记录	5	
五、关机操作（25分）	退出分析程序进入主菜单	操作正确	3	
	关闭蠕动泵	操作正确	3	
	关闭气路	操作正确	3	
	关闭 ICP 电源	操作正确	3	
	关闭真空泵阀门	操作正确	3	
	关闭计算机系统	操作正确	3	
	关闭冷却水	操作正确	3	
	进一步检查水、电、气开关是否关好	操作正确	4	

七、结果与讨论

1. 工作曲线和样品分析

应用 ICP 软件，制作 Fe、Zn 和 Cu 工作曲线。在 ICP-AES 分析中，常存在与基体相关的背景信号，这可用空白溶液校正并将其设为零点。

① 打印出软件制作的工作曲线。

② 评价工作曲线的线性。

应用软件计算试样溶液和空白中 Fe、Zn 和 Cu 的浓度。

③ 扣除 Fe、Zn 和 Cu 的空白值，计算原试样中 Fe、Zn 和 Cu 的含量。

④ 估计最终结果的不确定度。

2. 线性拟合

确定工作曲线的线性范围。

① 不同浓度的标准溶液制作工作曲线，并进行线性拟合。

② 线性拟合曲线计算值下降 10%的浓度为线性范围上限，线性范围下限可以视为相当于 5 倍检出限的浓度。

3. 精密度

重复 10 次测定一个低浓度 Fe、Zn 和 Cu 标液，计算 RSD。

4. 检出限

检出限通常与可区别背景信号（噪声）的最小信号相关，IUPAC 的一种定义为对应于 $3S_b$ 的浓度，S_b 为背景信号的标准偏差。

$$检出限=\frac{3S_b}{S}$$

S 为工作曲线的斜率。因此，检出限反映了仪器的检测能力，并与信噪比相关。

5. 数据处理

① 重复 10 次测定空白溶液计算 S_b，结合工作曲线斜率计算检出限。

② 试样分析：根据工作曲线，指出试样中 Fe、Zn 和 Cu 的浓度。

八、思考题

1. 描述 ICP 中等离子体怎样产生和维持（适当的绘图）。

2. 检查 Cu(Ⅱ) 溶液的标准曲线。在高浓度时是否存在线性，或者出现发射信号比预计低，如果出现，解释为什么会出现这种现象。给出曲线非线性的理由。

实验四十七 ICP-AES 测定不同茶叶水中的微量金属元素

一、预习提要

1. 预习内容：第三章第六节的相关内容。

2. 复习原子发射光谱法的原理及方法。

3. 茶叶水中含有哪些金属元素？其中哪些金属元素属于微量元素？

4. 如何将茶叶中所有金属元素全部转移到茶叶水中？

二、实验目的

1. 掌握电感耦合等离子体发射光谱分析的基本原理。

2. 掌握顺序光电扫描光谱仪的使用方法。

3. 测试不同品种茶水中微量元素的含量，同时结合本实验的结果，查阅有关资料，了解矿物质和微量元素是构成机体组织和维持正常生理功能所必需的无机物质。

三、实验原理

ICP-AES 法具有灵敏度高、精确度高、稳定性好、线性范围宽、基体效应小、分析速度快以及多元素同时测定等优点。用 ICP-AES 法能够方便、快速、准确地测定茶叶水中微量元素。

ICP 光谱仪是一种以电感耦合高频等离子体为光源的原子发射光谱装置。由高频等离子体发生器、等离子体炬管、进样系统、光谱分光系统、检测器和数据处理系统组成。

高频等离子体发生器向耦合线圈提供高频能量，等离子体炬管置于耦合线圈中心，内通冷却气、辅助气和载气，在炬管中产生高频电磁场。用微电火花引燃，让部分氩气电离，产生电子和离子。电子在高频电磁场中获得高能量，通过碰撞把能量转移给氩原子，使之进一步电离，产生更多的电子和离子。当该过程像雪崩一样进行时，导电气体受高频电磁场作用，形成一个与耦合线圈同心的涡流区。强大的电流产生的高热把气体加热，从而形成火炬形状的可以自持的等离子体。

试样由蠕动泵定量提取，经载气带入雾化系统进行雾化，以气溶胶形式进入等离子体炬管中心通道，在高温和惰性氩气气氛中，气溶胶微粒被充分蒸发、原子化、激发和电离。被激发的原子和离子发射出很强的原子谱线和离子谱线。

光谱分光系统将各被测元素发射的特征谱线分光，经光电检测器由数据处理系统对实验数据进行处理打印输出。

本实验用不同品种的茶叶样品做水泡溶出分析，采用直接水煮溶出方法，对不同品种茶叶中钙、镁、锰、锌、铁、铝元素进行 ICP-AES 法的定量分析测定。

四、仪器与试剂

1. 仪器

ICP-AES 光电直读光谱仪、空气压缩泵、抽滤泵、布氏漏斗、移液管、容量瓶。

2. 试剂

纯氩（99.99%）、钙、镁、锰、锌、铁、铝标准储备液浓度均为 $1000mg \cdot L^{-1}$，分析纯 HCl、HNO_3、实验用水均为去离子水。

茶叶样品为：普通绿茶，普通红茶。

五、实验内容

1. 标准系列溶液配制

用浓度均为 $1000mg \cdot L^{-1}$ 各元素标准储备液配制标准系列溶液。由于标准系列溶液配制时浓度跨度较大，为了准确配制标准系列溶液，必须用二次稀释法，标准系列溶液配制方法如下：

分别从铁、锌的标准储备液中取 0.1mL，移入 25mL “混合-1” 标签容量瓶中；从 Mn 的标准储备液中取 1.0mL，移入 25mL “混合-1” 标签容量瓶中；从 Al 的标准储备液中取 2.0mL，移入 25mL “混合-1” 标签容量瓶中，然后定容。再从 “混合-1” 中分别取 1.0mL、3.0mL、5.0mL，移入 50mL 分别标有 “1＃”、“2＃”、“3＃” 标签的容量瓶中。

从钙的标准储备液中分别取 0.1mL、0.3mL、0.5mL，移入标有 “1＃”、“2＃”、“3＃” 标签的容量瓶中。

从镁的标准储备液中分别取 0.1mL、0.5mL、1.0mL，移入标有 “1＃”、“2＃”、“3＃” 标签的容量瓶中。

然后全部加去离子水定容，空白溶液即去离子水。

元素	波长/nm	空白/$mg \cdot L^{-1}$	1＃标样/$mg \cdot L^{-1}$	2＃标样/$mg \cdot L^{-1}$	3＃标样/$mg \cdot L^{-1}$
Ca	317.93	0	2.0	6.0	10
Mg	285.21	0	2.0	10	20
Mn	257.61	0	0.8	2.4	4.0
Zn	206.20	0	0.08	0.24	0.4
Fe	238.20	0	0.08	0.24	0.4
Al	396.15	0	1.6	4.8	8.0

2. 试样处理

在台秤上称取 1.0g 茶叶放入 100mL 的烧杯中，加 50mL 去离子水。把此烧杯放在电炉上加热至水煮沸，再将电炉的温度调到略低使烧杯中的水保持微沸，保持 2min，目的是使茶叶中的金属离子尽可能多地溶解到水溶液中。置好布氏漏斗和抽滤装置，将煮好的茶叶水过滤，滤液移到 50mL 的容量瓶中定容。

3. 仪器的操作和试样测试

(1) 开机程序

① 准备工作　接通冷却水；打开抽风机排气散热；打开氩气钢瓶及载气旋钮。

② 开机程序 开启稳压电源开关；检查氩气压力；检查单色仪真空状态；装好蠕动泵管子；开启 ICP 电源开关。检查蠕动泵、毛细管、雾化器等，有无堵塞、漏气现象。

③ 点燃 ICP 炬程序 打开气体控制开关，调节等离子体气体流量和辅助气体流量；按“POWER”键，调节反射功率、正向功率，接通高频火花，直至 ICP 炬点燃并稳定。打开载气，开启蠕动泵。将正向功率和反射功率调至最佳状态。

④ 开启计算机系统电源开关，校正单色仪波长。

⑤ 按单元素定量分析程序或多元素同时定量分析程序，输入分析元素、元素分析线波长及最佳工作条件，如功率、各种气体流量、狭缝宽度、光谱观测高度、光电倍增负高压、扫描起始波长、扫描波长范围、蠕动泵速度等。

(2) 测试分析 分三步进行，先测分析空白，一般分析空白就是配标样的去离子水溶液，将进样毛细管插入空白溶液中，点击“分析空白”按钮，当取样进度条走完表示测试结束。接着测试校准标样，将毛细管插入标样 1 中，点击“分析标样”按钮，方法同前，直到标样 3 测试结束。在标样的测试过程中光谱显示窗口中显示各元素的光谱强度峰，同时在校准曲线窗口中显示各元素的标准工作曲线。最后测试试样，点击“分析试样”，方法同前，直到最后试样测试结束，在试样测试过程中结果窗口中自动显示试样的测试值。

六、注意事项

1. 仪器在正常工作状态切不可打开等离子体观察窗的门。

2. 实验中经常观察等离子体各项工作参数是否有变化。尤其注意氩气的剩余量。

3. 测试完毕后，进样系统要用去离子水冲洗 5min 后再关机，以免试样沉积在雾化器口及石英炬管口。

七、数据记录及处理

1. 记录仪器型号：

2. 记录仪器工作参数：

等离子体流量	辅助气流量	雾化器流量	射频功率	进样量
$L \cdot min^{-1}$	$L \cdot min^{-1}$	$L \cdot min^{-1}$	W	$mL \cdot min^{-1}$

3. 实验报告要求：将各元素所测得平均强度值用自己的软件分别作出工作曲线，利用各元素工作曲线计算出茶叶样品中各元素的浓度，并计算出每克茶叶中各元素的含量 ($mg \cdot g^{-1}$)，实验数据填入表中。

元素	Ca	Mg	Mn	Al	Fe	Zn
分析线波长/nm						
茶叶样 1/$mg \cdot L^{-1}$						
RSD/%						
茶叶样 1 元素含量/$mg \cdot g^{-1}$						
茶叶样 2/$mg \cdot L^{-1}$						
RSD/%						
茶叶样 2 元素含量/$mg \cdot g^{-1}$						
…						
…						

八、思考题

1. 选择元素分析线的基本原则是什么？

2. 查阅有关微量元素与健康关系的资料，根据实验所测得不同茶叶中各元素的含量，你认为喝什么茶叶比较好？

实验四十八　ICP-AES 测定人发的微量元素

一、预习提要

1. 预习内容：第三章第六节的相关内容。

2. 复习原子发射光谱法的原理及方法。

3. 如何采集人发才能保证取样具有代表性？

4. 如何对人发进行试样预处理？

5. 人发中微量元素含量能否反映人体中微量元素含量？

二、实验目的

1. 掌握电感耦合等离子体发射光谱分析的基本原理。

2. 初步掌握顺序光电扫描光谱仪的使用方法。

3. 测试人发中微量元素的含量，同时结合本实验的结果，去查阅有关资料，了解人发采集及预处理、矿物质和微量元素是构成机体组织和维持正常生理功能所必需的无机物质等知识。

三、实验原理

ICP-AES 法具有灵敏度高、精确度高、稳定性好、线性范围宽、基体效应小、分析速度快以及多元素同时测定等优点。用 ICP-AES 法能够方便、快速、准确地测定人发中微量元素。

ICP 光谱仪是一种以电感耦合高频等离子体为光源的原子发射光谱装置。由高频等离子体发生器、等离子炬管、进样系统、光谱分光系统、检测器和数据处理系统组成。

高频等离子体发生器向耦合线圈提供高频能量，等离子炬管置于耦合线圈中心，内通冷却气、辅助气和载气，在炬管中产生高频电磁场。用微电火花引燃，让部分氩气电离，产生电子和离子。电子在高频电磁场中获得高能量，通过碰撞把能量转移给氩原子，使之进一步电离，产生更多的电子和离子。当该过程像雪崩一样进行时，导电气体受高频电磁场作用，形成一个与耦合线圈同心的涡流区。强大的电流产生的高热把气体加热，从而形成火炬形状的可以自持的等离子体。

试样由蠕动泵定量提取，经载气带入雾化系统进行雾化，以气溶胶形式进入等离子体炬管中心通道，在高温和惰性氩气气氛中，气溶胶微粒被充分蒸发、原子化、激发和电离。被激发的原子和离子发射出很强的原子谱线和离子谱线。

光谱分光系统将各被测元素发射的特征谱线分光，经光电检测器由数据处理系统对实验数据进行处理，打印输出。

本实验采集人发，采用混合酸消解试样，对其中钙、镁、铁、铝、磷元素进行 ICP-AES 法的定量分析测定。

四、仪器与试剂

1. 仪器

ICP-AES 光电直读光谱仪、空气压缩泵、抽滤泵、布氏漏斗、移液管、容量瓶。

2. 试剂

纯氩（99.99%），分析纯 $HClO_4$、HNO_3，钙、镁、铁、铝、磷标准储备液浓度均为 $1000mg \cdot L^{-1}$，试验用水均为去离子水。

五、实验内容

1. 试样的制备及溶解

① 发样的采集　工具：不锈钢剪刀；部位：枕部，距头皮 1cm；方法：剪去超长部分，再贴头皮剪去距头皮 1cm 的发丝；保存：纸袋或塑料袋。

② 发样的洗涤　用中性洗发液浸泡发样 4h 以上，搓洗，用热蒸馏水及去离子水冲洗干净，80℃烘箱内干燥 3h。

本试验采用三种不同的酸体系组合成 HNO_3-$HClO_4$、HNO_3-H_2O_2、HNO_3 三种消解方法，对人发标样进行消解处理，对结果进行比较，发现 HNO_3-$HClO_4$ 消解效果比较好，本试验加入混合酸（HNO_3＋$HClO_4$＝95＋5）10mL。称取 0.2000g 发样于 100mL 烧杯中，加入混合酸（HNO_3＋$HClO_4$＝95＋5）10mL，放置过夜，电热板上低温消解，蒸发至冒白烟，取下冷却，移入 20mL 比色管中，用水稀释至刻度，摇匀。同时做空白试验。

2. 标准系列溶液配制

根据需要配制成 $0.63mol \cdot L^{-1}$ HNO_3 介质的混合标准溶液（$mg \cdot L^{-1}$）：分别取适量的 Al、Fe、Ca、Mg、P 标准储备溶液，加适量 HNO_3，然后用去离子水定容。

3. 分析线的选择

本方法中每种待测元素都有多条灵敏线。参考仪器中所提供的各待测元素分析线的信噪比及受干扰情况，分别选择多条分析线，通过试验最终确定信噪比大、不受干扰的各待测元素分析线。

4. 试样的测定

按步骤开机分三步进行试样测定：

先测分析空白，一般分析空白就是配标样的去离子水溶液，将进样毛细管插入空白溶液中，点击“分析空白”按钮，当取样进度条走完表示测试结束。

接着测试校准标样，将毛细管插入标样 1 中，点击“分析标样”按钮，方法同前，直到标样测试结束。在标样的测试过程中光谱显示窗口中显示各元素的光谱强度峰，同时在校准曲线窗口中显示各元素的标准工作曲线。

最后测试试样，点击“分析试样”，方法同前，直到最后试样测试结束，在试样测试过程中结果窗口自动显示试样的测试值。

六、数据记录及处理

1. 记录仪器工作参数：

等离子体流量	辅助气流量	雾化器流量	射频功率	进样量
$L \cdot min^{-1}$	$L \cdot min^{-1}$	$L \cdot min^{-1}$	W	$mL \cdot min^{-1}$

2. 实验报告要求：将各元素所测得平均强度值用自己的软件分别作出工作曲线，利用各元素工作曲线计算出人发中各元素的浓度，并计算出每克人发中各元素的含量（$mg \cdot g^{-1}$），实验数据填入表中。

元素	Ca	Mg	Al	Fe	P
分析线波长/nm					
元素含量/mg·L^{-1}					
RSD/%					

七、思考题

1. 谈谈 ICP 光谱的特点。
2. 通过本试验你学到了什么？

第十节 电位分析法实验

实验四十九 玻璃电极响应斜率和溶液 pH 的测定

一、预习提要

1. 预习内容：第三章第七节的相关内容。
2. 复习直接电位分析法的原理及方法。
3. 玻璃电极的组成部件有哪些？
4. 玻璃电极测定溶液 pH 值的原理是什么？
5. 什么是 pH 操作定义？
6. 玻璃电极测定溶液 pH 值前使用标准缓冲溶液的目的是什么？
7. 玻璃电极测定溶液 pH 值前选择标准缓冲溶液应遵循什么原则？

二、实验目的

1. 掌握 pH＝4.00、pH＝6.86、pH＝9.18 三种标准缓冲溶液的配制方法。

2. 掌握 pHS-3C 型酸度计的使用方法，并学会使用该酸度计测定未知溶液的 pH 值及在该 pH 值下玻璃电极的电极电位值。用测出的 pH 值以及相应的电极电位值计算响应斜率。

三、实验原理

在进行 pH 测定时，把玻璃电极与饱和甘汞电极插入试液组成下列电池：

$$\underbrace{Ag, AgCl \mid 内参比溶液 \mid 玻璃膜 \mid}_{E_{玻}} 试液 \underset{E_{液接}}{\parallel} 饱和KCl \mid \underset{E_{SCE}}{Hg_2Cl_2, Hg}$$

$$E_{电池}=E_{SCE}-E_{玻}+E_{液接}$$

$$E_{玻}=K-0.059pH$$

在一定条件下，$E_{液接}$和 E_{SCE}为一常数，因此，电动势可写为：

$$E_{电池}=K+0.059pH(25℃)$$

若上式中 K 值已知，则由测得的 $E_{电池}$就能计算出被测溶液的 pH，但实际上由于 K 值不易求得，因此，在实际工作中，用已知的标准缓冲溶液作为基准，比较待测溶液和标准溶液两个电池的电动势来确定待测溶液的 pH。所以在测定 pH 时，先用标准溶液缓冲溶液校正酸度计（亦称定位），以消除 K 值的影响。

四、仪器与试剂

1. 仪器

pHS-3C 型酸度计、玻璃电极和 232 型饱和甘汞电极。

2. 试剂

pH 标准缓冲溶液（详见配制方法）。

① pH＝4.00 标准缓冲溶液　称取在 110℃烘干 1～2h 的邻苯二甲酸氢钾（$KHC_8H_4O_4$）10.21g，在烧杯中溶解后，移至 1000mL 容量瓶中，稀释刻度，摇匀（也可用市售袋装标准缓冲溶液试剂，按规定配制）。

② pH＝6.86 标准缓冲溶液　称取磷酸二氢钾（KH_2PO_4）3.39g 和磷酸氢二钠（Na_2HPO_4）3.35g 于烧杯中，用水溶解，移至 1000mL 容量瓶中，稀释至刻度，摇匀。

③ pH＝9.18 标准缓冲溶液　称取 3.80g 硼砂（$Na_2B_4O_7 \cdot 10H_2O$），在烧杯溶解后，移至 1000mL 容量瓶中，稀释至刻度（所用蒸馏水需煮沸以除去 CO_2），摇匀。

未知 pH 试液。

五、实验步骤

1. 玻璃电极响应斜率的测定

一支功能良好的玻璃电极，应该有理论上的 Nernst 响应，即在不同 pH 的缓冲溶液中测得的电极电位与 pH 呈直线关系，在 25℃其斜率为 59mV/pH。测定方法如下。

① 接通仪器电源，按使用说明调零、校正，安装好玻璃电极和甘汞电极。在 50mL 烧杯中盛 20mL 左右的邻苯二甲酸氢钾缓冲溶液，将电极浸入其中，按下－mV 挡。不时摇动烧杯，使指针稳定读数，记下数据 E（单位为 mV）。

② 用蒸馏水轻轻冲洗干净，用滤纸吸干。在 50mL 烧杯中盛 20mL 左右的硼砂溶液，将电极浸入其中，按下＋mV 挡，按上述方法操作。

③ 同②的操作，更换 pH＝6.68 的缓冲溶液，测其 E 值。

2. 试液的 pH 测定

① 将电极用水冲洗干净，用滤纸吸干。

② 先用广泛 pH 试纸粗测试液的 pH，再用与试液 pH 相近的标准缓冲溶液校正仪器（例如，若测 pH 值为 9.0 左右的试液，应选用 pH＝9.18 的标准缓冲溶液定位）。

3. 校正完毕后，不得再转动定位调节旋钮，否则应重新进行校正工作，用蒸馏水冲洗电极，用滤纸吸干后，将电极插入试液中，摇动烧杯，使指针稳定后由仪器刻度表读出 pH。

4. 取下电极，用水冲洗干净，妥善保存，实验完毕。

六、基本操作达标考核

pHS-3C 型酸度计操作

项目	评分要点	评分标准	分值	得分
一、开机操作（30 分）	接通电源	打开电源开关	3	
	预热 30min	操作正确	5	
	调节温度调节器	被测溶液的温度和定位温度相同	5	
	调节零点电位器	仪器读数在零点附近	7	
	调节斜率调节器	调节到 100%位置	7	
	检查甘汞电极	饱和氯化钾溶液是否够用	3	

续表

项目	评分要点	评分标准	分值	得分
二、测量操作（30分）	校准仪器	标准缓冲溶液选择恰当	8	
	标准缓冲溶液电位值的测定	读数操作准确	7	
	清洗电极	电极清洗干净	7	
	试样溶液 pH 值的测定	读数操作准确	8	
三、关机操作（25分）	关闭仪器电源	操作准确	3	
	拔出电源插座	操作准确	2	
	清洗电极	操作准确	6	
	甘汞电极的保存	戴上橡皮塞	7	
	玻璃电极的保存	浸泡在蒸馏水中	7	
四、数据处理（15分）	响应斜率的计算	公式运用正确	8	
	计算并报告结果	结果及表示准确	7	

七、结果处理

1. 用以上测得的 E 值对 pH 作图，求其直线的斜率。该斜率即为玻璃电极的响应斜率，若电极响应斜率偏离理论值（59mV/pH）很多，则此电极不能使用。

2. 记录所测试样溶液 pH 结果。

八、思考题

1. 测定 pH 值时，为什么要选用 pH 值与待测溶液的 pH 值相近的标准缓冲溶液来定位？

2. 为什么普通的毫伏计不能用于测量 pH？

实验五十　自来水中 F^- 含量测定

一、预习提要

1. 预习内容：第三章第七节的相关内容。
2. 复习直接电位分析法的原理及方法。
3. 氟离子选择性电极测定氟离子含量的原理是什么？
4. 氟离子选择性电极测定氟离子过程中为什么要使用总离子强度缓冲溶液？
5. 总离子强度缓冲溶液由哪些物质组成？

二、实验目的

1. 掌握用氟离子选择电极测定水中微量氟的方法。
2. 了解离子强度调节缓冲液的意义和作用。

三、实验原理

氟离子选择性电极是一种由 LaF_3 单晶制成的电化学传感器。控制测定体系的离子强度为一定值时，电池的电动势与氟离子浓度的对数值呈线性关系。

四、仪器与试剂

1. 仪器

pHS-3C 型酸度计、氟离子选择性电极、饱和甘汞电极、电磁搅拌器、半对数坐标纸。

2. 试剂

① 1.00×10^{-1}mol·L^{-1} F^-的标准储备液：称取分析纯试剂 NaF（烘干 1～2h 温度110℃左右）1.050g 于烧杯中，用去离子水溶解，定量转入 250mL 容量瓶中，用水稀释至刻度，储存于聚乙烯瓶中，备用。

② 总离子强度缓冲溶液（简写为 TISAB）：称取氯化钠 58g，柠檬酸钠（$Na_3C_6H_5O_7\cdot 2H_2O$）12g 溶于 800mL 去离于水中，加 57mL 冰醋酸，用 500g·L^{-1} NaOH 调节 pH＝5.0～5.5，冷至室温，用去离子水稀释至 1000mL。

五、实验内容

1. 氟离子选择性电极的准备

接通仪器电源，预热 20min，校正仪器，调仪器零点，氟电极接仪器负极接线柱，甘汞电极接仪器正极接线柱。将两电极插入蒸馏水中，开动搅拌器，使电位小于－200mV，若读数大于－200mV，则更换蒸馏水，如此反复几次即可达到电极的空白值。若仍不能使电位小于－200mV，可用金相砂纸轻轻擦拭氟电极，继续清洗至－200mV。

2. 标准曲线的制作

分别吸取（10^{-3} mol·L^{-1}）F^-的标准溶液 0.50、0.70、1.00、3.00、5.00、10.00（mL）于 100mL 容量瓶中，加入 20mL TISAB 溶液，用去离子水稀释至刻度。将标准系列溶液由低浓度到高浓度依次转入干的塑料杯中，电极插入被测试液。开动搅拌器 5～8min 后，停止搅拌，读取平衡电位（注意，测定时，需由低浓度到高浓度依次测定）。在半对数坐标纸上作 E-lg[F^-] 图，即得标准曲线，或在普通坐标纸上作 E-lg[F^-] 曲线。

如用袖珍计算器（CASIO fx-3600p），只需把测得数据输入计算器，求得回归直线的截距、斜率（即氟离子选择性电极的响应斜率）和相关系数，然后根据所测未知液的电位值，再输入到计算器上，立即可得所需数据。

3. 水样的测定

吸取水样 50.00mL 于 100mL 容量瓶中，加 20mL TISAB 溶液，用水稀释至刻度，把溶液全部转入塑料杯中，测定 E 值（测定水样之前，需用去离子水洗电极至空白电位－200mV）。记录水样电位值（E）。然后加入 1.00mL 10^{-3} mol·L^{-1}氟标准溶液，同样测出电位值 E_2，计算出其差值（$\Delta E=E_1-E_2$）。

六、注意事项

1. 氟离子选择电极长期使用或长期放置后，电极膜的性质可能发生变化，电极会发生迟钝现象，电极性能显著下降。可以使用细绸布或优质牙膏擦洗电极膜，将其表面活化，空白电位值洗至接近最大，使电极性能得到恢复。

2. 在测试前可用氟标准系列的一个中等浓度将电极活化后再进行测定，这样既可加快电位的平衡时间，也可减小电位的漂移。

3. 电极切忌在纯水或高浓度氟溶液中长期浸泡，如长时间不用应冲洗干净擦干后存放。

4. 测定标准溶液系列时，按照浓度先低后高的顺序进行，以消除电极的“记忆效应”。

5. 测定结束后，一定要用空白溶液将电极洗至接近空白溶液的电位值，然后进行样品待测液的测定，有时电极需要浸洗 10min 以上才能完全恢复功能。

6. 使用定性滤纸蘸去电极上残留的溶液，避免使用定量滤纸，因为定量滤纸在制造过程中必须使用氢氟酸除硅，滤纸中氟的本底值高且不稳定。

七、数据记录及处理

1. 在半对数坐标纸上以 E 对 c_{F^-} 作图绘制标准曲线，求出该氟离子选择性电极的响应斜率。

2. 根据所测水样的 E 值从标准曲线上查出氟离子浓度，计算水样中氟的浓度 c_{F^-} (mol·L^{-1})。

3. 根据实验内容 3. 中一次标准加入法所得 ΔE 和实际测定的电极响应斜率代入下述方程：

$$c_{F^-}=\frac{c_s V_s}{V_x+V_s}\left(10^{\Delta E/S}-1\right)$$

计算水样中氟离子浓度。式中，c_s 和 V_s 分别为标准溶液的浓度和体积；c_{F^-} 和 V_x分别为试液的氟离子浓度和体积。

八、思考题

1. 本实验中加入总离子强度调节缓冲溶液的目的是什么？
2. 简述氟离子选择性电极法测定氟离子含量的原理。
3. 为什么要把氟电极的空白电位洗至－200mV？

实验五十一　硫酸和磷酸混合酸的电位滴定

一、预习提要

1. 预习内容：第三章第七节的相关内容。
2. 复习电位滴定法的原理。
3. 什么试样适合使用电位滴定法进行分析？
4. 确定电位滴定法终点的方法有哪些？

二、实验目的

1. 学习电位滴定的基本原理和操作技术。
2. 运用 pH-V 曲线和 (ΔpH/ΔV)-V 曲线与二级微商法确定滴定终点。

三、实验原理

H_2SO_4和 H_3PO_4都为强酸，H_2SO_4 的 $pK_{a2}=1.99$，H_3PO_4 的 $pK_{a1}=2.12$，$pK_{a2}=7.20$，$pK_{a3}=12.36$，由 pK_a 值可知，当用标准碱溶液滴定时，H_2SO_4可全部被中和，且产生 pH 值的突跃，而在 H_3PO_4第二化学计量点时，仍有 pH 值的突跃出现，因此根据滴定过程中 pH 值的变化情况，可以确定滴定终点，进而求得各组分的含量。

确定混合酸的滴定终点可用指示剂法（最好是采用混合指示剂），也可以用玻璃电极作指示电极，饱和甘汞电极作参比电极，同试液组成工作电池：

$$\text{Ag, AgCl}\left|\begin{matrix}\text{HCl}\\ 0.1\text{mol}\cdot\text{L}^{-1}\end{matrix}\right|\text{玻璃膜}\left|\begin{matrix}H_2SO_4\\ H_3PO_4\end{matrix}\text{试液}\right|\left|\begin{matrix}\text{KCl}\\ \text{(饱和)}\end{matrix}\right|Hg_2Cl_2\text{, Hg}$$

在滴定过程中，通过测量工作电池的电动势，了解溶液 pH 值随加入标准碱溶液体积 V 的变化情况，然后由 pH-V 曲线或 (ΔpH/ΔV)-V 曲线求得终点时耗去 NaOH 标准溶液的体积，也可用二级微商法求出 $\Delta^2 pH/\Delta V^2=0$ 时，相应的 NaOH 标准溶液体积，即得出滴定终点。根据标准溶液的浓度、消耗标准溶液的体积和试液的用量，即可求出试液中各组分的含量。

四、仪器与试剂

1. 仪器

酸度计；玻璃电极；饱和甘汞电极；容量瓶 (100mL)；吸量管 (5mL，10mL)；烧杯

（100mL）；微量滴定管（10mL）。

2. 试剂

1.000mol·L^{-1} 草酸标准溶液；0.1mol·L^{-1} NaOH 标准溶液（浓度待标定）；H_2SO_4、H_3PO_4混合酸标准试液（两种酸浓度之和低于 0.5mol·L^{-1}）。

五、实验内容

① 开启酸度计预热半小时，连接电极及滴定装置。摘去饱和甘汞电极的橡皮帽，并检查内电极是否浸入饱和 KCl 溶液中，如未浸入，应补充饱和 KCl 溶液。安装玻璃电极和饱和甘汞电极，并使饱和甘汞电极稍低于玻璃电极，以防止烧杯底碰坏玻璃电极薄膜。

② 准确吸取草酸标准溶液 10.00mL，置于 100mL 容量瓶中；用水稀释至刻度，混合均匀。

③ 准确吸取稀释后的草酸标准溶液 5.00mL，置于 100mL 烧杯中，加水至约 30mL，放入搅拌子。

④ 将待标定的 NaOH 溶液装入微量滴定管中，使液面在 0.00mL 处。

⑤ 开动搅拌器，调节至适当的搅拌速度，进行粗测，即测量在加入 NaOH 溶液 0、1、2、…、8、9、10(mL) 后各个点的溶液 pH 值，初步判断发生 pH 值的突跃时所需的 NaOH 溶液体积范围（ΔV_{cx}）。

⑥ 重复实验内容 3、4 的操作，然后进行细测，即在测定的化学计量点附近取较小的等体积增量，增加测量点的密度，并在读取滴定管读数时，读准至小数点后第二位。如在粗测时终点体积为 8～9mL，则在细测时以 0.10mL 为体积增量，增加测量加入 NaOH 溶液 8.00、8.10、8.20、…、8.90 和 9.00(mL) 时各点的 pH 值。

⑦ 吸取混合酸试液 10.00mL，置于 100mL 容量瓶中，用水稀释至刻度，摇匀。

⑧ 吸取稀释后的试液 10.00mL 置于 100mL 烧杯中，加水至约 30mL，仿照标定 NaOH 溶液时的粗测和细测步骤对混合酸进行测定。

六、数据记录及处理

1. NaOH 溶液浓度的标定

（1）粗测

V/mL	0	1	2	3	4	5	6
pH							

（2）细测

V/mL	5.1	5.2	5.3	5.4	5.5	5.6	5.7	5.8	5.9	6.0
pH										
$\Delta pH/\Delta V$										
$\Delta^2 pH/\Delta V^2$										

通过 pH-V 曲线、$(\Delta pH/\Delta V)$-V 曲线、$(\Delta^2 pH/\Delta V^2)$-V 曲线确定 NaOH 溶液浓度。

2. 混合酸的测定

（1）粗测

V/mL	0	5	10	15	20	25	30	35	40
pH									

（2）细测

V/mL	20	22	24	26	28	30	32	34	36	38	40
pH											
$\Delta pH/\Delta V$											
$\Delta^2 pH/\Delta V^2$											

通过 pH-V 曲线、($\Delta pH/\Delta V$)-V 曲线、($\Delta^2 pH/\Delta V^2$)-V 曲线确定 H_2SO_4和 H_3PO_4的浓度。

七、思考题

实验中两种混酸能否用酸碱滴定法直接滴定？为什么？

实验五十二　氯化钠与碘化钠混合物的电位连续滴定法

一、预习提要

1. 预习内容：第三章第七节的相关内容。
2. 复习电位滴定法的原理。
3. 本实验为何可用电位滴定法实现氯化钠与碘化钠的混合物的测定？
4. 用电位滴定法测定卤化物混合物的前提条件是什么？

二、实验目的

掌握电位滴定法，用硝酸银溶液连续滴定混合物中的氯化物和碘化物含量的原理和方法。

三、实验原理

由于氯化钠、碘化钠与硝酸银反应的产物氯化银和碘化银溶解度都很小且相差较大，因此可用硝酸银溶液分别滴定混合物中的氯化钠与碘化钠。

四、仪器与试剂

1. 仪器

ZD-2 型电位滴定仪；150mL 烧杯；25.00mL 移液管。

2. 试剂

氯化钠与碘化钠混合溶液；6mol·L^{-1} HNO_3溶液；分析纯 KNO_3；0.1000mol·L^{-1} $AgNO_3$标准溶液。

五、实验内容

① 移取 25.00mL 氯化钠与碘化钠混合溶液于 150mL 烧杯中，加 3 滴 6mol·L^{-1}的 HNO_3和 2g KNO_3。

② 用 0.1000mol·L^{-1}硝酸银标准溶液滴定，记录电极电位 E 值（mV），同时记录对应消耗硝酸银体积量（mL）。

③ 作 E-V（$AgNO_3$）图，以二阶微商法分别求滴定终点。计算 I^- 和 Cl^- 含量。

六、基本操作达标考核

ZD-2 型电位滴定仪操作

项目	评分要点	评分标准	分值	得分
一、开机操作（45 分）	接通电源	打开电源开关	3	
	预热 15min	操作正确	5	
	终点设定	设定正确	10	
	预控点设定	设定正确	8	
	打开搅拌器电源	操作正确	4	
	电极的选择	据待测物质合理选择	15	
二、测量操作（20 分）	滴定开始	按钮操作正确	8	
	终点判断	判断正确	7	
	滴定剂消耗体积记录	正确记录	5	
三、关机操作（25 分）	关闭仪器电源	操作准确	3	
	拔出电源插座	操作准确	2	
	清洗电极	操作准确	10	
	电极的保存	正确保存	10	
四、数据处理（10 分）	计算并报告结果	结果及表示准确	10	

七、数据记录及处理

V/mL	0.00								
E/mV									
V/mL									
E/mV									

八、思考题

1. 为什么用双盐桥饱和甘汞电极作为参比电极？
2. 滴定前为什么加 KNO_3 固体？
3. 电极电位与被测离子的浓度有什么关系？

实验五十三　红色食醋中乙酸浓度的自动电位滴定

一、预习提要

1. 预习内容：第三章第七节的相关内容。
2. 复习电位滴定法的原理。
3. 食醋中乙酸含量的测定方法有哪些？
4. 氢氧化钠标准溶液的配制用什么方法？是否需要准确称量质量？
5. 标定氢氧化钠的基准物质有哪些？
6. 空白对照时用什么试剂进行对照实验？如何配制该试剂？
7. 本实验中氢氧化钠质量是否需要准确称量？采用哪种天平进行称量？

二、实验目的

1. 通过乙酸的电位滴定，掌握电位滴定的基本操作、pH 的变化及指示剂的选择。

2. 学习食用醋中乙酸含量的测定方法。

三、实验原理

食用醋的主要酸性物质是乙酸（HAc），此外还含有少量其他的弱酸。乙酸的解离常数 $K_a=1.8\times10^{-5}$，用 NaOH 标准溶液滴定乙酸，化学计量点的 pH 值为 8.7，可选用酚酞作指示剂，滴定终点时溶液由无色变为微红色。两者的反应方程式为：

$$HAc+NaOH = NaAc+H_2O$$

然而在本实验滴定过程中，由于食用醋的棕色无法使用合适的指示剂来观察滴定终点，所以它的滴定终点用酸度计来测量。

本实验选用邻苯二甲酸氢钾（KHP）作为基准试剂来标定氢氧化钠溶液的浓度。邻苯二甲酸氢钾纯度高、稳定、不易吸水，而且有较大的摩尔质量。标定氢氧化钠溶液时可用酚酞作指示剂。

四、仪器与试剂

1. 仪器

pHS-3C 型酸度计、天平、电子分析天平、电磁搅拌器、容量瓶（150mL）、锥形瓶（250mL）、吸量管（5.0mL、25mL）、碱式滴定管、烧杯（10mL）、量筒（50mL）。

2. 试剂

NaOH（A. R.）、基准物质 $KHC_8H_4O_4$（A. R.）、食用醋、酚酞、去离子水。

五、实验内容

1. 酸度计的安装与校正

① 开机预热 30min，连接复合电极，安排好滴定管和酸度计的位置。

② 用标准缓冲溶液校准仪器（测定前要开动搅拌器）：将搅拌棒放入标准缓冲溶液中，把电极插入溶液中使玻璃球完全浸没在溶液中，开动搅拌器，注意观察磁棒不要碰到电极。

③ 分别用 pH 值为 6.86 及 9.18 的标准缓冲溶液校正仪器并记录其对应的电位值。

2. 粗配氢氧化钠溶液

用天平称量 2.00g 氢氧化钠于 100mL 烧杯中，加蒸馏水溶解，搅拌，可加热加速溶解。等放至室温后转移到带胶塞的试剂瓶中，共加 500mL 蒸馏水稀释。

3. 氢氧化钠的标定

用差量法称取基准物质邻苯二甲酸氢钾 0.4～0.6g 于 250mL 锥形瓶中，加 40～50mL 蒸馏水溶解，加入 2～3 滴酚酞指示剂，用待标定的氢氧化钠溶液滴至溶液呈微红色并保持 30s 不褪色，即为终点。平行标定三份，计算氢氧化钠溶液的浓度和各次标定结果的相对偏差。

4. 食醋样品的测定

用吸量管吸取 5.0mL 食醋样品，置于 100mL 烧杯中，加去离子水 40～50mL 混匀，开动磁力搅拌器。用已标定的氢氧化钠标准溶液滴定至酸度计指示 pH＝8.7。消耗的氢氧化钠标准溶液的体积，为食醋中乙酸耗碱量。平行测定三次，计算食醋中乙酸的酸度和各次测量结果的相对偏差。

5. 空白对照

取 40～50mL 去离子水，进行空白试验。

六、注意事项

1. 在将电极插入溶液前要用蒸馏水冲洗干净，用滤纸吸干水分，再放入溶液中。
2. 测定应在搅拌的情况下进行。
3. 测定前必须根据测量 pH 范围选择合适的标准缓冲溶液进行校正。

七、数据记录及处理

1. 邻苯二甲酸氢钾标定氢氧化钠溶液

编号	1	2	3
m_{KHP}/g			
V_{NaOH}/mL			
$c_{NaOH}/mol \cdot L^{-1}$			
$c_{NaOH平均值}/mol \cdot L^{-1}$			
相对偏差/%			
相对平均偏差/%			

2. 样品测定中消耗的 NaOH

编号	1	2	3
$V_{食用醋}$/mL			
V_{NaOH}/mL			
$V_{空白}$/mL			
n_{HAc}/mol			
$\rho_{HAc}/g \cdot 100mL^{-1}$			
$\rho_{HAc平均值}/g \cdot 100mL^{-1}$			
相对偏差/%			
相对平均偏差/%			

八、思考题

1. 红色食醋中的乙酸能用直接滴定法进行测定吗？为什么？
2. 本实验误差来源有哪些？

实验五十四　电位滴定法测定果汁中的可滴定酸

一、预习提要

1. 预习内容：第三章第七节的相关内容。
2. 复习电位滴定法的原理。
3. 果汁中可能含有哪些酸？
4. 这些酸哪些可以直接滴定？哪些不可以？为什么？

二、实验目的

1. 掌握电位滴定的方法及确定化学计量点的方法。
2. 掌握用玻璃电极测量溶液 pH 的基本原理和测量技术。
3. 巩固手动滴定的操作步骤及原理方法。

三、实验原理

1. 玻璃电极测量原理及技术

以玻璃电极作指示电极，饱和甘汞电极作参比电极，用电位法测定溶液的 pH 值，由于玻璃电极常数项无法准确测定，故实际应用时测量 pH 值的方法是采用相对方法，即选用 pH 值已经确定的标准缓冲溶液进行比较而得到待测溶液 pH 值。

2. 电位滴定原理

用强碱滴定多元酸，例如用等浓度的 NaOH 滴定 H_3PO_4，首先 H_3PO_4 被中和，生成 $H_2PO_4^-$，出现第一个化学计量点，此时溶液 pH 值为 4.70；然后 $H_2PO_4^-$ 继续被中和，生成 HPO_4^{2-}，出现第二个化学计量点，此时溶液 pH 值为 9.66；由于 H_3PO_4 的三级解离常数太小，故 HPO_4^{2-} 不能用常规方法测定，加入中性 $CaCl_2$ 溶液形成 $Ca_3(PO_4)_2$ 沉淀，可将 H^+ 释放出来，这样就可以准确测定了。

四、仪器与试剂

1. 仪器

ZD-2 型电位滴定仪；pHS-3C 型酸度计；雷磁牌 pH 复合电极。

2. 试剂

0.400mol·L^{-1} NaOH 溶液 25mL；未知浓度磷酸溶液 20mL；标准 pH 溶液（pH＝4.00，pH＝6.86）；果汁样品 340mL。

五、实验内容

1. 电位滴定法测定磷酸曲线及磷酸浓度

取 25mL NaOH 溶液于 250mL 容量瓶中，定容至刻度。在电位滴定仪的滴定管中加入蒸馏水，接上仪器电源及装置接口，调节旋塞的松紧程度，使滴定管内的液体呈滴状流出，勿呈线状。将复合电极接口接入酸度计的对应接口中，将电极用蒸馏水润洗后，滤纸擦干，使用 pH＝6.86 的标准缓冲溶液对仪器进行定位，取出电极，同前法润洗后用 pH＝4.00 的标准 pH 溶液校正仪器斜率。将校正好的电极润洗后再次插入 pH＝6.86 的标准缓冲溶液中，此时仪器读数应为 6.86。

用稀释好的 NaOH 溶液润洗电位滴定仪的滴定管，分别取 10mL 磷酸溶液加入两个 100mL 容量瓶中，加水定容至刻度。取一个 100mL 烧杯，加入 20mL 稀释好的酸溶液及搅拌子，插入复合电极，开始进行滴定。

记下滴定过程中 pH 值的变化以及对应的 NaOH 体积，绘制磷酸的滴定曲线。

2. 手动滴定法测定磷酸浓度

取 3 个 250mL 锥形瓶分别加入 20mL 稀释好的磷酸溶液以及 3～4 滴酚酞，用稀释好的 NaOH 溶液进行手动滴定。

3. 电位滴定法测定果汁样品酸度

向烧杯中加入 20mL 果汁样品，放入搅拌子，插入复合电极，开始进行滴定。

4. 手动滴定法测定果汁样品酸度

取 2 个 250mL 锥形瓶分别加入 20mL 果汁样品以及 3～4 滴酚酞，用稀释好的 NaOH 进行手动滴定。

六、数据记录及处理

1. 数据记录

(1) 电位滴定法测定磷酸滴定曲线及磷酸浓度

编号	1	2	3	4	5	6	7	8	9
V_{NaOH}/mL									
pH									

(2) 手动滴定法测定磷酸浓度

编号	1	2	3
V_{NaOH}/mL			

(3) 电位滴定法测定果汁样品酸度

编号	1	2	3	4	5	6	7	8	9
V_{NaOH}/mL									
pH									

(4) 手动滴定法测定果汁样品酸度

编号	1	2
V_{NaOH}/mL		

2. 实验结果

根据 (1) 数据，以 V_{NaOH}为横坐标、pH 值为纵坐标作 H_3PO_4滴定曲线，对 H_3PO_4滴定曲线的各点进行一阶近似微分，得曲线。在曲线上可分别找出磷酸的两个化学计量点对应的 pH 值。

根据滴定磷酸所消耗氢氧化钠的体积可计算出磷酸的浓度。

七、注意事项

实验过程中，使用了手动滴定法测定果汁样品滴定终点时所需氢氧化钠体积，但由于果汁样品具体成分以及含量为未知量，难以确定果汁中所含酸的种类，进而难以确定氢氧化钠体积与果汁中酸浓度之间的关系，因此，果汁的酸度在报告中无法求出，有待提出改进方法。

八、思考题

1. 在测量溶液 pH 值时，为什么 pH 计要用标准 pH 缓冲溶液进行定位？
2. 简述玻璃电极的使用注意事项。
3. 分析本实验产生误差的原因。

第十一节　色谱法实验

实验五十五　载气流速及柱温变化对分离度的影响

一、预习提要

1. 预习内容：第四章第八节的相关内容。
2. 什么是分离度？它的作用是什么？

3. 分离度的影响因素有哪些？如何控制这些影响因素？

二、实验目的

1. 进一步理解分离度的概念及其影响因素。

2. 掌握分离度的计算方法。

3. 进一步理解条件的选择对色谱分析的重要性。

三、实验原理

理论塔板数（n）或有效理论塔板数（$n_{有效}$）是衡量柱效的重要指标，从理论上讲，色谱柱的理论塔板数越多，表示组分在色谱柱中达到分配平衡的次数就越多，柱效越高。但不能确定各组分是否有被分离的可能，只能把它看作是在一定条件下柱分离能力发挥的程度的标志。分离度（R_s）可以作为色谱柱总分离效能的量化指标，因为它从本质上反映了热力学和动力学两方面的因素。分离度主要是针对两个相邻色谱峰而言，在混合物中一般指“难分离物质对”的相邻两峰之间的保留时间差别越大，越有利于分离，两峰的峰宽越窄，越有利于分离。

两组分保留值差别的大小取决于固定相的性质，即色谱柱的选择性。因此，分离度与固定相的选择性和柱效有密切的关系，可从分离度的表达式得出：

$$R_s=\frac{1}{4}\sqrt{n}\ \frac{\alpha-1}{\alpha}\frac{k}{1+k}$$

由此可见，分离度R_s是塔板数（n）、相对保留值（α）及容量因子（k）的函数，因此，可通过调整柱温、柱压和气、液体积等因素来改变n或α或k，从而达到改善分离度的目的。

四、仪器与试剂

1. 仪器

气相色谱仪、热导检测器、色谱柱10% SE-30（80～100目，ϕ4mm×2m）。

2. 试剂

氢气、乙醇、丙醇、丁醇标样及未知混合样。

五、实验内容

1. 开机步骤

① 打开载气，确保载气流经热导检测器，并调整流速为40mL·min^{-1}。

② 打开汽化室、柱箱、检测器的控温装置，将温度分别调整在150℃、100℃、120℃。

③ 打开桥电流，调至100mA。

④ 打开色谱处理器，待基线稳定后，输入测量参数，点火。

2. 进样

① 注入1μL未知样品，记录保留时间和半峰宽。

② 分别注入0.2μL乙醇、丙醇、丁醇标准样品，记录保留时间。

③ 注入空气样品，记录保留时间。

④ 柱温分别恒温在90℃、110℃、130℃，重复测量未知样品和空气的保留时间以及半峰宽，流速为40mL·min^{-1}。

⑤ 流速调整为10、20、60、80、100(mL·min^{-1})，重复测量未知样和空气的保留时间和半峰宽，柱温恒定在100℃。

3. 关机

实验结束后关闭电源，待柱温将至室温后关闭载气。

六、注意事项

1. 改变流速后，待仪器稳定后再进样。
2. 调整适当的峰宽参数以保证峰宽测量的准确性。
3. 为保证色谱柱的稳定性，切忌柱温升温过快。

七、基本操作达标考核

气相色谱仪操作考核项目

项目	评分要点	评分标准	分值	得分
一、气路连接（6分）	高压气瓶减压阀的连接	部件名称正确	2	
	减压阀与净化器的连接	连接点位置准确	2	
	净化器与仪器的连接	连接方法正确	2	
二、打开气源（6分）	打开高压气瓶减压阀	打开减压阀方法	6	
三、气路检漏（6分）	钢瓶至减压阀间的检漏	检漏点准确	2	
	气源至色谱柱间的检漏	使用肥皂水	2	
	汽化室至检测器间的检漏	有气泡则漏气	2	
四、开机操作（4分）	开机	打开电源开关	4	
五、调试操作（10分）	调节载气流量	用皂膜流量计	2	
	调节柱箱温度	OVEN 键及输入	2	
	调节汽化室温度	INJ 键及输入	2	
	调节检测器温度	TABA、B 键及输入	2	
	调节桥电流	TANGE 键及输入	2	
六、测量操作（30分）	样品处理	加入内标物或稀释	4	
	注射器使用前处理	用溶剂润洗 5～6 次	4	
	抽样操作	用样品润洗 5～6 次	4	
	进样操作	准确、规范	6	
	计时操作	进样后立即计时	4	
	注射器使用后处理	用溶剂润洗 5～6 次	4	
	整理实验台	摆放整齐擦拭干净	4	
七、关机操作（12分）	调节桥电流为零	TANGE 键及输入	4	
	调节温度至室温	按键调节	4	
	关机	关闭电源开关	4	
八、关闭气源（4分）	关闭高压气瓶减压阀	关闭减压阀方法	4	
九、数据处理（22分）	打印色谱图	操作正确	6	
	应用公式进行计算	公式运用正确	8	
	计算并报告结果	结果及表示准确	8	

八、数据记录及处理

1. 在给定的柱温和流速下，计算丙醇和乙醇、丙醇和丁醇的分离度。
2. 计算改变柱温后丙醇和乙醇、丙醇和丁醇的分离度。
3. 计算改变流速后丙醇和乙醇、丙醇和丁醇的分离度。

九、思考题

在给定条件下，如果使丙醇和相邻两峰的分离度 $R_s=1.5$，所需的柱长是多少（踏板高度为 $H=12\text{mm}$）?

实验五十六　气相色谱的定性和定量分析

一、预习提要

1. 预习内容：第四章第八节的相关内容。
2. 如何对样品进行定性和定量分析?
3. 如何配制二氯甲烷和四氯化碳的系列标准样品?

二、实验目的

1. 进一步巩固 SP-3420A 型气相色谱仪的基本操作。
2. 掌握用已知纯物质对照定性。
3. 掌握外标法色谱定量的方法。

三、方法原理

成功分离一个混合试样是气相色谱法完成定性及定量分析的前提和基础。衡量一对色谱峰分离的程度可用分离度 R_s 表示：

$$R_s=\frac{t_{R_2}-t_{R_1}}{\frac{1}{2}(Y_1+Y_2)}$$

式中　t_{R_1}、t_{R_2}——1、2 两组分的保留时间；

Y_1、Y_2——1、2 两组分的色谱峰峰底宽度。

如图 4-5 所示。当 $R_s=1.5$ 时，两峰完全分离；当 $R_s=1.0$ 时，98%分离。在实际应用中，$R_s=1.0$ 一般可以满足需要。

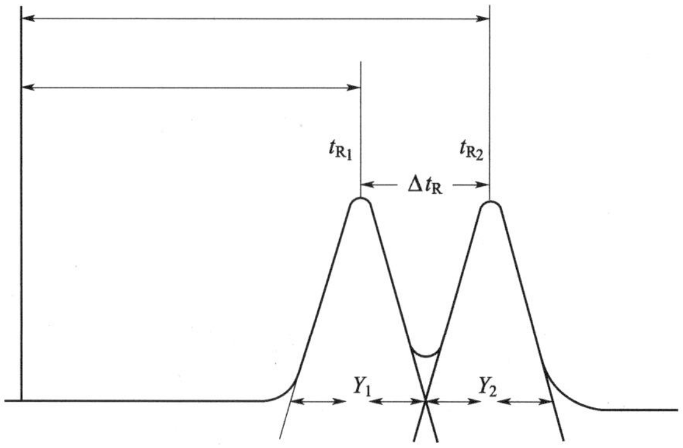

图 4-5　测量 t_R 和分离度

用色谱法进行定性分析的任务是确定色谱图上每一个峰所代表的物质。在色谱条件一定时，任何一种物质都有确定的保留值、保留时间、保留体积、保留指数及相对保留值等保留参数。因此，在相同的色谱操作条件下，通过比较已知纯样和未知物的保留参数或在固定相上的位置，即可确定未知物为何种物质。

当实验室有待测组分的纯样时，用与已知物对照进行定性极为简单。实验时，可采用单柱比较法、峰高加入或双柱比较法。

单柱比较法是在相同的色谱条件下，分别对已知纯样及待测试样进行色谱分析，得到两张色谱图，然后比较其保留参数。当两者的数值相同时，即可认为待测试样中有纯样组分存在。

四、仪器与试剂

1. 仪器

SP-3420A 型气相色谱仪、u-ECD 检测器、自动进样器、色谱柱（HP-5 石英毛细管柱）。

2. 试剂

二氯甲烷、四氯化碳标准品、石油醚（A. R. 级）、未知试样。

五、实验内容

① 认真阅读气相色谱仪操作说明。

② 在教师指导下，按照下列色谱条件开启色谱仪：

进样口：120℃；检测器：280℃；程序升温：初始温度 50℃，保持 2min；每分钟 20℃升至 100℃，保持 1min。

载气：高纯氮，2.0mL·min^{-1}；尾吹气：高纯氮，流速为 60mL·min^{-1}；分流进样 10∶1；进样量 1.0μL。

③ 用石油醚将二氯甲烷和四氯化碳标准样品配制成不同质量浓度的标准溶液，分别进二氯甲烷和四氯化碳标准样品以确定各自出峰时间。

④ 以四氯化碳作为内标添加入二氯甲烷中并进样，记住内标的添加量。

⑤ 在所确定的色谱条件下进行测定，进二氯甲烷添加四氯化碳作内标的标准样品，记录色谱图上峰的保留时间 t_R。

⑥ 在与操作 4 完全相同的条件下，进未知试样（内标添加量一致），记录色谱图峰的保留时间 t_R 及面积。

六、数据记录及处理

1. 记录数据 m_s、t_R、A_i、A_s，计算未知样的含量。

2. 采用内标法计算待测组分含量 m_i。

七、注意事项

1. 手动进样时，注意不要将气泡抽入针筒。

2. 开机前选择好最佳氢气、载气、空气的流量比。

八、思考题

1. 如何确定色谱图中主要峰的归属？

2. 气相色谱法有哪些检测器？

实验五十七 气相色谱法测定土壤中农药的残留量

一、预习提要

1. 预习内容：第四章第八节的相关内容。

2. 如何进行土壤样品中待测物质的提取和纯化？

3. 如何进行气相色谱法待测物质的定性、定量？

二、实验目的

1. 掌握从土样中提取有机氯农药的方法。

2. 掌握气相色谱法的定性、定量方法。

3. 掌握气相色谱仪的结构及操作技术。

三、实验原理

“六六六”农药有 7 种顺、反异构体（α、β、γ、δ、ε、η、θ 也称甲体、乙体、丙体、丁体、戊体、己体、庚体）。一般只检测前 4 种异构体。它们的物理化学性质稳定，不易分解，且具有水溶性低、脂溶性高、在有机溶剂中分配系数大的特点，因此，本法采用有机溶剂提取，浓硫酸纯化以消除或减小对分析的干扰，然后用电子捕获检测器进行检测。用标准化合物的保留时间定性，用峰高外标法定量。

四、仪器与试剂

1. 仪器

附有电子捕获检测器的气相色谱仪，水分快速测定仪，250mL 脂肪提取器，微量注射器，脱脂棉（用石油醚回流 4h 后，干燥备用），滤纸筒（适当大小滤纸用石油醚回流 4h 后，干燥做成筒状）。

2. 试剂

石油醚、丙酮、无水硫酸钠、2%无水硫酸钠、30～80 目硅藻土（celite）、α-六六六、β-六六六、γ-六六六、δ-六六六标准液。

五、实验内容

1. 标样的配制

将色谱纯 α-六六六、β-六六六、γ-六六六、δ-六六六用石油醚配制成 $200mg \cdot L^{-1}$ 的储备液，石油醚配制成适当浓度的使用标准液。

2. 土样的提取

称取经风干过 60 目筛的土壤 20.00g（另取 10.00g 测定水分含量）置于小烧杯中，加 2mL 水，4g 硅藻土，充分混合后，全部移入滤纸筒内，上部盖一滤纸，移入脂肪提取器中。加入 80mL（1∶1）石油醚-丙酮混合液浸泡 12h 后，加热回流提取 4h。回流结束后，使脂肪提取器上部有积聚的溶剂。待冷却后将提取液移入 500mL 分液漏斗中，用脂肪提取器上部溶液分 3 次冲洗提取器烧杯，将洗涤液并入分液漏斗中。向分液漏斗中加入 300mL 2%硫酸钠水溶液，振摇 2min，静置分层后，弃去下层丙酮水溶液，上层石油醚提取液供纯化用。

3. 纯化

在盛有石油醚提取液的分液漏斗中，加入 6mL 浓硫酸，开始轻轻振摇，并不断将分液漏斗中因受热释放的气体放出，以防压力太大引起爆炸，然后剧烈振摇 1min。静置分层后弃去下部硫酸层。用硫酸纯化数次，视提取液中杂质多少而定，一般 1～3 次，然后加入 100mL 2%硫酸钠水溶液，振摇洗去石油醚中残存的硫酸。静置分层后，弃去下部水相。上层石油醚提取液通过铺有 1cm 厚的无水硫酸钠层的漏斗（漏斗下部用脱脂棉支撑无水硫酸钠），脱水后的石油醚收集于 50mL 容量瓶中，无水硫酸钠层用少量石油醚洗涤 2～3 次。洗涤液也收集于上述容量瓶中，加石油醚稀释至刻度，供色谱测定。

4. 气相色谱测定

(1) 分析条件

检测器：电子捕获检测器。

色谱柱；DB-5 毛细管柱，长 30cm。

柱箱温度：初始温度为 60℃，以 20℃ · min^{-1} 升温至 180℃，再以 10℃ · min^{-1} 升温至 240℃。

汽化室温度：250℃。

检测器温度：300℃。

载气：氮气。

(2) 色谱分析

首先用微量进样器从进口定量注入各“六六六”标准样，各 2 次。记录进样量、保留时间及峰高或面积，计算时用平均值。再用同样的方法对样品进行进样分析，并进行记录。

六、数据记录及处理

1. 数据记录

六六六农药标样测定数据记录表

试剂		实验变量	α-六六六	β-六六六	γ-六六六	δ-六六六
标样	1	进样量				
		保留时间				
		峰高(面积)				
	2	进样量				
		保留时间				
		峰高(面积)				
样品		进样量				
		保留时间				
		峰高(面积)				

2. 数据处理

按下列公式计算“六六六”各异构体的量。

$$c_{样}=\frac{H_{样}\ C_{标}\ Q_{标}}{H_{标}\ Q_{样}\ RK}$$

式中 $c_{样}$——样品中“六六六”的含量，μg · kg^{-1}；

$H_{样}$——样品中相应峰的高度，mm；

$H_{标}$——标准溶液峰高，mm；

$C_{标}$——标准溶液浓度，μg · L^{-1}；

$Q_{标}$——标准溶液进样量，5μL；

$Q_{样}$——样品进样量，5μL；

K——样品提取液的体积相当于样品的质量，kg · L^{-1}，本法中 $K=\frac{20.00\times(1-M)}{50}$，$M$ 为土壤中水分的质量分数，%；

R——相应化合物的添加回收率，%。

七、注意事项

1. 进样量要准确，进样动作要迅速，每次进样后，注射器一定要用石油醚洗净，最好用氮气流冲干净，避免样品互相污染，影响测定结果。

2. 纯化时出现乳化现象可采用过滤、离心或反复滴液的方法解决。

3. 如果土样中“六六六”异构体浓度较低，则纯化的石油醚提取液用 K-D 液浓缩器浓缩至相应体积。

4. 相应化合物的添加回收率，可用相应浓度的该化合物标样添加到土样中测定。

八、思考题

如何保证土壤样品中“六六六”的提取和纯化的准确度？

实验五十八　气相色谱法测定酒中甲醇含量

一、预习提要

1. 如何配制外标法标准溶液？

2. 如何利用外标法测定待测物质的含量？

二、实验目的

1. 掌握标准溶液的配制。

2. 掌握外标法定量的原理。

3. 掌握利用外标法测定试样中被测组分含量。

三、实验原理

在酿造白酒的过程中，不可避免地有甲醇产生。根据国家标准（GB 10343），食用酒精中甲醇含量应低于 $0.1g \cdot L^{-1}$（优级）或 $0.6g \cdot L^{-1}$（普通级）。利用气相色谱可分离、检测白酒中的甲醇含量。

外标法，也称标准校正法，是所有定量分析中最通用的一种定量方法。具体方法是通过配制一系列组成与试样相近的标准溶液，按标准溶液谱图，可求出每个组分浓度或量与相应峰面积或峰高校准曲线。按相同色谱条件试样色谱图相应组分峰面积或峰高，根据校准曲线可求出其浓度或量。但它是一个绝对定量校正法，标样与测定组分为同一化合物，分离、检测条件的稳定性对定量结果影响很大。为获得高定量准确性，定量校准曲线经常重复校正是必需的。在实际分析中，可采用单点校正。只需配制一个与测定组分浓度相近的标样，根据物质含量与峰面积成线性关系，当测定试样与标样体积相等时：

$$m_i = \frac{m_s A_i}{A_s}$$

$$m_i = \frac{m_s h_i}{h_s}$$

式中　m_i，m_s——试样和标样中测定化合物的质量（或浓度）；

A_i，A_s——试样和标样相应峰面积；

h_i，h_s——试样和标样相应峰高。

本实验白酒中甲醇含量的测定采用单点校正法，即在相同的操作条件下，分别将等量的试样和含甲醇的标样进行色谱分析，由保留时间可确定试样中是否含有甲醇，比较试样和标样中甲醇峰的峰高，可确定试样中甲醇的含量。

四、仪器与试剂

1. 仪器

SP-3420A 型气相色谱仪、火焰离子化检测器、1mL 微量注射器、25mL 容量瓶 7 支、1μL 微量注射器 2 支。

2. 试剂

甲醇（色谱纯）、60％乙醇水溶液（不含甲醇）。

五、实验内容

1. 标准溶液的配制

用体积分数为 60％的乙醇水溶液为溶剂，分别配制浓度为 $1g \cdot L^{-1}$、$3g \cdot L^{-1}$、$5g \cdot L^{-1}$、$7g \cdot L^{-1}$的甲醇标准系列溶液。

2. 色谱条件

色谱柱：HP-5 石英毛细管柱（30m×0.25mm×0.25mm）；N_2（载气）流速 $40mL \cdot min^{-1}$，H_2 流速 $40mL \cdot min^{-1}$，空气流速 $450mL \cdot min^{-1}$；进样量：0.5μL；柱温：170℃；检测器温度：190℃；汽化室温度：190℃。

3. 操作

通载气，启动仪器，设定以上温度条件。待温度升至所需值时，打开氢气和空气，点燃 FID（点火时，H_2的流量可大些），缓缓调节 N_2、H_2及空气的流量，至信噪比较佳时为止。待基线平稳后即可进样分析。

在上述色谱条件下用微量注射器分别吸取 0.5μL 标准溶液，得到色谱图，记录甲醇的保留时间。在相同条件下进白酒样品 0.5μL，得到色谱图，根据保留时间确定甲醇峰。

4. 结束工作

实验结束后清洗进样器，关闭色谱仪和气源，清理实验台，填写记录本。

六、数据记录与处理

1. 数据记录

甲醇标准系列溶液及试样溶液中色谱峰高

浓度	甲醇标准系列溶液/$g \cdot L^{-1}$				试样溶液
	0.1	0.3	0.5	0.7	c_x
色谱峰高					

2. 数据处理

按下式计算白酒样品中甲醇的含量：

$$m_i = \frac{m_s h_i}{h_s}$$

比较 h_i和 h_s的大小即可判断白酒中甲醇是否超标。

七、注意事项

1. 必须先通入载气，再开电源，实验结束时应先关掉电源，再关载气。

2. 色谱峰过大过小，应利用“衰减”键调整。

3. 注意气瓶温度不要超过 40℃，在 2m 以内不得有明火。使用完毕，立即关闭氢气钢瓶的气阀。

八、思考题

1. 外标法定量的特点是什么？它的主要误差来源有哪些？

2. 如何检查 FID 是否点燃？分析结束后，应如何关气、关机？

3. 如何确定样品中测定组分的色谱峰位置？

实验五十九　毛细管气相色谱法测定白酒的成分

一、预习提要

1. 如何进行程序升温？

2. 了解毛细管柱的功能、操作方法与应用。

二、实验目的

1. 掌握程序升温在气相色谱分析中的重要作用。

2. 掌握程序升温的操作方法。

3. 掌握毛细管柱的功能、操作方法与应用。

三、实验原理

气相色谱法是采用气体作为流动相的一种色谱法，多组分的试样通过色谱柱得到分离，主要是通过物质在固定相和流动相（气相）之间发生吸附、脱附和溶解、挥发的分配过程。气相色谱法应用于气体试样的分析，也可以分析易挥发或可转化为易挥发物质的液体和固体。但其不适用于高沸点、热敏性物质的检测。

氢火焰离子化检测器是以氢气和空气燃烧生成的火焰为能源，当有机化合物进入以氢气和氧气燃烧的火焰，在高温下产生化学电离，电离产生的离子，在高压电场的作用下，形成离子流，经过高阻（$10^6 \sim 10^{11}\Omega$）放大，成为与进入火焰的有机化合物量成正比的电信号，因此可以根据信号的大小对有机物进行定量分析。

本实验采用程序升温，低沸点先出峰，高沸点后出峰。白酒中微量芳香成分复杂，可分为醇、醛、酯、酮等多类物。

四、仪器与试剂

1. 仪器

气相色谱仪：氢火焰离子化检测器程序升温装置。

毛细管色谱柱柱长 25m，内径 0.25mm，SE-54 固定相。

微量进样器 1μL。

2. 试剂

氮气、氢气、压缩空气、乙醛、甲醇、乙酸乙酯、正丙醇、仲丁醇、乙缩醛、异丁醇、正丁醇、丁酸丁酯、乙酸正丁酯（内标）、异戊醇、戊酸乙酯、乳酸乙酯、己酸乙酯（均为 G. C. 级）、市售白酒一瓶。

五、实验内容

1. 色谱操作条件

调节载气流量为 30mL · min^{-1}，调分流比为 1∶100，设置柱箱程序升温。初始温度 50℃，保持 6min 后，以 4℃ · min^{-1}的速度升至 220℃保持恒温，汽化室温度为 250℃。

2. 标样的配制

分别吸取乙醛、甲醇、乙酸乙酯、正丙醇、仲丁醇、乙缩醛、异丁醇、正丁醇、丁酸丁酯、乙酸正丁酯（内标）、异戊醇、戊酸乙酯、乳酸乙酯、己酸乙酯各 2.0mL，用 60%乙醇定容至 100mL。

3. 内标的配制

吸取乙酸正丁酯 2.0mL，用 60%乙醇定容至 100mL。

(1) 混合标样（带内标）的配制

分别吸取标样 0.80mL 与内标 0.40mL 混合，用 60%乙醇溶液配成 25mL 混合标样。

(2) 白酒试样的配制

取白酒试样 10mL，加入 2%内标 0.40mL，混合均匀。

4. 标样的分析

通氢气和空气，空气流量为 500mL·min^{-1}，氢气流量为 50mL·L^{-1}，点火并检查火焰是否点着，打开色谱工作站，输入测量参数，走基线。待基线稳定后，一次用微量注射器吸取乙醛、甲醇、乙酸乙酯、正丙醇、仲丁醇、乙缩醛、异丁醇、正丁醇、丁酸丁酯、乙酸正丁酯（内标）、异戊醇、戊酸乙酯、乳酸乙酯、己酸乙酯标样溶液 0.2μL，进样分析，记录下样品名对应的文件名，打印出色谱图和分析结果。

5. 白酒试样的分析

用微量注射器吸取混合标样 0.2μL，进样分析，记录样品名和对应文件名，打印色谱图及分析结果，重复测定两次。

用微量注射器吸取白酒试样 0.2μL，进样分析，记录样品名和对应文件名，打印色谱图及分析结果，重复测定两次。

六、数据记录及处理

1. 数据记录

定性：测定酒样中各组分的保留时间，求出相对保留值（r），即各组分与标准物（异戊醇）的保留时间的比值，将酒样中各组分的相对保留值与标样的相对保留值进行比较定性。

2. 数据处理

计算酒样中各物质的质量分数（w_i），计算公式为：

$$w_i = \frac{h_i}{h_s} \times \frac{m_s}{m_i} \times f$$

七、注意事项

1. 毛细管柱易碎，安装时要特别小心。
2. 进样量不宜太大。

八、思考题

毛细管气相色谱法的优点有哪些？

实验六十 高效液相色谱法测定果汁中有机酸含量

一、预习提要

1. 预习内容：第四章第八节的相关内容。
2. 如何利用外标法进行定性和定量分析？
3. 外标法标准溶液的配制和标准曲线的绘制。

二、实验目的

1. 了解 HPLC 在食品分析中的应用。

2. 掌握 HPLC 仪器的基本构造和工作原理，学习仪器的基本操作。

3. 掌握外标法标准溶液的配制和标准曲线的绘制。

三、实验原理

在食品中，主要的有机酸是乙酸、乳酸、丁二酸、苹果酸、柠檬酸、酒石酸等。这些有机酸在水溶液中有较大的离解度。食品中有机酸来源有三个：一是从原料中带来的；二是在生产过程中（如发酵）生成的；三是作为添加剂加入的。有机酸在波长 210nm 附近有较强的吸收。在酸性（pH 2～5）流动相条件下，上述有机酸的离解得到抑制，利用分子状态的有机酸的疏水性，使其在 ODS 固定相中保留。不同有机酸的疏水性不同，疏水性大的有机酸在固定相中保留强，疏水性小的有机酸在固定相中保留弱，以此得到分离。

本实验采用外标法测定苹果汁中的苹果酸和柠檬酸。

四、仪器与试剂

1. 仪器

高效液相色谱仪、紫外检测器、超声波清洗器、流动相过滤器、玻璃皿、25μL 平头微量注射器。

2. 试剂

苹果酸和柠檬酸（优级纯）、磷酸二氢铵（分析纯）、苹果汁。

五、实验内容

1. 溶液的配制

苹果酸和柠檬酸标准溶液：称取优级纯苹果酸和柠檬酸，用蒸馏水分别配制 $1000mg \cdot L^{-1}$的浓溶液，使用时用蒸馏水或流动相稀释 5～10 倍。两种有机酸的混合溶液（各含 $100 \sim 200mg \cdot L^{-1}$）用它们的浓溶液配制。

磷酸二氢铵溶液（$4mmol \cdot L^{-1}$）：称取分析纯磷酸二氢铵，用蒸馏水配制，然后用 4.5μm 水相滤膜减压过滤。

苹果汁：市售苹果汁用 0.45μm 水相滤膜减压过滤后，置于冰箱中冷藏保存。

2. 按仪器操作说明规定的顺序依次打开仪器各单元的电源。

3. 设置条件

Zorbax ODS 色谱柱 [4.6mm(i.d.)×150mm]；$4mmol \cdot L^{-1}$磷酸二氢铵水溶液作流动相；流速 $1.0mL \cdot min^{-1}$；柱温 30～40℃；紫外检测波长 210nm。

4. 苹果酸和柠檬酸标准溶液的分析测定

待基线稳定后，用 25μL 平头微量注射器分别进样苹果酸和柠檬酸标准溶液各 20mL，记录样品名对应的文件名，并打印出优化处理后的色谱图和分析结果。

5. 苹果汁样品的分析测定

重复注射进样苹果汁样品 20μL 三次，分析结束后记录下样品名对应的文件名，并打出优化处理后的色谱图和分析结果。将苹果汁样品的分离谱图与苹果酸和柠檬酸标准溶液色谱图比较，即可确认苹果汁中苹果酸和柠檬酸的峰位置。如果分离不完全，可适当调整流动相浓度或流速。

6. 混合标准溶液的分析测定

进样 $100mg \cdot L^{-1}$苹果酸和柠檬酸混合标准溶液 20μL，分析完毕后，记录下样品名对应的文件名，并打出优化处理后的色谱图和分析结果。

7. 结束工作，关机，清理台面，填写仪器使用记录。

六、注意事项

1. 饮料试样必须经过脱气、过滤处理，不能直接进样。因为直接进样虽然操作简单，但会影响色谱柱的寿命。

2. 试样和标准溶液需要冷藏保存。

七、基本操作达标考核

高效液相色谱仪操作考核项目

项目	评分要点	评分标准	分值	得分
一、流动相的处理(11分)	流动相混合比例	比例适当	3	
	滤膜选择	滤膜选择正确	3	
	抽滤装置的安装	装置安装、脱气方法正确	3	
	流动相脱气	15～20min	2	
二、开机、调试(20分)	色谱柱的选择及安装	选择、安装正确	2	
	流动相的更换	将带有过滤头的输液管线插入储液器中，并确保浸没在溶剂中	2	
	输液泵的开启	打开高压输液泵电源	1	
	放空排气	排除气泡，使新的流动相从放空阀流出20mL左右	2	
	流量参数设定	设定正确	3	
	时间参数设定	设定正确	3	
	检测器预热	时间正确	3	
	波长参数设定	测定的波长	2	
	流动相流量设定	需要的流量	2	
三、测量操作(44分)	打开工作站	打开工作站电源并启动系统软件	3	
	方法设定(采集时间、通道、积分方法)	设定正确	3	
	样品处理	加入内标物	2	
	注射器使用前处理	用溶剂润洗5～6次	4	
	取样操作	用样品润洗5～6次	4	
	取样体积	取样准确	6	
	进样操作	准确	4	
	进样阀位置	采集时处于Load，进样时处于Inject	6	
	启动数据采集	操作正确	4	
	结束数据采集	操作正确	4	
	存储谱图信息	操作正确	4	
四、实验结束(9分)	关机	调节流动相为零，关闭电源开关	4	
	注射器使用后处理	用溶剂润洗5～6次	3	
	整理实验台	摆放整齐擦拭干净	2	
五、数据采集和处理(16分)	包括数据的采集、峰积分、数据记录、应用公式进行计算	数据采集、峰积分、公式运用正确	8	
	计算并报告结果	定性、定量结果	8	

八、数据记录及处理

苹果酸和柠檬酸的分析数据记录表

成分	测定次数	保留时间	各次测定值/$mg \cdot L^{-1}$	平均值/$mg \cdot L^{-1}$
苹果酸	1			
	2			
	3			
柠檬酸	1			
	2			
	3			

九、思考题

1. 如果压力指示值突然降低或升高，主要原因和对策是什么？

2. 假设用50%的甲醇或乙醇作流动相，你认为有机酸的保留值怎样变化？分离效果怎样？

第十二节　常用的分离方法实验

实验六十一　离子交换树脂交换容量的测定

一、预习提要

1. 离子交换树脂的结构、组成、分类。
2. 离子交换树脂在分析化学中的主要应用。
3. 什么是离子交换树脂的交换容量？如何测定之？
4. 怎样处理树脂？怎样装柱？应分别注意什么问题？

二、实验目的

1. 了解离子交换树脂的性质、交换容量的意义及在分析化学中的应用。
2. 掌握离子交换树脂全交换容量和工作交换容量的测定方法。
3. 掌握离子交换的柱上操作技术。

三、实验原理

离子交换树脂是具有网状结构的有机高分子聚合物，通常是由苯乙烯和二乙烯苯聚合而成。网状结构的骨架一般很稳定，不溶于酸、碱和一般溶剂。在溶液中它能将本身的离子与溶液中的同号离子进行交换。在网状结构上有很多可被交换的活性基团。根据活性基团的不同，树脂可分为阳离子交换树脂（含有—SO_3H、—COOH、—OH等）和阴离子交换树脂［含有—$N(CH_3)_2$、—NH_2、—$NHCH_3$等］，根据酸性基团和碱性基团酸碱性的强弱，树脂又可分为强酸性、弱酸性阳离子交换树脂，强碱性、弱碱性阴离子交换树脂。

阳离子交换树脂大都含有磺酸基（—SO_3H）、羧基（—COOH）或苯酚基（—C_6H_4OH）等酸性基团，其中的氢离子能与溶液中的金属离子或其他阳离子进行交换。例如苯乙烯和二乙烯苯的高聚物经磺化处理得到强酸性阳离子交换树脂，其结构式可简单表示为 $R—SO_3H$，式中 R 代表树脂母体，其交换原理为：

$$2R—SO_3H+Ca^{2+} = (R—SO_3)_2Ca+2H^+$$

阴离子交换树脂含有季铵基、氨基或亚氨基等碱性基团。它们在水中能生成 OH^-，可与各种阴离子起交换作用，其交换原理为：

$$R—N(CH_3)_3OH+Cl^- = R—N(CH_3)_3Cl+OH^-$$

由于离子交换作用是可逆的，因此用过的离子交换树脂一般用适当浓度的无机酸或碱进行洗涤，可恢复到原状态而重复使用，这一过程称为再生。阳离子交换树脂可用稀盐酸、稀硫酸等溶液淋洗；阴离子交换树脂可用氢氧化钠等溶液处理，进行再生。

离子交换树脂的用途很广，在分析化学中主要应用于分离和富集两个方面。

因为阳离子交换树脂上能交换阳离子，阴离子交换树脂上能交换阴离子，故可以进行阴、阳离子的分离，用于硬水软化及实验室制取去离子水。

另外，根据离子对树脂亲和力的不同，可以分离同性电荷离子（如同是阳离子或同是阴离子）的各种组分，这种分离方法称离子交换色谱法。

当测定组分的含量很低时，可以通过离子交换反应进行浓缩，例如分析海水、江水中某组分时，可以将大体积的水样通过交换树脂，然后用小体积的洗脱液洗脱，这样被测组分就得以浓缩了。

交换容量是指每克干树脂所交换的离子（相当于一价离子）的物质的量，它标志着离子交换树脂交换能力的大小，是衡量树脂性能的重要指标，一般使用的树脂交换容量为 $3\sim6mmol \cdot g^{-1}$。

交换容量可分为全交换容量和工作交换容量（也称操作交换容量）。树脂所含可交换离子全部发生交换反应称为全交换容量，代表树脂中所有交换基团的总数，它是树脂的特征常数，不随实验条件变化。在一定操作条件下实际测得的交换容量称为工作交换容量。它是指在实际操作条件下单位质量树脂中实际参加交换反应的活性基团数。它的大小不是固定的，而是与溶液的离子浓度、树脂床的高度、流速、树脂粒度的大小以及交换基团的类型等因素有关。

本实验以强酸性阳离子交换树脂（RH）为例，介绍测定全交换容量和工作交换容量的方法。

测定树脂的交换容量常用的方法有静态法和动态法两种。

静态法测定的是全交换容量。其方法是：向一定量已处理成中性的 H 型阳离子干树脂中加入一定过量的 NaOH 标准溶液浸泡。Na^+ 与树脂上全部的 H^+ 发生交换反应后，用 HCl 标准溶液滴定过量的 NaOH。有关反应为：

交换反应：$RH+NaOH = RNa+H_2O$（交换完全）

滴定反应：$NaOH+HCl = H_2O+NaCl$

动态法测定的是工作交换容量。其方法是：将一定量已处理成中性的 H 型阳离子干树脂装入交换柱中，然后用 Na_2SO_4 溶液以一定的流量通过交换柱。Na^+ 与交换柱中树脂上的 H^+ 进行交换，交换下来的 H^+ 用 NaOH 标准溶液滴定。有关反应为：

交换反应：$RH+NaOH = RNa+H_2O$（实际条件下交换的量）

滴定反应：$H^+ +OH^- = H_2O$

交换柱的装置见图4-6，其中(a) 是用滴定管代替或特制的；(b) 是特制的，其中曲管顶端比树脂面高出数厘米，可以防止液体流干，让树脂始终浸泡在液面以下。

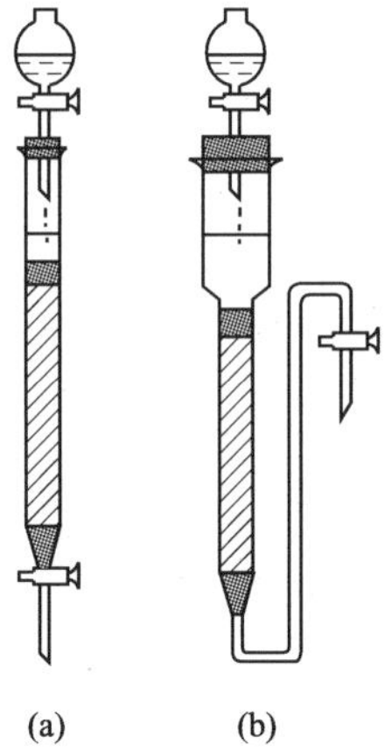

图4-6 离子交换柱

四、基本操作

树脂的预处理、装柱、交换、再生。

五、仪器与试剂

1. 仪器

天平、台秤、烘箱、酸式和碱式滴定管、离子交换柱（可用50mL酸式滴定管代用）、烧杯、移液管（25mL）、容量瓶（250mL）、锥形瓶（250mL）。

2. 试剂

732型强酸性阳离子交换树脂、滤纸、玻璃棉、$4mol \cdot L^{-1}$ HCl、$0.1mol \cdot L^{-1}$ HCl标准溶液（自己标定为准确浓度）、$0.1mol \cdot L^{-1}$ NaOH标准溶液（自己标定为准确浓度）、$0.5mol \cdot L^{-1}$ Na_2SO_4、$1g \cdot L^{-1}$甲基橙、$1g \cdot L^{-1}$酚酞乙醇溶液、邻苯二甲酸氢钾基准物。

六、实验内容

1. 树脂的准备（此项工作于前两周实验时进行）

(1) 树脂的预处理

市售的阳离子交换树脂一般为Na型（RNa），使用前须将其用酸处理，使其变为H型（RH）。

$$RNa + H^+ \longrightarrow RH + Na^+$$

称取30g 732型阳离子交换树脂于烧杯中，加150mL $4mol \cdot L^{-1}$ HCl，搅拌，浸泡1～2天，以溶解除去树脂中的杂质，并使树脂充分溶胀。若浸出的溶液呈较深的黄色，应换新鲜的HCl再浸泡一些时间，倾出上层HCl清液，然后用纯水漂洗树脂至中性（pH试纸检查），即得到H型阳离子交换树脂RH。

(2) 树脂的干燥

树脂的干燥可自然晾干，也可用烘箱烘干。

自然晾干：将预处理好的RH树脂中的纯水全部倒掉，然后将树脂倒在干净的瓷盘上，摊开，于阳光下自然干燥3～5天。恒重为止，要注意不要有灰尘落入。

烘箱烘干：将预处理好的RH树脂中的纯水倒掉，然后用滤纸吸干水，将树脂装在培养皿中，于烘箱中在105℃下干燥1h，取出放于干燥器中，冷却至室温后称重。然后再将树脂放回烘箱中，在105℃下干燥半小时，取出，冷却，称量。反复多次，直至恒重为止。

2. 静态法测定树脂的全交换容量

① 静态交换平衡（提前一天进行） 在分析天平上准确称取已处理好的H型阳离子交换树脂1.00g放入干燥的250mL磨口锥形瓶中，准确加入100.0mL 0.10mol·L^{-1} NaOH标准溶液，盖好磨口瓶盖，放置24h，使之达到交换平衡。

② 过量NaOH溶液的滴定 用25mL移液管吸取上层清液25.00mL于一锥形瓶中，加入2滴酚酞指示剂，用0.1mol·L^{-1}的HCl标准溶液滴定到粉红色刚好褪去，即为终点，记下所消耗的HCl标准溶液的体积，平行滴定三次。

③ 总交换容量的计算

$$总交换容量=\frac{c_{NaOH}V_{NaOH}-c_{HCl}V_{HCl}}{干树脂的质量\times\frac{25.00}{100.0}}(mmol\cdot g^{-1})$$

实验完毕后，将树脂统一回收到烧杯中，以便再生处理。

3. 动态法测定树脂的工作交换容量

① 浸泡树脂（提前一天进行） 准确称取已处理好的H型阳离子交换树脂20.00g于烧杯中，加纯水100mL，浸泡1天，使树脂充分溶胀。

② 装柱 用长玻璃棒将润湿的玻璃棉塞在交换柱的下面（不要太紧），使其平整，加10mL纯水，用玻璃棒捣去玻璃棉上的气泡。将上述树脂连水加入柱中，要防止混入气泡，为防止加试液时树脂被冲起，在上面亦铺一层玻璃棉。柱高约15～20cm，用纯水洗树脂至流出液为中性（与所用纯水pH相同），然后放出多余的水。在装柱和以后的使用过程中，必须使树脂层始终浸泡在液面以下约1cm处。

③ 交换 向交换柱中逐渐加入0.5mol·L^{-1}的Na_2SO_4溶液，调节流速为2～3mL·min^{-1}，用250mL容量瓶收集流出液，流过150mL Na_2SO_4溶液后，经常检查流出液的pH，直至流出液的pH与加入的Na_2SO_4溶液pH相同时，停止交换。将收集液稀释至刻度，摇匀。

④ 滴定 用移液管移取25.00mL上述经稀释后的流出液于250mL锥形瓶中，加入2滴酚酞，用NaOH标准溶液滴至微红色半分钟不褪色为终点，平行测定三份。

⑤ 工作交换容量的计算

$$工作交换容量=\frac{c_{NaOH}V_{NaOH}}{干树脂的质量\times\frac{25.00}{250.0}}(mmol\cdot g^{-1})$$

实验完毕后，将树脂统一回收到烧杯中，以便再生处理，取出玻璃棉。

七、注意事项

1. 如果树脂中间有气泡，溶液将不是均匀地流过树脂层，而是顺着气泡流下，发生"沟流现象"，使得某些部位的树脂没有发生离子交换，使交换、洗脱不完全，影响分离效果。如果树脂中间有气泡，可加水至高于液面4～5cm，用长玻璃棒搅拌排除气泡，也可反复倒置交换柱，排除气泡。如果仍不奏效，就应重新装柱。

2. 在装柱和以后的交换过程中，不能出现树脂床流干的现象。流干时，形成固-气相，交换不能进行。流干现象，可由产生的气泡看出来。出现流干时，需重新装柱。

八、数据记录及处理

c_{NaOH}(mol·L^{-1})=　　　　V_{NaOH}(mL)=　　　　c_{HCl}(mol·L^{-1})=

<table>
<tr><td colspan="2">数据　序号
项目</td><td>1</td><td>2</td><td>3</td></tr>
<tr><td rowspan="7">总交换容量的测定</td><td>$m_{树脂+称量瓶}$(倾出前)/g
$m_{树脂+称量瓶}$(倾出后)/g
$m_{树脂}$(倒出量)/g</td><td colspan="3"></td></tr>
<tr><td>V_{HCl}终读数/mL
V_{HCl}初读数/mL
V_{HCl}/mL</td><td></td><td></td><td></td></tr>
<tr><td>总交换容量/mmol·g^{-1}</td><td></td><td></td><td></td></tr>
<tr><td>总交换容量的平均值</td><td colspan="3"></td></tr>
<tr><td>$|d_i|$</td><td></td><td></td><td></td></tr>
<tr><td>平均偏差 $\overline{d}$</td><td colspan="3"></td></tr>
<tr><td>相对平均偏差/%</td><td colspan="3"></td></tr>
<tr><td rowspan="7">工作交换容量的测定</td><td>$m_{树脂+称量瓶}$(倾出前)/g
$m_{树脂+称量瓶}$(倾出后)/g
$m_{树脂}$(倒出量)/g</td><td></td><td></td><td></td></tr>
<tr><td>V_{NaOH}终读数/mL
V_{NaOH}初读数/mL
V_{NaOH}/mL</td><td></td><td></td><td></td></tr>
<tr><td>工作交换容量/mmol·g^{-1}</td><td></td><td></td><td></td></tr>
<tr><td>工作交换容量的平均值</td><td colspan="3"></td></tr>
<tr><td>$|d_i|$</td><td></td><td></td><td></td></tr>
<tr><td>平均偏差 $\overline{d}$</td><td colspan="3"></td></tr>
<tr><td>相对平均偏差/%</td><td colspan="3"></td></tr>
</table>

九、思考题

1. 树脂层中为何不能有气泡存在？若有气泡如何处理？

2. 交换树脂可以反复使用吗？如何使树脂再生？

3. 如何使阳离子交换树脂转变成 Na^+ 型和 NH_4^+ 型、使阴离子交换树脂转变成 Cl^- 型和 OH^- 型？

实验六十二　离子交换法分离 Co^{2+} 和 Cr^{3+}

一、预习提要

1. 了解离子交换技术分离金属离子的实验方法和基本原理。

2. 在交换过程中，柱中产生的气泡对分离有什么影响？

3. 若溶液层的顶部未达到树脂层的顶部时，就将 HCl 淋洗剂滴加到交换柱中，会产生什么结果？

二、实验目的

1. 了解离子交换技术分离金属离子的实验方法和基本原理。

2. 学会离子交换法的基本操作。

三、实验原理

由于强酸型阳离子交换树脂（RSO_3H）对不同的阳离子具有不同的吸附亲和力，且吸附亲和力的大小主要取决于阳离子（M^{n+}）所带电荷的多少，一般为 $M^+ < M^{2+} < M^{3+}$。因此，把带有不同电荷阳离子的混合液加入阳离子交换树脂柱内时，由于树脂对不同电荷阳离子的吸附亲和力不同，在交换柱上形成了不同的谱带。所以，Co^{2+} 和 Cr^{3+} 混合液可以在树脂上形成两个谱带。在酸性条件下，树脂和被吸附的阳离子之间有如下平衡：

$$nRSO_3H + M^{n+} \rightleftharpoons (RSO_3)_nM + nH^+$$

该平衡主要由阳离子的浓度和电荷数量以及体系的酸度来决定。如果增大体系的酸度，上述平衡向左移动，被吸附的阳离子将根据它们与树脂结合程度的不同而先后被 H^+ 取代下来。通常 M^+ 最容易被淋洗剂中的 H^+ 取代下来而最先从交换柱的底部流出。M^{2+} 需要提高淋洗剂的酸度才能从树脂上被淋洗下来。如果取代与树脂结合最紧密的 M^{3+}，则淋洗剂的酸度要比前两者大得多。对于 Co^{2+} 和 Cr^{3+} 体系，用不同浓度的 HCl 溶液淋洗，即可将 Co^{2+} 和 Cr^{3+} 分离。

四、仪器与试剂

1. 仪器

离子交换柱（可用酸式滴定管代替）、烧杯、玻璃漏斗、试管、量筒、圆头长玻璃棒。

玻璃棉：用 HCl 处理后，洗至中性，浸泡水中。

2. 试剂

阳离子强酸型树脂、5% HCl、0.8mol·L^{-1} HCl、2mol·L^{-1} HCl、3%双氧水、400g·L^{-1} NaOH、6mol·L^{-1}乙酸、0.1mol·L^{-1}乙酸铅、NaF、NH_4SCN-戊醇的饱和溶液。

Co^{2+} 和 Cr^{3+} 混合液：在 80mL pH 值约为 1～2 的水中分别加入 5.0g $CoCl_2 \cdot 6H_2O$ 和 5.0g $CrCl_3 \cdot 6H_2O$，加热，微沸 10min（加热时要盖上表面皿），冷却至室温。

五、实验内容

1. 树脂的预处理、转型（由实验室准备）

① 预处理　用清水清洗钠型阳离子树脂，直至清洗液中无污浊为止。用清水浸泡 2～4h，使树脂充分膨胀，然后将水倒去。

② 转型　用 5% HCl 溶液浸泡阳离子树脂 8h，将酸倒掉，用水反复冲洗，直至清洗阳离子树脂的水的 pH 值为 6～7，用蒸馏水浸泡树脂，备用。

2. 装柱

交换柱洗涤干净后，将玻璃棉搓成花生粒大小的小球，用圆头长玻璃棒将其送入交换柱底部，并使玻璃棉平整，再加入 10mL 纯水。将树脂和水边搅拌边倒入交换柱中，树脂在水中沉降后，应均匀、无气泡。装至柱高 10cm 左右，打开活塞，放出多余的水，树脂床上面应保持 1cm 左右的液面，并用水洗至 pH＝6～7，即可进行交换。

3. 混合液装柱

放出交换柱中多余的水，当交换柱内的水层几乎接近树脂时，加入 1mL 混合液，打开螺旋夹，直至溶液层接近树脂层的高度。

4. Co^{2+}、Cr^{3+} 的分离

当溶液层和树脂层的顶部接近时，由交换柱的上部滴加 0.8mol·L^{-1} HCl 淋洗剂，淋洗速度为每滴 2～3s。在交换柱的底部先用小烧杯收集淋出液，当树脂层的粉红色接近底部时，改用小量筒收集淋出液，并以约每 5mL 一份分别转移到小试管中。观察淋出液颜色的变化。当流出液的颜色消失后，用 NaF 及 NH_4SCN-戊醇的饱和溶液检查 Co^{2+} 是否全部被淋洗下来。

当确认 Co^{2+} 已被全部淋洗出后，改用 2mol·L^{-1} HCl 淋洗树脂，淋洗速度为每滴 4～5s，当蓝紫色层接近底部时，改用小量筒收集淋出液，并以约每 3mL 一份分别转移到小试管中。观察淋出液颜色的变化，并不断用 40% NaOH、3% H_2O_2、0.1mol·L^{-1} $Pb(Ac)_2$ 检验 Cr^{3+} 是否全部淋出。当确认离子被全部淋出后，用水淋洗树脂，淋洗速度约为 1 滴/s，直至流出液的 pH=6～7。

5. Co^{2+}、Cr^{3+} 的检验方法

① 用小试管取约 1mL 淋出液，加入约黄豆粒大小的固体 NaF，再加入 0.5mL NH_4SCN-戊醇的饱和溶液，摇动。如果戊醇层呈蓝色，则证明有 Co^{2+} 存在。

② 用小试管取约 1mL 淋出液，加入 10 滴 40% NaOH 和 10 滴 3% H_2O_2 溶液，摇动。在水浴上煮沸 5min，冷却到室温。加 6mol·L^{-1} HAc 溶液至 pH=5～6，再加 2～3 滴 0.1mol·L^{-1} $Pb(Ac)_2$ 溶液，如果出现黄色沉淀，则有 Cr^{3+} 存在。

实验完毕后，将树脂统一回收到烧杯中，以便反复使用，取出玻璃棉。

六、注意事项

同实验六十一。

七、思考题

1. 离子交换树脂使用前为什么要先用酸溶液浸泡？
2. 交换柱直径大小以及流速快慢对分离有什么影响？

实验六十三　纸色谱法分离食用色素

一、预习提要

1. 纸色谱法分离合成色素时，流动相和固定相各是什么？作用是什么？
2. 洗涤聚酰胺时要注意哪几个方面？为什么？

二、实验目的

1. 了解纸色谱法分离食用色素的原理。
2. 掌握样品中色素的富集及测定方法。
3. 初步掌握点样、展开及显色操作技术。

三、实验原理

纸色谱法是以滤纸作为支撑体的分离方法，利用滤纸吸湿的水分作固定相，有机溶剂作流动相。流动相由于毛细作用自下而上移动，样品中的各组分将在两相中不断进行分配，由于它们的分配系数不同，不同溶质随流动相移动的速度不等，因而形成与原点距离不同的层析点，达到分离的目的。各组分在滤纸上移动的情况用比移值 R_f 表示。在一定条件下（如温度溶剂组成、滤纸质量等）R_f 值是物质的特征值，故可根据 R_f 做定性分析。影响 R_f 值的因素较多，因此，在分析工作中最好用各组分的标准样品作对照。

$$R_f=\frac{\text{原点到层析点中心的距离}}{\text{原点到溶剂前沿的距离}}\quad 0\leqslant R_f\leqslant 1$$

本实验用于饮料中合成色素的分离，由于饮料同时使用几种色素，样品处理后，在酸性条件下，用聚酰胺吸附人工合成色素，而与蛋白质、淀粉、脂肪、天然色素分离，然后在碱性条件下，用适当的解吸溶液使色素解吸出来。由于不同色素的分配系数不同，R_f就不同，可对其分离鉴别。

四、仪器与试剂

1. 仪器

砂芯漏斗（G2 或 G3）、吸滤瓶、真空泵、15cm×30cm（$\phi \times h$）色谱缸、10cm×27.5cm（$w \times h$）色谱纸、微型注射器（或毛细管直径 1mm）、电吹风机。

2. 试剂

色素标准溶液：$5g \cdot L^{-1}$胭脂红、$5g \cdot L^{-1}$柠檬黄、$5g \cdot L^{-1}$日落黄。

展开剂：正丁醇-无水乙醇-$200g \cdot L^{-1}$氨水（6：2：3）。

聚酰胺粉（尼龙 6200 目）：预先在 105℃温度下活化 1h。

丙酮氨水溶液：90mL 丙酮与 100mL 浓氨水混合均匀。

$200g \cdot L^{-1}$柠檬酸溶液、丙酮（原装）、广泛 pH 试纸、橙汁饮料。

五、实验内容

1. 样品处理

取橙汁饮料 50mL 于 100mL 烧杯中，加热除去 CO_2，用柠檬酸溶液调 pH 值到 4。

2. 吸附分离

称取聚酰胺 0.5～1.0g 于 100mL 烧杯中，加少量水调成均匀糨糊状，倒入上述已处理的温度为 70℃的样品溶液中，充分搅拌。使样液中色素完全被吸附（聚酰胺粉不足可补加）。将聚酰胺粉沉淀物全部转入砂芯漏斗中抽滤，用 pH＝4、温度为 70℃的纯水洗涤沉淀物，洗涤时充分搅拌，再用 20mL 丙酮溶液分两次洗涤沉淀物，以除去样品中的油脂等物。再用 200mL 70℃水洗涤沉淀，至洗下的水与原来水的 pH 值相同为止。前后洗涤过程中必须充分搅拌。

用丙酮氨水溶液约 30mL 分数次解吸色素。将色素解吸置于小烧杯中，用柠檬酸调节至 pH＝6，再在水浴上蒸发浓缩至 5mL 留作点样用。

① 点样　在层析纸下端 2.5cm 处用铅笔画一横线，在线上等距离处画上 1、2、3、4 四个等距离的点，1、2、3 号分别用毛细管将胭脂红、柠檬黄和日落黄色素标准溶液点出直径为 2mm 的扩散原点，在 4 号点点上样品溶液时每点完一次须用电吹风吹干，再在原位置上重新点上 10μL 样品溶液。

② 展开分离　将点好样的滤纸晾干后，用挂钩悬挂在层析筒盖上，放入已盛有展开剂的层析筒中，滤纸应挂平直，原点应离开液面 1cm，保持温度 20℃。密封层析筒，按上行法展开。当展开剂前沿滤纸上升到 12cm 处时，将滤纸取出，在空气中自然晾干。量出各斑心的中点到原点中心的距离，计算 R_f值。如 R_f值相同，色泽相似，表示被测色素与标准色素为同一色素。

六、注意事项

1. 因聚酰胺是高分子化合物，在酸性介质中才能吸附酸性色素，为防止色素分解，水要保持酸性。

2. 分子中酰胺链能与色素中磺酸基以氢键的形式结合，所以吸附时也要求一定的温度与时间。

七、思考题

1. 处理样品所得的溶液，为什么要调到 pH=4?

2. 为什么在纸色谱中要采用标准品对照鉴别?

实验六十四 自来水中总磷的测定（萃取光度法）

一、预习提要

1. 如何配制溶液，简要写出操作步骤。

2. 分光光度计的构造及其使用。

3. 什么是萃取? 满足萃取分离的条件是什么? 并试举两例。

二、实验目的

1. 掌握萃取分离的基本操作。

2. 了解吸光光度法测定磷的原理及方法。

三、实验原理

自来水中，磷主要以各种磷酸盐形式存在。它们分别为正磷酸盐、缩合磷酸盐（焦磷酸盐、偏磷酸盐和多磷酸盐）和有机结合的磷酸盐。磷是生物生长必需的元素之一，但水体中磷含量过高，可造成藻类的过度繁殖，是导致水体富营养化的因素之一。为了保护水质，控制危害，在环境监测中，总磷已列入正式的监测项目。

总磷分析方法由两个步骤组成：第一步可用氧化剂如过硫酸钾、硝酸-高氯酸或硝酸-硫酸等，将水样中各种形态的磷转化成正磷酸盐；第二步测定正磷酸，从而求得总磷含量。

本实验采用过硫酸钾-磷钼蓝-萃取光度法测定总磷。在微沸条件下，过硫酸钾将试样中各种形态的磷氧化为磷酸根。磷酸根离子在硫酸介质中同钼酸铵生成黄色磷钼杂多酸根。

生成的磷钼杂多酸遇还原剂立即被还原，生成蓝色的低价钼的氧化物即磷钼蓝。生成磷钼蓝的多少与磷含量有关，且其对 600～700nm 波长的光有较强的吸收作用，适用于吸光光度法测定。

由于磷酸盐很容易被植物所利用，并由光合作用转为蛋白质，所以地表水中的磷含量低，故测定自来水中的总磷，用乙酸乙酯萃取，以提高准确性。

四、仪器与试剂

1. 仪器

722 分光光度计、分液漏斗（60mL）、移液管、吸量管。

2. 试剂

① $50g \cdot L^{-1}$过硫酸钾、3∶7 H_2SO_4、$1mol \cdot L^{-1}$ H_2SO_4；$10g \cdot L^{-1}$酚酞、$1mol \cdot L^{-1}$ NaOH。

② 钼酸铵-盐酸：溶解 15g 钼酸铵于 300mL 蒸馏水中，加热至 60℃左右，如有沉淀，将溶液过滤，待溶液冷却后，慢慢加入 $10mol \cdot L^{-1}$ HCl 350mL，并用玻璃棒迅速搅拌，待冷至室温后，用蒸馏水稀释至 1L，充分摇匀。储存于棕色瓶中，此溶液为 $15g \cdot L^{-1}$钼酸铵的 $3.5mol \cdot L^{-1}$ HCl 溶液。

③ $25g \cdot L^{-1}$ $SnCl_2$溶液：称取 $SnCl_2$ 2.5g 溶于 50mL 浓 HCl 中，加热溶解后，稀释至 100mL，储存于棕色瓶中。

④ 磷标准溶液：准确称取105℃烘干的KH_2PO_4（分析纯）0.4390g，溶解于400mL水中，加浓H_2SO_4 5mL（防止溶液长霉菌），转入1000mL容量瓶中，加蒸馏水稀释至刻度，摇匀，此溶液含磷100μg·mL^{-1}。准确移取上述磷标准溶液10mL于1L容量瓶中，加蒸馏水稀释至刻度，摇匀，即为1μg·mL^{-1}。

五、实验内容

1. 自来水的预处理

用移液管准确吸取适量混匀的自来水样品（含磷不超过30μg）于150mL锥形瓶中，加蒸馏水至50mL，加数粒玻璃珠，加1mL 3∶7 H_2SO_4溶液，5mL 50g·L^{-1}过硫酸钾溶液。加热至沸，保持微沸30～40min，至体积约10mL止。放冷，加1滴酚酞指示剂，边摇边滴加氢氧化钠溶液至刚呈微红色，再滴加1mol·L^{-1}硫酸溶液使红色刚好褪去。如溶液澄清，直接将其转入50mL比色管中，用蒸馏水洗涤锥形瓶，洗涤液并入比色管中，加蒸馏水至标线，供分析用。如溶液不澄清，则用滤纸过滤于50mL比色管中，用蒸馏水洗涤锥形瓶和滤纸，洗涤液并入比色管中，加蒸馏水至标线，供分析用。

2. 标准曲线的绘制

取6支60mL分液漏斗，分别加入1μg·mL^{-1}磷标准溶液0.0、1.0mL、2.0mL、3.0mL、4.0mL、5.0mL，加蒸馏水至50mL，加钼酸铵5mL，摇匀，加$SnCl_2$溶液6滴，摇匀，放置15min，加入10.00mL乙酸乙酯，萃取1min，弃去水相，用1cm比色皿在波长680nm处测其吸光度。以磷的微克数为横坐标，相应的吸光度为纵坐标，绘制标准曲线。

3. 自来水中总磷的测定

用移液管准确移取预处理过的自来水（视磷含量而定）于60mL分液漏斗中，按标准曲线绘制步骤进行显色和测量。根据其吸光度值，从标准曲线上查出磷的浓度，并计算自来水中的磷含量（g·L^{-1}）。

六、注意事项

用稀HCl泡洗玻璃器皿，用稀NaOH洗涤测磷钼蓝用过的玻璃器皿。

七、数据记录及处理

学生自行设计记录表格，并用坐标纸绘图，或者用Origin等软件绘图。

八、思考题

1. 用的水样需要加入过硫酸钾氧化剂，其作用是什么？
2. $SnCl_2$溶液放置过久，对实验有什么影响？
3. 能否用洗衣粉和去污粉或洗洁精洗涤测磷的玻璃仪器？为什么？

第十三节　综合实验

实验六十五　蛋壳中钙镁含量的测定
——酸碱滴定法；EDTA络合滴定法；高锰酸钾法

一、预习提要

1. 复习酸碱滴定法、络合滴定法、氧化还原法测定的原理及其应用。

2. 复习四种滴定方式的应用。

3. 试样的粉碎、过筛等处理方法。

二、实验目的

1. 对于实际试样的处理方法（如粉碎、过筛等）有所了解。

2. 综合训练对实物试样中某组分含量测定的一般步骤。

三、仪器与试剂

分析天平、80～100 目的标准筛、研钵、蛋壳、其他根据实际需要定。

方法一 酸碱滴定法

一、实验原理

鸡蛋壳的主要成分为 $CaCO_3$，其次为 $MgCO_3$、蛋白质、色素以及少量的 Fe、Al。蛋壳中的碳酸盐能与 HCl 发生如下反应：

$$MCO_3+2HCl = M^{2+}+CO_2\uparrow+H_2O+2Cl^-$$

过量的酸可用 NaOH 标准溶液返滴定，据实际与 MCO_3 反应盐酸标准溶液的体积可求得蛋壳中 Ca、Mg 总含量，以 CaO 质量分数表示。

$$w_{CaO}=\frac{(c_{HCl}V_{HCl}-c_{NaOH}V_{NaOH})\times10^{-3}\times\frac{1}{2}M_{CaO}}{m_{样品}}$$

二、实验内容

① NaOH 标准溶液和 HCl 标准溶液的配制与标定：浓度自定。

② 蛋壳预处理。先将蛋壳洗净，加水煮沸 5～10min，去除蛋壳内表层的蛋白薄膜，烘干后研碎，使其通过 80～100 目的标准筛。

③ 自行拟定蛋壳称量范围的试验方案（消耗标准溶液的体积至少 20mL，不超过 30mL）。

④ Ca、Mg 含量的测定：准确称取一定量的经预处理的蛋壳于锥形瓶内，用酸式滴定管逐滴加入 HCl 标准溶液 40mL 左右（需精确读数），小火加热溶解，冷却，加甲基橙指示剂 1～2 滴，以 NaOH 标准溶液返滴定至溶液由红色突变为黄色，即为终点，计算蛋壳中 Ca、Mg 总含量，以 CaO 质量分数表示。平行至少测定三次，检查有无可疑数据要舍去，求平均值和相对平均偏差，要求相对平均偏差不大于 1%。

三、注意事项

1. 蛋壳中钙主要以 $CaCO_3$ 形式存在，同时也有 $MgCO_3$，因此以 CaO 含量表示 Ca、Mg 总含量。

2. 由于酸较稀，溶解时需加热一定时间，试样中有不溶物，如蛋白质之类，但不影响测定。

四、思考题

1. 蛋壳称样量多少是依据什么估算的？

2. 蛋壳溶解时应注意什么？

3. 为什么说 w_{CaO} 是表示 Ca 与 Mg 的总量？

4. 为什么向试样中加入 HCl 溶液时要逐滴加入？加入 HCl 溶液后溶液为什么要放置 30min 后再以 NaOH 返滴定？

5. 本实验能否使用酚酞指示剂？

方法二 配合滴定法

一、实验原理

在 pH=10，用铬黑 T 作指示剂，EDTA 可直接测量 Ca^{2+}、Mg^{2+} 总量，为提高配合选择性，在 pH=10 时，加入掩蔽剂三乙醇胺使之与 Fe^{3+}、Al^{3+} 等离子生成更稳定的络合物，以排除它们对 Ca^{2+}、Mg^{2+} 测量的干扰。

二、实验内容

1. 蛋壳预处理。同方法一。

2. 样品的溶解。根据蛋壳称量范围试验方案的结果，准确称取一定量的蛋壳粉末，小心滴加 $6mol \cdot L^{-1}$ HCl 4～5mL，微火加热至完全溶解（少量蛋白膜不溶），冷却，定量转移至 250mL 容量瓶，稀释至接近刻度线，若有泡沫，滴加 2～3 滴 95%乙醇，泡沫消除后，滴加水至刻度线摇匀。

3. Ca、Mg 总量的测定。用移液管准确吸取试液 25.00mL，置于 250mL 锥形瓶中，分别加去离子水 20mL，三乙醇胺 5mL，摇匀。再加 $NH_4Cl\text{-}NH_3 \cdot H_2O$ 缓冲液 10mL，摇匀。放入少许铬黑 T 指示剂，用 EDTA 标准溶液滴定至溶液由酒红色突变为纯蓝色，即达终点，根据 EDTA 消耗的体积计算 Ca^{2+}、Mg^{2+} 总量，以 CaO 的含量表示。至少平行测定三次，检查有无可疑数据要舍去，求平均值和相对平均偏差，要求相对平均偏差不大于 0.2%。

三、注意事项

样品的溶解一定要完全，否则测量结果不准确。

四、思考题

1. 如何确定蛋壳粉末的称量范围？（提示：先粗略确定蛋壳粉中钙、镁含量，再估计蛋壳粉的称量范围）

2. 蛋壳粉溶解稀释时为何加 95%乙醇可以消除泡沫？

方法三 高锰酸钾法

一、实验原理

利用蛋壳中的 Ca^{2+} 与草酸盐形成难溶的草酸盐沉淀，将沉淀经过滤、洗涤、分离后溶解，用高锰酸钾标准溶液测定 $C_2O_4^{2-}$ 含量，有关反应如下：

$$Ca^{2+} + C_2O_4^{2-} = CaC_2O_4 \downarrow$$

$$CaC_2O_4 + H_2SO_4 = CaSO_4 + H_2C_2O_4$$

$$5H_2C_2O_4 + 2MnO_4^- + 6H^+ = 2Mn^{2+} + 10CO_2 \uparrow + 8H_2O$$

$$w_{CaO} = \frac{c_{KMnO_4} V_{KMnO_4} \times 10^{-3} \times \frac{5}{2} M_{CaO}}{m_{蛋壳}}$$

某些金属离子（Ba^{2+}、Sr^{2+}、Mg^{2+}、Pb^{2+}、Cd^{2+} 等）与 $C_2O_4^{2-}$ 能形成沉淀，对测定 Ca^{2+} 有干扰。

二、实验内容

① 蛋壳预处理。同方法一。

② 蛋壳的溶解。准确称取蛋壳粉三份（每份含钙约 0.025g），分别放在 250mL 烧杯中，加 1∶1 HCl 3mL，加 H_2O 20mL，加热溶解，若有不溶解蛋白质，可过滤之。

③ 沉淀的生成与洗涤。将上述滤液置于烧杯中，然后加入 $25g \cdot L^{-1}$ 草酸铵溶液 50mL，

若出现沉淀，再滴加浓 HCl 至溶解，然后加热至 70～80℃，加入 2～3 滴甲基橙，溶液呈红色，逐滴加入 10%氨水，不断搅拌，直至变黄并有氨味逸出为止。将溶液放置陈化（或在水浴上加热 30min 陈化），沉淀经过滤洗涤，直至无 Cl^-。

④ 沉淀的溶解。将带有沉淀的滤纸铺在先前用来进行沉淀的烧杯内壁上，用 $1mol \cdot L^{-1}$ H_2SO_4 50mL 把沉淀由滤纸洗入烧杯中，再用洗瓶吹洗 1～2 次。

⑤ 滴定。最后，将上述溶液用去离子水稀释至体积约为 100mL，加热至 70～80℃，用 $KMnO_4$标准溶液滴定至溶液呈浅红色，再把滤纸推入溶液中，再滴加 $KMnO_4$ 至浅红色在 30s 内不消失即为终点。将 Ca 的含量折算为 CaO 的质量分数。检查有无可疑数据要舍去，求平均值和相对平均偏差，要求相对平均偏差不大于 0.3%。

三、注意事项

绝对不能将带有 CaC_2O_4沉淀的滤纸一起投入烧杯中，以硫酸处理后，再用 $KMnO_4$ 滴定，否则，滤纸将也与 $KMnO_4$反应，使滴定结果偏高。

四、思考题

1. 用 $(NH_4)_2C_2O_4$ 沉淀 Ca^{2+}，为什么要先在酸性溶液中加入沉淀剂，然后在 70～80℃时滴加氨水至甲基橙变黄，使 CaC_2O_4沉淀？

2. 为什么沉淀要洗至无 Cl^- 为止？

实验六十六　水泥中铁、铝、钙、镁含量的测定

一、预习提要

1. 准确滴定与分别滴定判别式即滴定中酸度的控制。
2. 提高络合滴定选择性的途径。
3. 络合滴定方式及其应用。
4. 沉淀条件的选择。

二、实验目的

1. 掌握在配位滴定法中通过控制酸度进行共存组分测定的原理。
2. 掌握尿素均匀沉淀法的分离技术。
3. 学习复杂物质水泥试样中各组分的测定方法。

三、实验原理

水泥主要由硅酸盐组成，一般含有硅、铁、铝、钙、镁等。除硅外，它们大都以碱性氧化物的形式存在，所以易为酸分解。将水泥与固体氯化铵混匀后加酸分解。其中硅形成硅酸凝胶沉淀下来，经过滤、洗涤后，沉淀部分可用重量法测定 SiO_2 的含量。水泥中的 Fe、Al、Ca、Mg 等组分分别以 Fe^{3+}、Al^{3+}、Ca^{2+}、Mg^{2+} 等离子形式存在于滤液中，它们都可与 EDTA 形成稳定的配离子。在离子强度 $I=0.1$、温度 20～25℃时，其稳定常数的对数值为：$\lg K(FeY)=25.1$，$\lg K(AlY)=16.3$，$\lg K(CaY)=10.69$，$\lg K(MgY)=8.7$。因这些配离子的稳定性有较显著的差别，因此只要控制适当的酸度，就可以用 EDTA 分别进行滴定。

以磺基水杨酸为指示剂，用 EDTA 配合滴定 Fe^{3+}；以 PAN 为指示剂，用 $CuSO_4$标准溶液测定 Al^{3+}。当 Fe^{3+}、Al^{3+} 含量较高时对 Ca^{2+}、Mg^{2+} 的测定有干扰，可用尿素均匀沉淀法分离 Fe^{3+}、Al^{3+} 后，以 GBHA 和铬黑 T 为指示剂，用 EDTA 滴定法分别测定 Ca^{2+} 和 Mg^{2+}。若试样中含有 Ti(Ⅳ)，则用 $CuSO_4$返滴时测得的实际是 Al^{3+}、Ti(Ⅳ) 含量。可以

采用苦杏仁酸解蔽剂，再用标准 $CuSO_4$ 滴定释放的 EDTA 即可测定 Ti(Ⅳ) 的含量。

本实验不测定硅的含量。

上述实验过程用流程图表示如下：

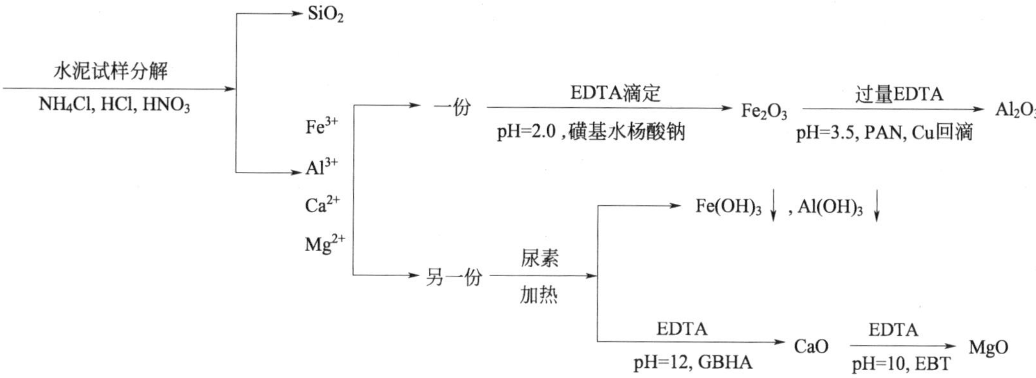

1. 试样的分解

本实验用氯化铵作熔剂分解水泥试样。铵盐在加热分解时，析出相应的无水酸，此时温度和酸的浓度都比较高，对试样有强烈的分解能力。同时由于 NH_4Cl 分解出 NH_3 和 HCl，在加热的情况下它们易挥发逸出，从而消耗了水，能促进硅酸溶胶的脱水作用，从而促进了试样的分解。加入 HNO_3 和 HCl 的目的是：HNO_3 具有氧化性使 Fe^{2+} 氧化为 Fe^{3+}，HNO_3 还能分解碳化物；HCl 能使碱性氧化物、氢氧化物、各种碳酸盐溶解，且增强硅酸的脱水作用。NH_4Cl 固体要和试样充分混合均匀，才能发挥 NH_4Cl 分解试样的最好效果。在加热时绝不可以将样品灼烧干涸乃至烧糊。

2. Fe^{3+} 测定

在 pH＝2 时，$\lg\alpha_{Y}(H)=13.51$，Fe^{3+} 的条件稳定常数 $\lg K$ 是 11.6，而 Al^{3+} 是 3，Ca^{2+} 和 Mg^{2+} 在此条件下几乎不与 EDTA 生成配合物，所以可以在 Al^{3+}、Ca^{2+}、Mg^{2+} 存在下控制酸度，用 EDTA 滴定 Fe^{3+}。测定 Fe^{3+} 时，以磺基水杨酸为指示剂，磺基水杨酸与 Fe^{3+} 生成的配合物为红色。在 pH＝2～2.5 时，磺基水杨酸为黄色，Fe^{3+}-EDTA 配合物为黄色。实验时首先用 NH_3 水调节 pH 值约为 1.8，溶液呈淡红色，加入 pH＝2 的缓冲溶液则呈现酒红色（磺基水杨酸-Fe^{3+} 配合物的颜色），在此酸度下 Fe^{3+} 与 EDTA 可定量配合。终点时溶液的颜色由红紫色变为黄色（指示剂本身在此 pH 下的颜色）。

测定时溶液的温度以 60～75℃为宜，当温度高于 75℃，并有铝离子存在时，铝离子可能与 EDTA 络合，使 Fe_2O_3 的测定结果偏高，而使得 Al_2O_3 的结果偏低。当温度低于 50℃时，则反应速率缓慢，不易得出准确的终点（适用于 Fe_2O_3 含量不超过 30mg）。

3. Al^{3+} 的测定

将滴定 Fe^{3+} 以后的溶液 pH 值控制在 3.5～4，滴定 Al^{3+}。pH 值超过 4.1 以后，Al 的各种羟基配合物将生成。在 pH＝4 时 Ca^{2+} 与 EDTA 的条件稳定常数为 2.2，Mg^{2+} 几乎不配合。此时 Al^{3+} 的条件稳定常数为 7.5。所以在此条件下 Al^{3+} 可以在 Ca^{2+}、Mg^{2+} 存在下用 EDTA 滴定。但是，在此条件下由于 Al^{3+} 与 EDTA 生成的配合物稳定性较低，反应进行得较慢，所以一般采用返滴定的方法测定。即先加入过量的 EDTA 标准溶液，并加热煮沸，使 Al^{3+} 与 EDTA 充分反应，然后以 PAN 为指示剂，用 $CuSO_4$ 标准溶液滴定过量的 EDTA，从而计算出铝的含量。

Al^{3+}-EDTA 配合物是无色的，PAN 指示剂在测定条件下为黄色，所以滴定开始前溶液呈黄色。滴入的Cu^{2+}先与过量的EDTA形成淡蓝色的Cu^{2+}-EDTA配合物，随着$CuSO_4$标准溶液的不断滴入，溶液的颜色将逐渐由黄变绿（Cu^{2+}-EDTA的蓝色与PAN的黄色组成）。当过量的EDTA与Cu^{2+}反应完全后，稍微过量的Cu^{2+}即与PAN形成深红色的配合物。当溶液出现少许Cu^{2+}-PAN配合物，溶液即有红的成分，与绿色混合，显茶红色即为终点。该配合物在pH=3.0时水溶性很差，为了加速溶解和变色可以加热，加入乙醇也可提高溶解度。pH>3时Cu^{2+}与EDTA定量配合。

为了调节溶液的pH值，向测得铁后的溶液中加入溴甲酚绿，溴甲酚绿不宜多加，否则黄色的底色深。用氨水及HCl调至pH值为3.5，溴甲酚绿显黄色[此时pH值不应大于4，否则易形成$Al(OH)Y^{2-}$的羟基配合物，该配合物与EDTA反应慢，配合比不定，不利于滴定]。加入一定体积且过量的EDTA标准溶液，煮沸以加速AlY^-形成，再加入pH=3.5的缓冲溶液，以PAN为指示剂，用$CuSO_4$标准溶液返滴过量EDTA，从而测定Al_2O_3的含量。

4. Fe^{3+}、Al^{3+}与Ca^{2+}、Mg^{2+}的分离

因Fe^{3+}、Al^{3+}干扰Ca^{2+}、Mg^{2+}的测定，故应分离除去。一般采用均匀沉淀法除去。均匀沉淀法是在均匀的溶液中，通过缓慢的化学反应，使沉淀剂由溶液中缓慢地、均匀地产生出来，从而使沉淀在整个溶液中均匀地、缓慢地形成。析出的沉淀颗粒大，纯度高，便于过滤和洗涤，避免了加入沉淀剂时溶液出现局部过饱和的现象。

水泥分析中Fe^{3+}、Al^{3+}与Ca^{2+}、Mg^{2+}的分离，是向溶液中加入尿素，加热溶液。由于尿素水解产生NH_3，溶液的pH值逐渐提高。

$$CO(NH_2)_2 + H_2O \xlongequal{\triangle} CO_2\uparrow + 2NH_3\uparrow$$

温度升高，尿素水解速度加快，溶液pH值逐渐提高，最后均匀而缓慢地析出$Fe_2O_3 \cdot nH_2O$和$Al_2O_3 \cdot nH_2O$沉淀。当Fe、Al含量低时，也可以采用掩蔽法，消除干扰，掩蔽剂可用三乙醇胺加酒石酸钾钠或氟化钾加三乙醇胺。

5. Ca^{2+}的测定

测定Ca^{2+}选用GBHA为指示剂，其化学名称为乙二醛缩双邻氨基酚。GBHA微溶于水，溶于乙醇和甲醇，但丙酮和异丙醇破坏配合物，故不应存在。因此将GBHA配成乙醇的稀溶液，相当于加指示剂的同时也加入了乙醇，增加了Ca^{2+}-GBHA的溶解度。Ca^{2+}与GBHA的反应为：

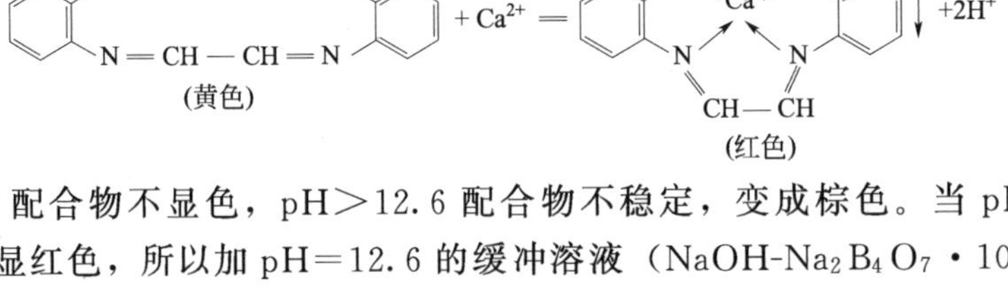

pH<11.8配合物不显色，pH>12.6配合物不稳定，变成棕色。当pH值为12.2～12.6时配合物显红色，所以加pH=12.6的缓冲溶液（$NaOH-Na_2B_4O_7 \cdot 10H_2O$）。pH值为12时，$Ca^{2+}$-EDTA也可定量配合，此时$Mg^{2+}$生成氢氧化物消除干扰。$Fe^{3+}$、$Mn^{2+}$、$Ca^{2+}$、$Cd^{2+}$、$Ba^{2+}$、$Sr^{2+}$、$Ni^{2+}$、$Co^{2+}$干扰反应，故不应存在。当试液pH<11.8时加GBHA，溶液为无色，以NaOH调pH直到溶液显淡红色，即pH≈12，再加缓冲溶液，以EDTA标准溶液滴定Ca^{2+}终点为黄色，从而测得Ca^{2+}的含量：

$$Ca^{2+}\text{-GBHA(红色)} + EDTA \longrightarrow Ca^{2+}\text{-EDTA(黄色)} + GBHA$$

6. Mg^{2+}的测定

在测定 Ca^{2+} 的溶液中滴加 2mol·L^{-1} HCl 约 2mL 使溶液的黄色褪去（如有锰存在时，由于与 GBHA 生成黄色配合物封闭指示剂，所以加 HCl 黄色不可能褪去，则直接加入 2mL HCl 即可），此时溶液的 pH≈10，加 pH=10 的缓冲溶液，以铬黑 T 为指示剂，用 EDTA 滴定可测得 Mg^{2+} 的含量。铬黑 T 在 pH<6.3 时为紫红色，pH>11.55 为橙色，只有 pH 值在 6.3～11.55 为蓝色。在 pH=10 的介质中 Mg^{2+} 与 EDTA 定量配合。Al^{3+}、Fe^{3+}、Co^{2+}、Ni^{2+}、Cu^{2+}、Ti^{4+} 封闭指示剂。空气中氧及 Mn^{2+}、Ce^{4+} 也能将指示剂氧化而褪色，故滴定 Mg^{2+} 时上述离子应除去。铬黑 T 及其与金属离子的配合物结构式如下：

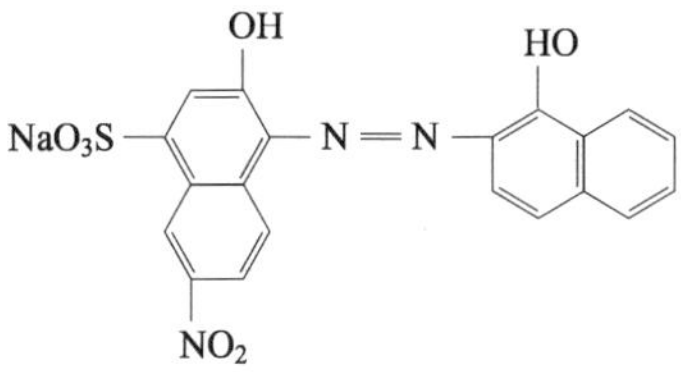

铬黑T

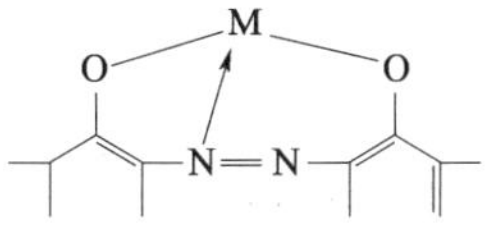

有色配合物

目前我国生产的硅酸盐水泥熟料的主要化学成分及其控制范围大致如下：

化学成分	含量范围	一般控制范围
SiO_2	18%～24%	20%～22%
Fe_2O_3	2.0%～5.5%	3%～4%
Al_2O_3	4.0%～9.5%	5%～7%
CaO	60%～67%	62%～66%
MgO	4.5%以下	

样品中有锰，分离不完全时与 GBHA 生成黄色配合物，并封闭指示剂，不能为 EDTA 所置换，故滴定 Mg^{2+} 时终点为绿色，但不影响 Mg^{2+} 的分析结果。

如果试样事先经过定性分析确认有锰存在，欲消除锰的黄色干扰，在滴定 Ca^{2+} 后的溶液中加 1mL 10%盐酸羟胺，可破坏黄色配合物，终点即为蓝色。

滴定 Mg^{2+} 时，因配合反应速率较慢，有回红现象，应达稳定蓝色才到终点。滴定前也可将溶液稍加热至 30～40℃，则终点稳定。其他的二价离子如 Co^{2+}、Ni^{2+}、Cu^{2+} 等能封闭指示剂，也是产生回红现象的原因。最好的掩蔽剂是 KCN，但在教学中不便使用，KCN 为剧毒试剂。

本次实验操作步骤较多，分三次完成。

四、仪器与试剂

1. 仪器

天平、烧杯（250mL、500mL）、容量瓶（250mL、500mL）、移液管（25mL、100mL）、酸式滴定管、锥形瓶（250mL）、量筒。

2. 试剂

① 1g·L^{-1}溴甲酚绿、100g·L^{-1}磺基水杨酸钠、3g·L^{-1} PAN 乙醇溶液、200g·L^{-1}氢氧化钠、1∶1氨水、2mol·L^{-1}盐酸、6mol·L^{-1}盐酸、浓硝酸、0.02mol·L^{-1} EDTA、500g·L^{-1}尿素、200g·L^{-1}氟化铵、10g·L^{-1}硝酸铵、0.025mol·L^{-1}硫酸铜、0.4g·L^{-1} GBHA 乙醇溶液、基准电解铜。

② 1g·L^{-1}铬黑 T：0.1g EBT 溶于 75mL 三乙醇胺和 25mL 乙醇中。

五、实验内容

1. 第一次实验

(1) EDTA 溶液的标定

① 配制铜标准溶液 0.02mol・L^{-1}（四人配一份）：准确称取约 0.3g 的电解铜，加 3mL 6mol・L^{-1} 的 HCl，滴加 2～3mL H_2O_2，盖上表面皿待其溶解后加热煮沸，赶尽 H_2O_2（大气泡冒完为止）。冷却后移入 250mL 容量瓶中，用蒸馏水稀释至刻度，摇匀备用。

② 标定　移取 10.00mL 标准铜溶液，加 5mL pH＝3.5 的缓冲溶液，35mL 蒸馏水，加热至 80℃左右，加 4 滴 PAN 指示剂，用 EDTA 溶液趁热滴定至 Cu^{2+}-PAN 的红色消失（变为茶绿色）即为终点。平行滴定三次，计算 EDTA 的浓度：

$$c_{EDTA}=\frac{1000}{250}\times\frac{m_{Cu}}{63.55}\times\frac{V_{Cu^{2+}}}{V_{EDTA}}(mol\cdot L^{-1})$$

(2) 分解试样

准确称取约 2g（$m_{样}$）水泥样品，置于干净且干燥的 250mL 烧杯中，加入 8g 固体 NH_4Cl，混匀。用一端烧平的玻璃棒压碎块状物，小心仔细搅拌 20min（一定要将水泥试样与 NH_4Cl 混匀）。样品溶解的完全与否与此项操作紧密相关。滴加 2mL 浓 HCl，使试样全部润湿，滴加 4～8 滴浓 HNO_3，搅拌均匀，盖上表面皿，置于已预热的沙浴上加热 20～30min，直至无黑色或灰色的小颗粒。取下烧杯稍冷，加入热水约 40mL，搅拌使可溶盐溶解，冷却后连同沉淀一起转移到 500mL 容量瓶中，稀释至刻度，摇匀后静置 1～2h，待其澄清。溶液澄清后用干燥的虹吸管吸取溶液于干燥的 500mL 烧杯（预先将虹吸管和烧杯洗净晾干）中保存（标记为试液Ⅰ），用于测定 Fe^{3+}、Al^{3+}、Ca^{2+}、Mg^{2+}。

(3) 保存试液Ⅱ

将 100mL 移液管（公用）用少量的试液Ⅰ洗两次，并移取 100mL 于 250mL 的烧杯中（标记为试液Ⅱ），盖好表面皿保存，待下周分析。

2. 第二次实验

(1) 测 $CuSO_4$ 溶液的浓度

将 EDTA 装入酸式滴定管中，放出 10.00mL 于锥形瓶中，加水稀释至 100mL，加热至沸，加 10mL pH＝3.5 的缓冲溶液，4 滴 PAN 指示剂，用 $CuSO_4$ 溶液滴定至茶红色为终点。按下式计算 $CuSO_4$ 溶液的浓度。

$$c_{CuSO_4}=\frac{c_{EDTA}V_{EDTA}}{V_{CuSO_4}}$$

(2) Fe_2O_3 的测定

移取 25.00mL 试液Ⅰ于 250mL 锥形瓶中，加磺基水杨酸 2 滴，pH＝2 缓冲溶液 10mL，用 EDTA 溶液滴定，当溶液由酒红色变为淡黄色或无色即达终点。记录消耗 EDTA 的体积数，平行滴定三次，计算 Fe_2O_3 含量：

$$w_{Fe_2O_3}=\frac{c_{EDTA}V_{EDTA}\times\frac{1}{2}M_{Fe_2O_3}\times10^{-3}}{m_{样}\times\frac{25}{500}}$$

$M_{Fe_2O_3}=159.69$

(3) Al_2O_3的测定

在滴定Fe^{3+}后的溶液中加一滴溴甲酚绿，用1∶1氨水调呈黄绿色，再滴加$2mol \cdot L^{-1}$的HCl使溶液呈黄色，加过量的EDTA溶液15.00mL，加热煮沸1min，加pH=3.5缓冲溶液10mL，4滴PAN指示剂，用$CuSO_4$溶液滴定至茶红色。记录消耗$CuSO_4$溶液的体积，平行滴定三次，计算Al_2O_3的含量：

$$w_{Al_2O_3}=\frac{[c_{EDTA}V_{EDTA}-c_{CuSO_4}V_{CuSO_4}]\times\frac{1}{2}\times\frac{1}{1000}M_{Al_2O_3}}{m_{样}\times\frac{25}{500}}$$

(4) 铁、铝的分离

向前次保存的100mL试液中滴加$6mol \cdot L^{-1}$氨水使之生成沉淀，再滴加$2mol \cdot L^{-1}$ HCl使沉淀刚好溶解，加入50%的尿素20～30mL。小火加热约20min并不断搅拌，待Fe^{3+}、Al^{3+}完全沉淀后趁热过滤，用250mL容量瓶承接滤液，以1% NH_4NO_3热水洗沉淀至无Cl^-。滤液和洗涤液一并保存在容量瓶中（不用稀释至刻度)，待下次做Ca^{2+}、Mg^{2+}的测定。

注：① Fe_2O_3和Al_2O_3的含量待下次实验EDTA标定后计算。

② 剩余的试液保存，可作为光度法测定铁的样品。

③ EDTA和$CuSO_4$溶液按教师指导配制。

3. 第三次实验

(1) 补足EDTA

剩余的EDTA（$0.02mol \cdot L^{-1}$）不足200mL时应补至200mL。

(2) EDTA溶液的标定

准确称取经120℃烘干的$CaCO_3$约0.5g，置于250mL的烧杯中，缓慢滴加10mL $2mol \cdot L^{-1}$的HCl使其溶解，加热煮沸除去CO_2，移入250mL容量瓶中，用蒸馏水稀释至刻度，摇匀。

移取上述Ca^{2+}溶液25.00mL于锥形瓶中，加2mL GBHA指示剂，用$200g \cdot L^{-1}$的NaOH调至溶液为浅红色，此时溶液的pH值约为12，加pH=12.6缓冲溶液15mL，用EDTA滴定溶液由红变黄即为终点。计算EDTA溶液的浓度：

$$c_{EDTA}=\frac{\frac{m_{CaCO_3}}{M_{CaCO_3}}\times\frac{25}{250}}{V_{EDTA}\times10^{-3}}$$

(3) CaO的测定

将上次保存在250mL容量瓶中的Ca^{2+}、Mg^{2+}试液稀释至刻度，摇匀。移取25.00mL试液于锥形瓶中，加2mL GBHA指示剂，滴加$200g \cdot L^{-1}$ NaOH使溶液变成浅粉色，加10mL pH=12.6的缓冲溶液，加20mL水，用EDTA溶液滴定，溶液由红变为亮黄即达终点，记录消耗EDTA的体积。平行滴定三次，计算CaO的含量：

$$w_{CaO}=\frac{c_{EDTA}V_{EDTA}\times10^{-3}M_{CaO}}{m_{样}\times\frac{100.0}{500.0}\times\frac{25.00}{250.0}}$$

(4) MgO的测定

在滴定Ca^{2+}后的溶液中，滴加约2mL $2mol \cdot L^{-1}$的HCl使溶液黄色褪去，如有Mn^{2+}

存在则黄色不褪去，直接加入 2mL HCl 即可，此时 pH 值约为 10，加 15mL 氨性缓冲溶液（pH 值为 10），2 滴铬黑 T 指示剂，用 EDTA 溶液滴定颜色由红色变为纯蓝即达终点。平行滴定三次，计算 MgO 的含量：

$$w_{\mathrm{MgO}}=\frac{c_{\mathrm{EDTA}}V_{\mathrm{EDTA}}\times 10^{-3}M_{\mathrm{MgO}}}{m_{样}\times\frac{100.0}{500.0}\times\frac{25.00}{250.0}}$$

六、思考题

1. 在 Fe^{3+}、Al^{3+}、Ca^{2+}、Mg^{2+} 共存时，能否用 EDTA 标准溶液控制酸度法滴定 Fe^{3+}？滴定 Fe^{3+} 的介质酸度范围为多大？

2. EDTA 滴定 Al^{3+} 时，为什么采用返滴定法？

3. EDTA 滴定 Ca^{2+}、Mg^{2+} 时，怎么消除 Fe^{3+}、Al^{3+} 的干扰？

4. 测定 Fe^{3+} 时，若 pH<1，对 Fe^{3+} 和 Al^{3+} 的测定结果有什么影响？若 pH>4，又有什么影响？

实验六十七　小麦胚芽油营养胶囊中维生素 E 的定量分析（UV-Vis 法和 HPLC 法）

一、预习提要

1. 复习紫外-可见光光谱和高效液相色谱定量分析的原理及其应用。

2. 复习正相色谱和反相色谱的应用范围。

二、实验目的

1. 熟悉紫外-可见光光谱和高效液相色谱的分析原理及操作。

2. 掌握测定维生素 E 总量及 α-维生素 E 含量的方法原理及实验技术。

3. 通过比较测试维生素 E 的两种不同手段，进一步了解两种方法各自的特点和技术要点。

三、实验原理

1. 紫外-可见光光谱法

维生素 E（亦称生育酚），目前已经确认的有 8 种异构体，其最常见的 4 种异构体为 α-维生素 E、β-维生素 E、γ-维生素 E、δ-维生素 E，其结构如图 4-7 所示。它们的共同特点是含有一个酚羟基，故具有一定的还原性。

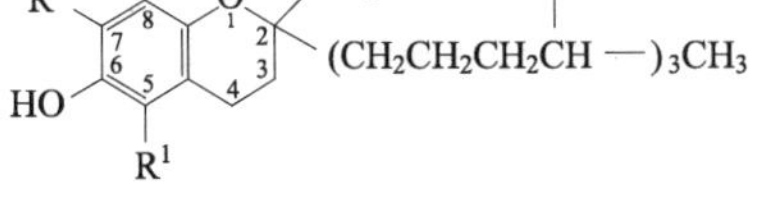

	R^1	R^2
α- 维生素E	CH_3	CH_3
β- 维生素E	CH_3	H
γ- 维生素E	H	CH_3
δ- 维生素E	H	H

图 4-7　维生素 E 常见的 4 种异构体

维生素 E 与氯化铁（乙醇溶液）作用时，三价铁离子（Fe^{3+}）变成二价铁离子（Fe^{2+}），被还原的 Fe^{2+} 与加入的铁试剂 α,α'-联吡啶配合形成深红色络合物，该反应非常灵敏且定量完成，反应过程如图 4-8 所示。生成的配合物在 520nm 处有最大吸收，故可通过紫外-可见吸收光谱法测定该络合物的含量，从而实现对维生素 E 的定量分析。

在该体系中，由于 Fe^{3+} 见光易发生光还原反应，故需用 H_3PO_4 掩蔽反应体系中过量的

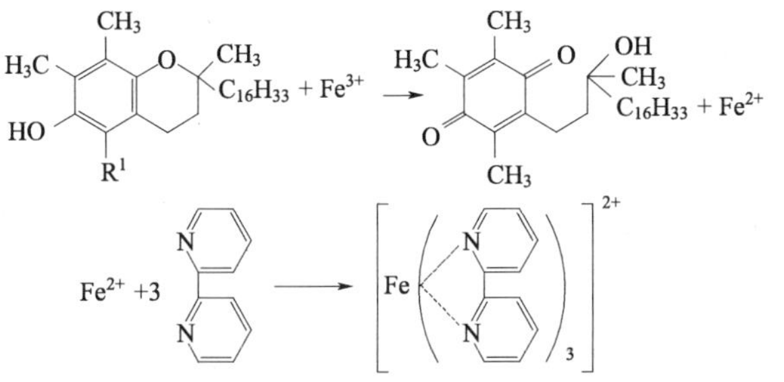

图 4-8　维生素 E 的显色反应

Fe^{3+}。为避免影响测定的精确度，反应均在无水乙醇体系中进行。

2. 高效液相色谱法

高效液相色谱（HPLC）具有高效分离、高灵敏度、快速分析的优点。依据维生素 E 异构体结构上的微小差异可利用正相色谱或反相色谱进行分析。本实验采用反相键合相色谱对维生素 E 进行定量分析。选择适当的实验条件使维生素 E 中的各种同系物、异构体得到良好的分离。在分离的基础上利用维生素 E 的标准品进行定性和定量分析。如果标准品不易得到，可借助 α-维生素 E（α-维生素 E 标样易得）间接定性，即首先指认 α-维生素 E，之后再根据维生素 E 异构体的极性来指认其他异构体，也可用 HPLC-MS 帮助定性。

四、仪器与试剂

1. 仪器

紫外-可见光光谱仪、高效液相色谱（带紫外检测器和真空脱气装置）。

2. 试剂

甲醇（色谱纯）、乙醇（分析纯）、重蒸去离子水、α-维生素 E 标样 [4.9320g・L^{-1}无水乙醇溶液（储备液）]、α,α′-联吡啶（分析纯，1.07×10^{-2} mol・L^{-1}无水乙醇溶液）、$FeCl_3$（分析纯，1.07×10^{-2} mol・L^{-1}无水乙醇溶液）、H_3PO_4（分析纯，7.0192g・L^{-1}无水乙醇溶液）。

未知试样：取一粒市售小麦胚芽油营养胶囊，用小刀切开挤出囊中全部溶液，准确称量，用无水乙醇溶解并定容于 50mL 容量瓶中。

五、实验内容

1. 紫外-可见光光谱法

① 按仪器操作说明开机，选择仪器参数使仪器处于待机状态。

② 校正零点并选择最佳波长。

③ 取 5mL 维生素 E 储备液稀释至 50mL。分别取此维生素 E 标液 0.5、1.0、1.5、2.0、2.5(mL)，加入 1mL $FeCl_3$溶液，然后加入 2.5mL α,α′-联吡啶溶液，用少量无水乙醇冲洗瓶口，振荡摇匀，显色 10min，加入 1mL H_3PO_4标准溶液，用无水乙醇稀释定容至 25mL，充分振荡、摇匀，静置待测。

④ 以空白试样为参比溶液，测定上述 α-维生素 E 系列浓度溶液的吸光度（0.2～0.8），制作工作曲线。

⑤ 取未知试样，按照标准样品的操作方法，进行光谱分析（控制吸光度在工作曲线的中间）。

⑥ 按关机程序关机。

2. 高效液相色谱法

① 按仪器操作说明开机。

② 设置色谱参数：C_{18}色谱柱，流动相为甲醇和水，比例为 97∶3（体积比），流速为 $1.0mL \cdot min^{-1}$，柱温为 30℃，检测波长为 292nm，进样量 20μL。

③ 启动色谱系统，注入未知试样 20μL。

④ 可适当调节甲醇与水的比例和流速，在最短时间内得到良好的分离。

⑤ 选择最佳色谱条件注入 α-维生素 E 标样，记录保留时间和峰面积，重复 3 次，取平均值（峰面积误差小于 3%）。

⑥ 按关机程序关机。

六、注意事项

1. 制作工作曲线之前，先确认维生素 E 的最佳检测波长。
2. 控制工作曲线各点的吸光度值在 0.2～0.8 的范围内。
3. 定量时适当稀释 α-维生素 E 标样，以符合外标法定量的要求。

七、数据处理

1. 详细记录各种实验参数。
2. 绘制工作曲线，给出工作曲线方程及相关系数。
3. 计算小麦胚芽油营养胶囊中维生素 E 的总含量（UV-Vis 法）。
4. 用外标法计算小麦胚芽油营养胶囊中 α-维生素 E 的含量、容量因子和分离度，对分析结果进行误差分析。
5. 计算维生素 E 总含量（HPLC 法）及 α-维生素 E 在总维生素 E 中的相对含量（%）。

八、思考题

1. 紫外-可见光光谱法中为什么要控制吸光度的范围，否则有什么影响？
2. 两种不同测试方法各有什么特点？如果测试结果不吻合是什么原因造成的？

实验六十八 水中污染物分析

一、实验目的

1. 掌握原子吸收光谱仪、ICP 原子发射光谱仪、色谱-质谱联用仪的工作原理及应用。
2. 学会水中污染物的分析方法，掌握利用固相萃取（SPE）装置富集水中有机物的方法。

二、实验原理

水污染物是指使水质恶化的污染物质。系水中的盐分、微量元素或放射性物质浓度超出临界值，使水体的物理、化学性质或生物群落组成发生变化。影响水体的污染物种类繁多，大致可以从物理、化学、生物等方面将其划分为几类。物理方面主要是影响水体的颜色、浊度、温度、悬浮物含量和放射性水平等的污染物；化学方面主要是排入水体的各种化学物质，包括无机无毒物质（酸、碱、无机盐类等）、无机有毒物质（重金属、氰化物、氟化物等）、耗氧有机物及有机有毒物质（酚类化合物、有机农药、多环芳烃、多氯联苯、洗涤剂等）；生物方面主要包括污水排放中的细菌、病毒、原生动物、寄生蠕虫及藻类大量繁殖等。

全面地对水中污染物进行分析，是一项困难且耗时的工作。本实验主要是用原子吸收和 ICP 光谱分析水中金属元素，利用固相萃取技术和色谱-质谱法分析水中挥发性有机物。

三、仪器与试剂

1. 仪器

原子吸收光谱仪、ICP 原子发射光谱仪、气相色谱-质谱联用仪、固相萃取仪。

2. 试剂

去离子水、铅标准液、钙、镁标准液（浓度为 $1mg \cdot mol^{-1}$）。

四、实验内容

1. 水样的采集与保存

水样的采集与保存方法参照《水和废水监测分析方法》第三版（环境科学出版社，1989），该步骤可由教师准备。

2. 固相萃取富集水中有机物

安装好固相萃取仪，使用规格为 3mL 的 C_{18} 固体萃取柱。依次用 3mL 甲醇、3mL 二氯甲烷和 5mL 去离子水清洗 C_{18} 柱，然后在不断抽真空的情况下加水样 200mL。流速大约为 $5mL \cdot min^{-1}$，水样流尽之后，用氮气将 C_{18} 萃取柱吹干。依次用 1mL 甲醇、1mL 二氯甲烷淋洗 C_{18} 柱。流出液备用。

3. 气相色谱-质谱定性分析、半定量分析

设置 GC 条件、MS 条件，将固相萃取柱流出液取 1mL 注入 GC-MS。通过库检索得定性分析结果。如果欲对主要组分进行半定量分析，则需要配制欲测组分的标准溶液。用步骤 2 的方法进行富集。同样条件下进行 GC-MS 分析，利用两次结果的峰面积之比，求出水样中欲测组分的含量。由于不同组分有不同的校正因子，因此，对欲测定的每个组分都要配制标准溶液，然后才能进行半定量分析。

4. 原子发射光谱分析水样中的无机元素

该步骤可以用经典的原子发射光谱仪，也可用 ICP 发射光谱仪，按照不同仪器的要求处理样品，包括水样过滤、电极制备、水样稀释等。然后进行定性分析，得到水样中元素的定性分析结果。

5. 原子吸收光谱定量分析

根据发射光谱定性分析的结果确定主要的无机元素。对每种元素配制系列标准溶液，选择原子吸收光谱的操作条件。用标准曲线法测定元素含量。

五、注意事项

1. 固相萃取柱除了体积有 1、3、6(mL) 等不同的规格外，柱内填料也有不同。不同填料适用于不同的富集对象，要注意柱子的选择。

2. 在 GC-MS 分析中，由于进样量和仪器波动等原因，如果不加内标，定量分析的误差比较大。在水样和标样固相萃取富集时，由于二者基体的差别，也会带来很大误差。因此，本实验给出的只能是半定量分析结果。

3. 原子吸收光谱对不同元素有不同的检测灵敏度。根据灵敏度的不同配制合适的标准系列溶液。水样测定时水样浓度应处在标准系列当中，浓度过大要进行稀释。

六、数据处理

1. 给出水中有机物定性分析和半定量分析结果。

2. 给出水中无机污染元素及其含量。

七、思考题

1. 原子吸收光谱仪、原子发射光谱仪、色谱-质谱联用仪的工作原理和主要用途是什么？分别适用于哪些类型的样品分析？对样品有什么要求？

2. 用 SPE-GC-MS 进行水中有机物分析时，哪些因素可能影响定性分析的可靠性和定量分析的结果？

附录

附录1 学生常用分析化学实验仪器表

名称	规格	单位	数量	名称	规格	单位	数量
离心管	—	支	5	烧杯	50mL 或 100mL	个	1
试管	—	支	5	烧杯	250mL、500mL	个	各 3
试管架	—	个	1	锥形瓶	250mL	个	3
玻璃棒	—	支	3	容量瓶	250mL、100mL	个	各 1
毛细吸管	带橡皮乳头	支	2	洗瓶	500mL	个	1
点滴板	6～12 孔	块	1	酒精灯	—	个	1
蒸发皿	20～30mL	个	1	泥三脚架	—	个	1
洗耳球	—	个	1	石棉铁丝网	—	个	1
量筒	10mL	个	1	铁丝网	—	个	1
量筒	50mL 或 100mL	个	1	瓷坩埚	18～25mL	个	3
表面皿	8～12cm	个	2	吸量管	2mL、5mL 或 10mL	支	各 1
移液管	25mL、10mL	支	2	称量瓶	25mL	个	2
移液管架	—	个	1	干燥器	小型	个	1
酸式滴定管	50mL	支	1	滴管	带橡皮乳头	支	3
碱式滴定管	50mL	支	1	滴管架	—	个	1
试剂瓶	500mL、1000mL（其中一个为棕色）	个	各 1	培养皿	$d=9$cm	个	1
碘量瓶	250mL	个	3	漏斗	长颈	个	2

注：1. 以上仪器为学生每人一套。

2. 下述仪器为公用：试管刷，滴定管刷，牛角匙，坩埚钳，万用电炉，电磁搅拌器，电烘箱，定量滤纸和定性滤纸，煤气灯，电动离心机，分光光度计，酸度计，分析天平，马弗炉，滴定台，铁支架，铁环，计算机，漏斗架，pH 试纸，火柴，滴定管夹等。这些仪器，如条件允许，每人 1 套。

附录 2　常用浓酸、浓碱的密度和浓度

试剂名称	密度/g·mL^{-1}	w/%	c/mol·L^{-1}
盐酸	1.18～1.19	36～38	11.6～12.4
硝酸	1.39～1.40	65.0～68.0	14.4～15.2
硫酸	1.83～1.84	95～98	17.8～18.4
磷酸	1.69	85	14.6
高氯酸	1.68	70.0～72.0	11.7～12.0
冰醋酸	1.05	99.8～99.0	17.4
氢氟酸	1.13	40	22.5
氢溴酸	1.49	47	8.6
氨水	0.88～0.90	25.0～28.0	13.3～14.8
苯胺	1.022	—	11
三乙醇胺	1.124	—	7.5
浓氢氧化钠	1.44	40	14.4
饱和氢氧化钠	1.539	—	20.07

附录 3　常用酸碱溶液的配制

名称	c(近似)/mol·L^{-1}	相对密度(20℃)	质量分数/%	配制方法
浓 HCl	12	1.19	37.23	
稀 HCl	6	1.1	21.45	取浓盐酸与等体积水混合
	2		7.15	取浓盐酸 167mL,稀释成 1L
浓 HNO_3	16	1.42	69.8	
稀 HNO_3	6	1.20	32.36	取浓硝酸 381mL,稀释成 1L
	2		12	取浓硝酸 128mL,稀释成 1L
浓 H_2SO_4	18	1.84	95.6	
稀 H_2SO_4	3	1.18	24.8	取浓硫酸 167mL,缓缓倾入 833mL 水中
	1		9.25	取浓硫酸 56mL,缓缓倾入 944mL 水中
浓 HAc	17	1.05	99.5	
稀 HAc	6		35	取浓 HAc 350mL,稀释成 1L
	2		12.1	取浓 HAc 118mL,稀释成 1L
浓 $NH_3·H_2O$	15	0.9	28	
稀 $NH_3·H_2O$	6	0.96	11	取浓 $NH_3·H_2O$ 400mL,稀释成 1L
	2			取浓 $NH_3·H_2O$ 134mL,稀释成 1L
NaOH	6	1.22	19.7	将 NaOH 240g 溶于水,稀释成 1L
	2	1.08	7.4	将 NaOH 80g 溶于水,稀释成 1L
KOH	3	1.14	15	溶解 168g 固体氢氧化钾于水中,稀释到 1L

注：盛装各种试剂的试剂瓶，应贴上标签。标签上用炭黑墨汁（不能用钢笔或铅笔写）写明试剂名称、浓度及配制日期。标签上面涂一薄层石蜡保护。

附录 4 常用指示剂

（一）酸碱指示剂

指示剂	pH 变色范围	颜色变化	pK_{HIn}	浓度	用量/(滴/10mL 试液)
百里酚蓝	1.2～2.8	红色—黄色	1.62	0.1%的 20%乙醇溶液	1～2
甲基黄	2.9～4.0	红色—黄色	3.25	0.1%的 90%乙醇溶液	1
甲基橙	3.1～4.4	红色—黄色	3.45	0.1%的水溶液	1
溴酚蓝	3.0～4.6	黄色—紫色	4.1	0.1%的 20%乙醇溶液或其钠盐水溶液	1
溴甲酚绿	4.0～5.6	黄色—蓝色	4.9	0.1%的 20%乙醇溶液或其钠盐水溶液	1～3
甲基红	4.4～6.2	红色—黄色	5.0	0.1%的 60%乙醇溶液或其钠盐水溶液	1
溴百里酚蓝	6.2～7.6	黄色—蓝色	7.3	0.1%的 20%乙醇溶液或其钠盐水溶液	1
中性红	6.8～8.0	红色—黄橙色	7.4	0.1%的 60%乙醇溶液	1
苯酚红	6.8～8.4	黄色—红色	8.0	0.1%的 60%乙醇溶液或其钠盐水溶液	1
酚酞	8.0～10.0	无色—红色	9.1	0.2%的 90%乙醇溶液	1～3
百里酚蓝	8.0～9.6	黄色—蓝色	8.9	0.1%的 20%乙醇溶液	1～4
百里酚酞	9.4～10.6	无色—蓝色	10.0	0.1%的 90%乙醇溶液	1～2

注：这里列出的是室温下，水溶液中各种指示剂的变色范围。实际上当温度改变或溶剂不同时，指示剂的变色范围是要移动的。此外，溶液中盐类的存在也会使指示剂变色范围发生移动。

（二）混合酸碱指示剂

指示剂溶液的组成	变色时 pH 值	颜色		备注
		酸色	碱色	
一份 0.1%甲基黄乙醇溶液 一份 0.1%亚甲基蓝乙醇溶液	3.25	蓝紫色	绿色	pH=3.2 蓝紫色 pH=3.4 绿色
一份 0.1%六甲氧基三苯甲醇乙醇溶液 一份 0.1%甲基绿乙醇溶液	4.0	紫色	绿色	pH=4.0 蓝紫色
一份 0.1%甲基橙水溶液 一份 0.25%靛蓝二磺酸水溶液	4.1	紫色	黄绿色	
一份 0.1%甲基橙水溶液 一份 0.1%苯胺蓝水溶液	4.3	紫色	绿色	
一份 0.1%溴甲酚绿钠盐水溶液 一份 0.2%甲基橙水溶液	4.3	橙色	蓝绿色	pH=3.5 黄色 pH=4.05 绿色 pH=4.3 蓝绿色
三份 0.1%溴甲酚绿乙醇溶液 一份 0.2%甲基红乙醇溶液	5.1	酒红色	绿色	
一份 0.2%甲基红乙醇溶液 一份 0.1%亚甲基蓝乙醇溶液	5.4	红紫色	绿色	pH=5.2 红紫色 pH=5.4 暗蓝色 pH=5.6 暗绿色
一份 0.1%氯酚红钠盐水溶液 一份 0.1%苯胺蓝水溶液	5.8	绿色	紫色	pH=5.8 淡紫色

续表

指示剂溶液的组成	变色时pH值	颜色		备注
		酸色	碱色	
一份0.1%溴甲酚绿钠盐水溶液 一份0.1%氯酚红钠盐水溶液	6.1	黄绿色	蓝绿色	pH=5.4 蓝绿色 pH=5.8 蓝色 pH=6.0 蓝色带紫色 pH=6.2 蓝紫色
一份0.1%溴甲酚紫钠盐水溶液 一份0.1%溴百里酚蓝钠盐水溶液	6.7	黄色	紫蓝色	pH=6.2 黄紫色 pH=6.6 紫色 pH=6.8 蓝紫色
二份0.1%溴百里酚蓝钠盐水溶液 一份0.1%石蕊水溶液	6.9	紫色	蓝色	
一份0.1%中性红乙醇溶液 一份0.1%亚甲基蓝乙醇溶液	7.0	蓝紫色	绿色	pH=7.0 紫蓝
一份0.1%中性红乙醇溶液 一份0.1%溴百里酚蓝乙醇溶液	7.2	玫瑰红色	绿色	pH=7.0 玫瑰色 pH=7.2 浅红色 pH=7.4 暗绿色
二份0.1%氮萘蓝乙醇50%溶液 一份0.1%酚红乙醇50%溶液	7.3	黄色	紫色	pH=7.2 橙色 pH=7.4 紫色 放置后颜色逐渐褪去
一份0.1%溴百里酚蓝钠盐水溶液 一份0.1%酚红钠盐水溶液	7.5	黄色	紫色	pH=7.2 暗绿色 pH=7.4 淡紫色 pH=7.6 深紫色
一份0.1%甲酚红钠盐水溶液 三份0.1%百里酚蓝钠盐水溶液	8.3	黄色	紫色	pH=8.2 玫瑰红 pH=8.4 清晰的紫色
二份0.1% 1-萘酚酞乙醇溶液 一份0.1%甲酚红乙醇溶液	8.3	浅红色	紫色	pH=8.2 淡紫色 pH=8.4 深紫色
一份0.1% 1-萘酚酞乙醇溶液 三份0.1%酚酞乙醇溶液	8.9	浅红色	紫色	pH=8.6 浅绿色 pH=9.0 紫色
一份0.1%酚酞乙醇溶液 二份0.1%甲基绿乙醇溶液	8.9	绿色	紫色	pH=8.8 浅蓝色 pH=9.0 紫色
一份0.1%百里酚蓝50%乙醇溶液 三份0.1%酚酞50%乙醇溶液	9.0	黄色	紫色	从黄色到绿色，再到紫色
一份0.1%酚酞乙醇溶液 一份0.1%百里酚酞乙醇溶液	9.9	无色	紫色	pH=9.6 玫瑰红 pH=10 紫色
一份0.1%酚酞乙醇溶液 一份0.2%尼罗蓝乙醇溶液	10.0	蓝色	红色	pH=10.0 紫色
二份0.1%百里酚酞乙醇溶液 一份0.1%茜素黄R乙醇溶液	10.2	黄色	紫色	
二份0.2%尼罗蓝水溶液 一份0.1%茜素黄R乙醇溶液	10.8	绿色	红棕色	

（三）金属指示剂

名称	离解平衡和颜色变化	配制	用于测定		
			元素	颜色变化	测定条件
酸性铬蓝 K	$\underset{\text{无色}}{H_2In^-} \xrightleftharpoons{pK_{a_2}=10.2} \underset{\text{无色}}{HIn^{2-}} \xrightleftharpoons{pK_{a_3}=14.6} \underset{\text{蓝色}}{In^{3-}}$	0.1%乙醇溶液	Ca Mg	红色—蓝色 红色—蓝色	pH=12 pH=10（氨性缓冲溶液）
钙指示剂	$\underset{\text{酒红色}}{H_2In^{2-}} \xrightleftharpoons{pK_{a_3}=9.4} \underset{\text{蓝色}}{HIn^{3-}} \xrightleftharpoons{pK_{a_4}=13\sim14} \underset{\text{酒红色}}{In^{4-}}$	1g钙指示剂与100g NaCl混合磨匀	Ca	酒红色—蓝色	pH>12（KOH 或 NaOH）
铬黑 T（EBT）	$\underset{\text{紫红色}}{H_2In^-} \xrightleftharpoons{pK_{a_2}=6.3} \underset{\text{蓝色}}{HIn^{2-}} \xrightleftharpoons{pK_{a_3}=11.55} \underset{\text{橙色}}{In^{3-}}$	1g 铬黑 T 与 100g NaCl 混合磨匀或将 0.5g 铬黑 T 溶于 20mL 三乙醇胺中，用水稀释至 100mL	Al Bi Ca Cd Mg Mn Ni Pb Zn	蓝色—红色 蓝色—红色 蓝色—红色 红色—蓝色 红色—蓝色 红色—蓝色 红色—蓝色 红色—蓝色 红色—蓝色	pH=7～8，吡啶存在下，以 Zn^{2+} 回滴 pH=9～10，以 Zn^{2+} 回滴 pH=10，加入 EDTA-Mg pH=10（氨性缓冲溶液） pH=10（氨性缓冲溶液） 氨性缓冲溶液，加羟胺 氨性缓冲溶液 氨性缓冲溶液，加酒石酸钾 pH=6.8～10（氨性缓冲溶液）
吡啶偶氮萘酚（PAN）	$\underset{\text{黄绿色}}{H_2In^+} \xrightleftharpoons{pK_{a_1}=1.9} \underset{\text{黄色}}{HIn} \xrightleftharpoons{pK_{a_2}=12.2} \underset{\text{淡红色}}{In^-}$	0.1%乙醇（或甲醇溶液）	Cd Co Cu Zn	红色—黄色 黄色—红色 紫色—黄色 红色—黄色 粉红色—黄色	pH=6（乙酸缓冲溶液） 乙酸缓冲溶液，70～80℃，以 Cu^{2+} 回滴 pH=10（氨性缓冲溶液） pH=6（乙酸缓冲溶液） pH=5～7（乙酸缓冲溶液）
磺基水杨酸	$\underset{\text{无色}}{H_2In} \xrightleftharpoons{pK_{a_2}=2.7} \underset{\text{无色}}{HIn^-} \xrightleftharpoons{pK_{a_3}=13.1} \underset{\text{无色}}{In^{2-}}$	1%～2%水溶液	Fe（Ⅲ）	红紫色—黄色	pH=1.5～3
二甲酚橙（XO）	$\underset{\text{黄色}}{H_3In^{4-}} \xrightleftharpoons{pK_a=6.3} \underset{\text{红色}}{H_2In^{5-}}$	0.2g 二甲酚橙溶于 100mL 水中	Bi Cd Pb Th（Ⅳ） Zn	红色—黄色 粉红色—黄色 红紫色—黄色 红色—黄色 红色—黄色	pH=1～2（HNO_3溶液） pH=5～6（六亚甲基四胺） pH=5～6（乙酸缓冲溶液） pH=1.6～3.5（HNO_3溶液） pH=5～6（乙酸缓冲溶液）

（四）氧化还原指示剂

指示剂名称	氧化型颜色	还原型颜色	E_{ind}/V	溶液配制方法
二苯胺（1%）	紫色	无色	+0.76	1g 二苯胺溶于 100mL 浓硫酸中
二苯胺磺酸钠（0.2%）	紫红色	无色	+0.84	0.2g 二苯胺磺酸钠溶于 100mL 水中
亚甲基蓝（0.1%）	蓝色	无色	+0.532	0.1g 亚甲基蓝溶于 100mL 水中
中性红（0.1%）	红色	无色	+0.24	0.1g 中性红溶于 100mL 乙醇中
喹啉黄（0.1%）	无色	黄色	—	0.1g 喹啉黄溶于 100mL 水中
淀粉（0.1%）	蓝色	无色	+0.53	0.1g 淀粉溶于 100mL 水中
孔雀绿（0.05%）	棕色	蓝色	—	0.05g 孔雀绿溶于 100mL 水中

续表

指示剂名称	氧化型颜色	还原型颜色	E_{ind}/V	溶液配制方法
劳氏紫(0.1%)	紫色	无色	+0.06	0.1g 劳氏紫溶于 100mL 水中
邻二氮菲-亚铁	浅蓝色	红色	+1.06	(1.485g 邻二氮菲+0.695g 硫酸亚铁)溶于 100mL 水
酸性绿(0.1%)	橘红色	黄绿色	+0.96	0.1g 酸性绿溶于 100mL 水中
N-邻苯氨基苯甲酸	紫红色	无色	1.08	0.1g 指示剂加 20mL 50g·L^{-1}的 Na_2CO_3溶液，用水稀释至 100mL
5-硝基邻二氮菲-Fe(Ⅱ)	浅蓝色	紫红色	1.25	1.608g 5-硝基邻二氮菲加 0.695g $FeSO_4$，溶解，稀释至 100mL(0.025mol·L^{-1}水溶液)
专利蓝Ⅴ(0.1%)	红色	黄色	+0.95	0.1g 专利蓝Ⅴ溶于 100mL 水中

（五）吸附指示剂

序号	名称	被滴定离子	滴定剂	起点颜色	终点颜色	浓度
1	荧光黄	Cl^-,Br^-,SCN^-	Ag^+	黄绿色	玫瑰色	1%钠盐水溶液
		I^-			橙色	
2	二氯荧光黄	Cl^-,Br^-	Ag^+	红紫色	蓝紫色	1%钠盐水溶液
		SCN^-		玫瑰色	红紫色	
		I^-		黄绿色	橙色	
3	四溴荧光黄(曙红)	Br^-,I^-,SCN^-	Ag^+	橙色	深红色	1%钠盐水溶液
		Pb^{2+}	MoO_4^{2-}	红紫色	橙色	
4	溴酚蓝	Cl^-,Br^-,SCN^-	Ag^+	黄色	蓝色	0.1%钠盐水溶液
		I^-		黄绿色	蓝绿色	
		TeO_3^{2-}		紫红色	蓝色	
5	溴甲酚绿	Cl^-	Ag^+	紫色	浅蓝绿色	0.1%乙醇溶液(酸性)
6	二甲酚橙	Cl^-	Ag^+	玫瑰红色	灰蓝色	0.2%水溶液
		Br^-,I^-			灰绿色	
7	罗丹明 6G	Cl^-,Br^-	Ag^+	红紫色	橙色	0.1%水溶液
		Ag^+	Br^-	橙色	红紫色	
8	品红	Cl^-	Ag^+	红紫色	玫瑰红色	0.1%乙醇溶液
		Br^-,I^-		橙色		
		SCN^-		浅蓝色		
9	刚果红	Cl^-,Br^-,I^-	Ag^+	红色	蓝色	0.1%水溶液
10	茜素红 S	SO_4^{2-}	Ba^{2+}	黄色	玫瑰红色	0.4%水溶液
		$[Fe(CN)_6]^{4-}$	Pb^{2+}			
11	二苯胺	Zn^{2+}	$[Fe(CN)_6]^{4-}$	蓝色	黄绿色	1%的硫酸(96%)溶液
12	邻二甲氧基联苯胺	Zn^{2+},Pb^{2+}	$[Fe(CN)_6]^{4-}$	紫色	无色	1%的硫酸溶液
13	酸性玫瑰红	Ag^+	MoO_4^{2-}	无色	紫红色	0.1%水溶液

附录 5 常用缓冲溶液的配制

缓冲溶液组成	pK_a	缓冲液pH值	缓冲溶液配制方法
一氯乙酸-NaAc	2.86	2.1	取100g一氯乙酸溶于200mL水中，加无水NaAc 10g，稀至1L
氨基乙酸-HCl	2.35 (pK_{a_1})	2.3	取氨基乙酸150g溶于500mL水中后，加浓HCl 80mL，水稀至1L
H_3PO_4-柠檬酸盐		2.5	取$Na_2HPO_4 \cdot 12H_2O$ 113g溶于200mL水后，加柠檬酸387g，溶解，过滤后，稀至1L
一氯乙酸-NaOH	2.86	2.8	取200g一氯乙酸溶于200mL水中，加NaOH 40g溶解后，稀至1L
邻苯二甲酸氢钾-HCl	2.95 (pK_{a_1})	2.9	取500g邻苯二甲酸氢钾溶于500mL水中，加浓HCl 80mL，稀至1L
甲酸-NaOH	3.76	3.7	取95g甲酸和NaOH 40g于500mL水中，溶解，稀至1L
NaAc-HAc	4.74	4.0	取无水NaAc 32g溶于水中，加冰醋酸120mL，稀至1L
NH_4Ac-HAc		4.5	取NH_4Ac 77g溶于200mL水中，加冰醋酸59mL，稀至1L
NaAc-HAc	4.74	4.7	取无水NaAc 83g溶于水中，加冰醋酸60mL，稀至1L
NaAc-HAc	4.74	5.0	取无水NaAc 160g溶于水中，加冰醋酸60mL，稀至1L
NH_4Ac-HAc		5.0	取NH_4Ac 250g溶于水中，加冰醋酸25mL，稀至1L
六亚甲基四胺-HCl	5.15	5.4	取六亚甲基四胺40g溶于200mL水中，加浓HCl 10mL，稀至1L
NaAc-HAc	4.74	5.5	取无水NaAc 200g溶于水中，加冰醋酸14mL，稀至1L
NH_4Ac-HAc		6.0	取NH_4Ac 600g溶于水中，加冰醋酸20mL，稀至1L
NaAc-磷酸盐		8.0	取无水NaAc 50g和$Na_2HPO_4 \cdot 12H_2O$ 50g，溶于水中，稀至1L
HCl-Tris	8.21	8.2	取25g Tirs试剂溶于水中，加浓HCl 18mL，稀至1L
NH_3-NH_4Cl	9.26	9.2	取NH_4Cl 54g溶于水中，加浓氨水63mL，稀至1L
NH_3-NH_4Cl	9.26	9.5	取NH_4Cl 54g溶于水中，加浓氨水126mL，稀至1L
NH_3-NH_4Cl	9.26	10.0	取NH_4Cl 54g溶于水中，加浓氨水350mL，稀至1L

注：1. 缓冲液配制后可用pH试纸检查。如pH值不对，可用共轭酸或碱调节。pH值欲调节精确时，可用pH计调节。

2. 若需增加或减少缓冲液的缓冲量时，可相应增加或减少共轭酸碱对物质的量，再调节之。

附录 6 元素的原子量表

元素符号	元素名称	原子量	元素符号	元素名称	原子量	元素符号	元素名称	原子量
Ac	锕	227.0278	Gd	镉	112.411	Po	钋	208.9824
Ag	银	107.8682	Ge	锗	72.59	Pr	镨	140.90765(3)
Al	铝	26.98154	H	氢	1.00794	Pt	铂	195.08
Am	镅	243	He	氦	4.0026	Pu	钚	244
Ar	氩	39.948	Hf	铪	178.49	Ra	镭	226.0254
As	砷	74.9216	Hg	汞	200.59	Rb	铷	85.4671
At	砹	209.987	Ho	钬	164.93032(3)	Re	铼	186.207
Au	金	196.9665	Hs	𬭶	277	Rf	𬬻	261
B	硼	10.81	I	碘	126.9045	Rg	𬬭	272
Ba	钡	137.33	In	铟	114.82	Rh	铑	102.9055
Be	铍	9.01218	Ir	铱	192.22	Rn	氡	222.0176
Bh	𬭛	264	K	钾	39.0983	Ru	钌	101.07
Bi	铋	208.9804	Kr	氪	83.8	S	硫	32.06
Bk	锫	247	La	镧	138.9055	Sb	锑	121.75
Br	溴	79.904	Li	锂	6.941	Sc	钪	44.9559
C	碳	12.011	Lr	铹	262	Se	硒	78.96
Ca	钙	40.08	Lu	镥	174.967(1)	Sg	𬭳	266
Cd	镉	112.41	Md	钔	258	Si	硅	28.0855
Ce	铈	140.12	Mg	镁	24.305	Sm	钐	150.36(3)
Cf	锎	251	Mn	锰	54.938	Sn	锡	118.69
Cl	氯	35.453	Mo	钼	95.94	Sr	锶	87.62
Cm	锔	247	Mt	鿏	268	Ta	钽	180.9479
Co	钴	58.9332	N	氮	14.0067	Tb	铽	158.92534(3)
Cr	铬	51.996	Na	钠	22.98977	Tc	锝	97.9072
Cs	铯	132.9054	Nb	铌	92.9064	Te	碲	127.6
Cu	铜	63.546	Nd	钕	144.24	Th	钍	232.0381
Db	𬭊	262	Ne	氖	20.179	Ti	钛	47.88
Ds	𫟼	271	Ni	镍	58.69	Tl	铊	204.383
Dy	镝	162.500	No	锘	259	Tm	铥	168.9342(3)
Er	铒	167.26(3)	Np	镎	237.0482	U	铀	238.0289
Es	锿	252	O	氧	15.9994	V	钒	50.9415
Eu	铕	151.965(9)	Os	锇	190.2	W	钨	183.85
F	氟	18.9984	P	磷	30.97376	Xe	氙	131.29
Fe	铁	55.847	Pa	镤	231.03588(2)	Y	钇	88.9059
Fm	镄	257	Pb	铅	207.2	Yb	镱	173.04(3)
Fr	钫	223	Pd	钯	106.42	Zn	锌	65.38
Ga	镓	69.72	Pm	钷	145	Zr	锆	91.22

附录 7 常用化合物的分子量表

分子式	式量	分子式	式量
$AgBr$	187.78	CuO	79.54
$AgCl$	143.32	$CuSO_4$	159.6
AgI	234.77	$CuSO_4 \cdot 5H_2O$	249.68
$AgCN$	133.84	$CuSCN$	121.62
$AgNO_3$	169.87	FeO	71.85
Al_2O_3	101.96	Fe_2O_3	159.69
$Al_2(SO_4)_3$	342.15	Fe_3O_4	231.54
As_2O_3	197.84	$FeSO_4 \cdot 7H_2O$	278.02
$BaCl_2$	208.25	$Fe_2(SO_4)_3$	399.87
$BaCl_2 \cdot 2H_2O$	244.28	$FeSO_4 \cdot (NH_4)_2SO_4 \cdot 6H_2O$	392.14
$BaCO_3$	197.35	$NH_4Fe(SO_4)_2 \cdot 12H_2O$	482.19
BaO	153.34	$HCHO$	30.03
$Ba(OH)_2$	171.36	$HCOOH$	46.03
$BaSO_4$	233.4	$H_2C_2O_4$	90.04
$CaCO_3$	100.09	HCl	36.46
CaC_2O_4	128.1	$HClO_4$	100.46
CaO	56.08	HNO_2	47.01
$Ca(OH)_2$	74.09	HNO_3	63.01
$CaSO_4$	136.14	H_2O	18.02
$Ce(SO_4)_2$	333.25	H_2O_2	34.02
$Ce(SO_4)_2 \cdot 2(NH_4)_2SO_4 \cdot 2H_2O$	632.56	H_3PO_4	98.00
CO_2	44.01	H_2S	34.08
CH_3COOH	60.05	HF	20.01
$C_6H_8O_7 \cdot H_2O$(柠檬酸)	210.14	HCN	27.03
$C_4H_8O_6$(酒石酸)	150.09	H_2SO_4	98.08
CH_3COCH_3	58.08	$HgCl_2$	271.5
C_6H_5OH	94.11	KBr	119.01
$C_2H_2(COOH)_2$(丁烯二酸)	116.07	$KBrO_3$	167.01
KCN	65.12	KCl	74.56
K_2CrO_4	194.2	K_2CO_3	138.21
$K_2Cr_2O_7$	294.19	Na_2O	61.98
$KHC_8H_4O_4$	204.23	$NaOH$	40.01
KI	166.01	Na_2SO_4	142.04
KIO_3	214	$Na_2S_2O_3 \cdot 5H_2O$	248.18
$KMnO_4$	158.04	Na_2SiF_6	188.06
K_2O	94.2	Na_2S	78.04
KOH	56.11	Na_2SO_3	126.04
$KSCN$	97.18	NH_4Cl	53.49
K_2SO_4	174.26	NH_3	17.03
$KAl(SO_4)_2 \cdot 12H_2O$	474.39	$NH_3 \cdot H_2O$	35.05
KNO_2	85.1	$(NH_4)_2SO_4$	132.14
$K_4Fe(CN)_6$	368.36	P_2O_5	141.95
$K_3Fe(CN)_6$	329.26	PbO_2	239.19
$MgCl_2 \cdot 6H_2O$	203.23	$PbCrO_4$	323.18
$MgCO_3$	84.32	SiF_4	104.08
MgO	40.31	SiO_2	60.08
$MgNH_4PO_4$	137.33	SO_2	64.06
$Mg_2P_2O_7$	222.56	SO_3	80.06
MnO_2	86.94	$SnCl_2$	189.6
$Na_2B_4O_7 \cdot 10H_2O$	381.37	TiO_2	79.9
$NaBr$	102.9	ZnO	81.37
Na_2CO_3	105.99	$ZnSO_4 \cdot 7H_2O$	287.54
$Na_2C_2O_4$	134		
$NaCl$	58.44		
$NaCN$	49.01		
$Na_2C_{10}H_{14}O_8N_2 \cdot 2H_2O$	372.09		

附录 8 常用干燥剂

名称	干燥能力 25℃ 1L 空气经干燥后剩余水分/mg·L^{-1}	名称	干燥能力 25℃ 1L 空气经干燥后剩余水分/mg·L^{-1}
硅胶	6×10^{-3}	$CaCl_2$(熔凝的)	0.36
$CaCl_2$	0.14	MgO	8×10^{-3}
浓 H_2SO_4	3×10^{-3}	Al_2O_3	3×10^{-3}
分子筛	1.2×10^{-3}	$Mg(ClO_4)_2$	5×10^{-4}
碱石灰		$Mg(ClO_4)_2\cdot3H_2O$	2×10^{-3}
无水 $CuSO_4$	1.4	KOH(熔凝的)	2×10^{-3}
CaO	0.2	P_2O_5	2.5×10^{-5}
$CaBr_2$	0.14	NaOH(熔凝的)	0.16
$ZnBr_2$	1.1	$CaSO_4$	4×10^{-3}
$ZnCl_2$	0.8		

附录 9 原子吸收分光光度法中常用的分析线

元素	λ/nm	元素	λ/nm	元素	λ/nm
Ag	328.07,338.29	Hg	253.65	Ru	349.89,372.80
Al	309.27,308.22	Ho	410.38,405.39	Sb	217.58,206.83
As	193.64,197.20	In	303.94,325.61	Sc	391.18,402.04
Au	242.80,267.60	Ir	209.26,208.88	Se	196.09,203.99
B	249.68,249.77	K	766.49,769.90	Si	251.61,250.69
Ba	553.55,455.40	La	550.13,418.73	Sm	429.67,520.06
Be	234.86	Li	670.78,323.26	Sn	224.61,286.33
Bi	223.06,222.83	Lu	335.96,328.17	Sr	460.73,407.77
Ca	422.67,239.86	Mg	285.21,279.55	Ta	271.47,277.59
Cd	228.80,326.11	Mn	279.48,403.68	Tb	432.65,431.89
Ce	520.00,369.70	Mo	313.26,317.04	Te	214.28,225.90
Co	240.71,242.49	Na	589.00,330.30	Th	371.90,380.30
Cr	357.87,359.35	Nb	334.37,358.03	Ti	364.27,337.15
Cs	852.11,455.54	Nd	463.42,471.90	Tl	267.79,377.58
Cu	324.75,327.40	Ni	232.00,341.48	Tm	409.40
Dy	421.17,404.60	Os	290.91,305.87	U	351.46,358.49
Er	400.80,415.11	Pb	216.70,283.31	V	318.40,385.58
Eu	459.40,462.72	Pd	247.64,244.79	W	255.14,294.74
Fe	248.33,352.29	Pr	495.14,513.34	Y	410.24,412.83
Ga	287.42,294.42	Pt	265.95,306.47	Yb	398.80,346.44
Gd	368.41,407.87	Rb	780.02,794.76	Zn	213.86,307.59
Ge	265.16,275.46	Re	346.05,346.47	Zr	360.12,301.18
Hf	307.29,286.64	Rh	343.49,339.69		

附录 10 原子吸收分光光度法中的常用火焰

火焰类型	火焰温度/℃	燃烧速度/cm·s^{-1}	火焰特性及应用
空气-乙炔	2300	160	火焰燃烧稳定，重现性好，噪声低，安全简单。对大多数元素具有足够的灵敏度，可分析约35种元素。对波长小于230nm的辐射有明显的吸收，对易形成难熔氧化物的元素B、Be、Y、Sc、Ti、Zr、Hf、V、Nb、Ta、W、Th、U以及稀土元素等原子化效率较低
氧化亚氮-乙炔	2955	180	火焰温度高，具有强还原性气氛，适用于难原子化元素的测定，可消除在其他火焰中可能存在的某些化学干扰，可测定70多种元素。但操作较复杂，易发生爆炸，在某些波段内具有强烈的自发射，使信噪比降低，此外对许多被测元素易引起电离干扰
空气-氢气	2050	320	氢火焰具有相当低的发射背景和吸收背景，适用于共振线位于紫外区域的元素（如As、Se等）分析
空气-丙烷	1935	82	干扰效应大，适用于那些易挥发和解离的元素，如碱金属和Cd、Cu、Pb等

附录 11 气相色谱常用固定液

固定液名称	商品名称	最高使用温度/℃	溶剂	分析对象
角鲨烷	SQ	150	乙醚、甲苯	分离一般烃类
阿皮松L	APL	300	苯、氯仿	高沸点非极性有机化合物
甲基硅橡胶	SE-30JXR Silicone	300	氯仿	高沸点弱极性化合物
邻苯二甲酸二壬酯	DNP	160	乙醚、甲醇	芳香族化合物、不饱和化合物以及各种含氧化合物（醇、醛、酮、酸、酯等）
β,β-氧二丙腈	ODPN	100	甲醇、丙酮	分离醇、胺、不饱和烃等极性化合物
聚乙二醇（1500～20000）	PEG（1500～20000）Carbowax	80～200	乙醇、氯仿、丙酮	醇、醛、酮、脂肪酸、酯及含氮官能团等极性化合物。对芳香烃有选择性

附录 12 气相色谱相对质量校正因子（f）[②]

物质名称	TCD	FID	物质名称	TCD	FID
一、正构烷			丁烷	0.87	0.91
甲烷	0.58	1.03	戊烷	0.88	0.96
乙烷	0.75	1.03	己烷	0.89	0.97
丙烷	0.86	1.02	庚烷[①]	0.89	1.00[①]

续表

物质名称	TCD	FID	物质名称	TCD	FID
辛烷	0.92	1.03	异丙苯	1.09	1.03
壬烷	0.93	1.02	正丙苯	1.05	0.99
二、异构烷			联苯	1.16	
异丁烷	0.91		萘	1.19	
异戊烷	0.91	0.95	四氢化萘	1.16	
2,2-二甲基丁烷	0.95	0.96	六、醇		
2,3-二甲基丁烷	0.95	0.97	甲醇	0.75	4.35
2-甲基戊烷	0.92	0.95	乙醇	0.82	2.18
3-甲基戊烷	0.93	0.96	正丙醇	0.92	1.67
2-甲基己烷	0.94	0.98	异丙醇	0.91	1.89
3-甲基己烷	0.96	0.98	正丁醇	1.00	1.52
三、环烷			异丁醇	0.98	1.47
环戊烷	0.92	0.96	仲丁醇	0.97	1.59
甲基环戊烷	0.93	0.99	叔丁醇	0.98	1.35
环己烷	0.94	0.99	正戊醇		1.39
甲基环己烷	1.05	0.99	2-戊醇	1.02	
1,1-二甲基环己烷	1.02	0.99	正己醇	1.11	1.35
乙基环己烷	0.99	0.97	正庚醇	1.16	
环庚烷		0.99	正辛醇		1.17
四、不饱和烃			正癸醇		1.19
乙烯	0.75	0.98	环己醇	1.14	
丙烯	0.83		七、醛		
异丁烯	0.88		乙醛	0.87	
1-正丁烯	0.88		丁醛		1.61
1-戊烯	0.91		庚醛		1.30
1-己烯		1.01	辛醛		1.28
乙炔		0.94	癸醛		1.25
五、芳香烃			正丁腈	0.84	
苯①	1.00①	0.89	苯胺	1.05	1.03
甲苯	1.02	0.94	八、酮		
乙苯	1.05	0.97	丙酮	0.87	2.04
间二甲苯	1.04	0.96	甲乙酮	0.95	1.64
对二甲苯	1.04	1.00	二乙基酮	1.00	
邻二甲苯	1.08	0.93	3-己酮	1.04	

续表

物质名称	TCD	FID
2-己酮	0.98	
甲基正戊酮	1.10	
环戊酮	1.01	
环己酮	1.01	
九、酸		
乙酸		4.17
丙酸		2.50
丁酸		2.09
己酸		1.58
庚酸		1.64
辛酸		1.54
十、酯		
乙酸甲酯		5.0
乙酸乙酯	1.01	2.64
乙酸异丙酯	1.08	2.04
乙酸正丁酯	1.10	1.81
乙酸异丁酯		1.85
乙酸异戊酯	1.10	1.61
乙酸正戊酯	1.14	
乙酸正庚酯	1.19	
十一、醚		
乙醚	0.86	
异丙醚	1.01	
正丙醚	1.00	
乙基正丁基醚	1.01	
正丁醚	1.04	
正戊醚	1.10	
十二、胺与腈		
正丁胺	0.82	
正戊胺	0.73	
正己胺	1.25	
二乙胺		1.64
乙腈	0.68	
十三、卤素化合物		
二氯甲烷	1.14	

物质名称	TCD	FID
氯仿	1.41	
四氯化碳	1.64	
1,1-二氯乙烷	1.23	
1,2-二氯乙烷	1.30	
三氯乙烯	1.45	
1-氯丁烷	1.10	
1-氯戊烷	1.10	
1-氯己烷	1.14	
氯苯	1.25	
邻氯甲苯	1.27	
氯代环己烷	1.27	
溴乙烷	1.43	
1-溴丙烷	1.47	
1-溴丁烷	1.47	
2-溴戊烷	1.52	
碘甲烷	1.89	
碘乙烷	1.89	
十四、杂环化合物		
四氢呋喃	1.11	
吡咯	1.00	
吡啶	1.01	
四氢吡咯	1.00	
喹啉	0.86	
哌啶	1.06	
十五、其他		
水	0.70	氢焰无信号
硫化氢	1.14	氢焰无信号
氨	0.54	氢焰无信号
二氧化碳	1.18	氢焰无信号
一氧化碳	0.86	氢焰无信号
氩	0.22	氢焰无信号
氮	0.86	氢焰无信号
氧	1.02	氢焰无信号

① 基准：f_g也可用 f_m表示。

② 摘自：顾蕙详，阎宝石．气相色谱实用手册．第二版．北京：化学工业出版社，1990：513～517。由原文献［J Chromatogr，1973，11（5）：237］换成苯的 f 为 1 而得（原文献虽然以苯为基准，但苯的 $f=0.78$）。载气为氦气。

说明：校正因子各书符号不一致，通常用校正因子校准时，峰面积与校正因子相乘；用灵敏度（S）校准时，峰面积除以灵敏度。$S=1/f$ 或 $S'=100/f$。

参考文献

[1] 华中师范大学等四校编．分析化学．第3版．北京：高等教育出版社，2001.
[2] 武汉大学主编．分析化学实验．第5版．北京：高等教育出版社，2011.
[3] 北京大学化学与分子工程学院分析化学教学组编．基础分析化学实验．第3版．北京：北京大学出版社，2010.
[4] 成都科学技术大学分析化学教研组，浙江大学分析化学化学教研组编．分析化学实验．第2版．北京：高等教育出版社，1989.
[5] 天津大学化学系分析化学教研室编．分析化学实验．天津：天津大学出版社，1995.
[6] 武汉大学主编．分析化学．第5版．北京：高等教育出版社，2007.
[7] 苗凤琴，于世林，夏铁力编．分析化学实验．第4版．北京：化学工业出版社，2015.
[8] R Althose等编．化学物质与人类癌症．王汝宽译．北京：人民卫生出版社，1983.
[9] 赵藻藩，周性尧，张悟铭，赵文宽编．仪器分析．北京：高等教育出版社，1990.
[10] 赵文宽，张悟铭，王长发，周性尧等编．仪器分析实验．北京：高等教育出版社，1997.
[11] 常文保，李克安主编．简明分析化学手册．北京：北京大学出版社，1981.
[12] 杭州大学化学系分析化学教研室．分析化学手册．第2版．北京：化学工业出版社，1997.
[13] 武汉大学《无机及分析化学》编写组．无机及分析化学实验．第3版．武汉：武汉大学出版社，2008.
[14] 中华人民共和国国家标准，量和单位（GB 3100—93～3102—93）．北京：中国标准出版社，1994.
[15] 中华人民共和国国家计量检定规程．常用玻璃量器（JJG 196—2006）．北京：中国计量出版社，2007.
[16] 环保局水和废水监测方法编委会．水和废水监测分析方法．第3版．北京：中国环境科学出版社，1989.
[17] 彭崇慧，冯建章，张锡瑜编著．李克安，赵凤林修订．定量化学分析简明教程．第3版．北京：北京大学出版社，2009.
[18] 周公度．元素周期表．北京：化学工业出版社，2006.
[19] 周公度．化学辞典．北京：化学工业出版社，2004.
[20] 白玲，石国荣，罗盛旭等编．仪器分析实验．北京：化学工业出版社，2012.
[21] 陈培榕，李景虹，邓勃主编．现代仪器分析实验与技术．第2版．北京：清华大学出版社，2006.
[22] 甘黎明等编．仪器分析实验．北京：中国石化出版社，2011.
[23] 苏克曼，张继新等编．仪器分析实验．北京：高等教育出版社，2009.
[24] 中国科学技术大学化学与材料科学学院实验中心编．仪器分析实验．合肥：中国科学技术大学出版社，2011.
[25] 胡广林，张雪梅，徐宝荣等编．分析化学实验．北京：化学工业出版社，2012.
[26] 华中师范大学等五校编．分析化学．第4版．北京：高等教育出版社，2014.
[27] 王中慧，张清华主编．分析化学．北京：化学工业出版社，2013.
[28] 范冬梅主编．分析化学实验．北京：化学工业出版社，2009.